詳解 マテリアルズ インフォマティクス

有機・無機化学のための深層学習

著者：船津 公人・井上 貴央・西川 大貴

まえがき

わずか10年ほどの間で，データ駆動型による化学研究は世界的市民権を獲得し，もはや必須の研究手法として化学の様々な分野で加速度的に実績を上げている．その動きは分子設計，材料設計に留まらず，プロセス設計へと広がり，機械学習によるデータのモデル化，強化学習，さらにはベイズ最適化を用いた実験候補の提案と合成ロボットの結合は，材料開発のあり方を発想から変えるほどの新風を吹き込んでいる．

この流れの中でDeep Neural Network（深層学習）の利用事例も多数報告され，研究の手段として急速に注目され始めている．1970年代後半から1980年代にかけてBack-propagation neural networkを中心にNeural networkへの関心とその利用事例は確かに増えたが，実応用分野での利用の必然性の意識が低かったこと，手法に数学的要素が多かったこと，そして何よりも最も大切なモデルの解釈性における難点が大きな理由となって次第に利用されなくなった．しかしながら，それから四半世紀が経過した2010年代から，ビッグデータ応用の動きに合わせるように，多層構造を持つ深層学習の研究が急速に進み，モデル解釈のために必要なメカニズムも導入されるようになってきた．ただ，その本格的な利用にあたっては一般的な機械学習と同じように，手法の仕組みや使い方に習熟しなければ利用そのものが適切に行えないことに加え，未習熟のまま利用すると誤った結果をもたらすことも多い．このような背景から，化学における深層学習の実用的な利用を意図した，基礎から応用までの総合的な解説書の出現が望まれていた．

深層学習を利用する上で，有機化学，無機化学における構造データの取り扱いの違いは重要な要素である．本書では，深層学習の基礎事項をはじめ，実際に深層学習を化学研究に利用する上での留意点を詳述するとともに，有機化学，無機化学分野でのデータの具体的な扱い方，さらには様々な深層学習手法とその具体的利用の理解を助けるための応用事例など，ここ数年の注目すべき多数の最新の研究成果を体系的に整理している．本書執筆の参考とした多くの文献などを本書末尾に掲載しているので興味に応じてそれらを参考にされたい．深層学習の初学者を始め，具体的な応用研究を目指そうとする研究者にとっても，データに語らせる様々な可能性を模索できるように編集を心掛けた．目次をご覧頂ければ本書で扱っている内容の幅広さをご理解頂けるのではないだろうか．

深層学習はこの先もさらに進化すると思われる．目が離せない領域である．ここに記した内容は東京大学在職中に学生とともに行った研究をもとにしている．共著者の井上貴央君，西川大貴君には執筆にあたって大変に多くの貢献をしてもらった．ここで特に触れておきたいと思う．本書を利用することで，深層学習の化学分野での活用への理解が深まり，新たな研究の流れへと発展することを著者一同切に願うものである．最後に，この書の出版にあたっては近代科学者の伊藤雅英氏に大変にお世話になった．ここに厚く御礼を申し上げる．

2021 年 7 月
著者を代表して
船津 公人

目次

第6章 深層学習を応用した無機材料の設計

第7章 化学における深層学習の課題・展望

本書で用いる記号

基本的には，数学で通常利用する記号に従った．一部の記号の詳しい定義は付録に用意した．必要に応じて参照されたい．

本書では「ベクトル」は列ベクトルを表すものとし，積分範囲は明示しない限り全範囲であるとする．また，単に「グラフ」といえば無向グラフを指すものとする．自然対数は $\log x$ と表記する．ベクトルや行列などに対して実数値関数 $f\colon \mathbb{R} \to \mathbb{R}$ を適用する場合は，特に指定のない限りは，ベクトルの各要素に対して f を適用することを意味する．

- x (斜体): 特に指定がない場合はスカラー値 (実数) を表す．
- $\boldsymbol{x}, \boldsymbol{X}$ (太字斜体): 小文字はベクトル．大文字は行列などを表す．複数の値を保持していることを明示したい場合に利用する．
- $\{ x_1, \ldots, x_n \}$: $x_1, \ldots, x_n$ からなる集合．
- $\{\!\{x_1, \ldots, x_n\}\!\}$: $x_1, \ldots, x_n$ からなる多重集合 (要素の重複を許した集まり)．
- $|A|$: 集合 A の濃度．
- $\varnothing$: 空集合．
- $\mathbb{Z}, \mathbb{R}$: 整数，実数の集合．
- $\mathbb{Z}_{\geq 0}, \mathbb{R}_{>0}$ など: 非負整数や正実数の集合．取りうる値に指定がある場合は，このように下付き添字を使って表す．
- $[a, b], (a, b), [a, b), (a, b]$: それぞれ，閉区間・開区間・右半開区間・左半開区間 ($a \leq b$)．
- $\mathbb{R}^n$ など: n 次元実数値ベクトルの集合．
- $\mathrm{Mat}_{m,n}(X)$: 各要素が X の要素である $m \times n$ 行列の集合．$m = n$ のときは $\mathrm{Mat}_n(X)$ とも書く．
- $x \in A$: x は集合 A の要素である．
- $\alpha := \beta$ (または，$\beta =: \alpha$): 記号 α を式 β で定義する．
- $x \leftarrow y$: x に y を代入して更新する．
- $A \cup B$: 集合 A と集合 B の和集合．
- $A \cap B$: 集合 A と集合 B の共通部分．

- $A \setminus B$: 集合 A から集合 B に含まれる要素を除いた差集合.
- $\boldsymbol{x}^\top$: ベクトル $\boldsymbol{x}$ の転置.
- $\mathbf{0}$: ゼロベクトル.
- $\mathbf{1}$: 全ての要素が 1 のベクトル.
- $\boldsymbol{X}^{s:t}$ $(s \leq t)$: 系列 $\boldsymbol{X} = (\boldsymbol{x}^1, \ldots, \boldsymbol{x}^T)$ のインデックス s から t までの要素からなる系列 $(\boldsymbol{x}^s, \ldots, \boldsymbol{x}^t)$.
- $\boldsymbol{x} \leq \boldsymbol{y}$: n 次元ベクトル $\boldsymbol{x} = (x_1, \ldots, x_n)^\top$ と $\boldsymbol{y} = (y_1, \ldots, y_n)^\top$ の各要素に対して $x_i \leq y_i$.
- $\boldsymbol{x} \cdot \boldsymbol{y}$: n 次元ベクトル $\boldsymbol{x}, \boldsymbol{y}$ の (標準) 内積.
- $\boldsymbol{x} \oplus \boldsymbol{y}$: ベクトル $\boldsymbol{x}, \boldsymbol{y}$ の結合. また, $\bigoplus_{i=1}^n \boldsymbol{v}_i = \boldsymbol{v}_1 \oplus \cdots \oplus \boldsymbol{v}_n$ である.
- $\boldsymbol{x} \odot \boldsymbol{y}$: n 次元ベクトル $\boldsymbol{x}, \boldsymbol{y}$ の Hadamard 積 (要素積).
- $\|\boldsymbol{x}\|_p$: ベクトル $\boldsymbol{x}$ の L_p ノルム $(p \geq 1)$. 単に $\|\boldsymbol{x}\|$ と書いた場合は, L_2 ノルムを表す.
- $\boldsymbol{I}_n$: $n \times n$ の単位行列.
- $\mathrm{diag}(\boldsymbol{x})$: 実 n 次元ベクトル $\boldsymbol{x} = (x_1, \ldots, x_n)^\top$ に対し, (i, i) 成分が x_i で, その他の成分が 0 である n 次正方対角行列.
- $\det \boldsymbol{A}$: 正方行列 $\boldsymbol{A}$ の行列式.
- $\max_{x \in X} f(x)$: 実数値関数 f の集合 X における最大値.
- $\min_{x \in X} f(x)$: 実数値関数 f の集合 X における最小値.
- $\mathrm{argmax}_{x \in X} f(x)$: 実数値関数 f に対し, 集合 X に含まれる x のうち, $f(x)$ を最大にする x.
- $\mathrm{argmin}_{x \in X} f(x)$: 実数値関数 f に対し, 集合 X に含まれる x のうち, $f(x)$ を最小にする x.
- $\lfloor x \rfloor$: $x \in \mathbb{R}$ 以下の最大の整数.
- $\lceil x \rceil$: $x \in \mathbb{R}$ 以上の最小の整数.
- $[n]$: 1 から $n \in \mathbb{Z}_{>0}$ までの整数の集合.
- id_S: 集合 S の恒等写像. S が文脈上明らかなら, 単に id と表す.
- $g \circ f$: 集合 A, B, C に対し, 写像 $f \colon A \to B$ と $g \colon B \to C$ の合成.
- f^{-1}: 可逆な写像 f の逆写像.
- $\frac{\partial f}{\partial \boldsymbol{x}}(\boldsymbol{x}_0)$: スカラー値関数 f の $\boldsymbol{x}_0$ における勾配.
- $\frac{\partial \boldsymbol{f}}{\partial \boldsymbol{x}}(\boldsymbol{x}_0)$: ベクトル値関数 $\boldsymbol{f}$ の $\boldsymbol{x}_0$ における Jacobi 行列.

- $\Pr(A)$: 事象 A の起こる確率.
- $\Pr(A \mid B)$: B が与えられたもとで事象 A の起こる条件付き確率.
- $\boldsymbol{x} \sim p(\boldsymbol{x})$: 確率変数 $\boldsymbol{x}$ が確率分布 $p(\boldsymbol{x})$ に従う．あるいは，$\boldsymbol{x}$ は確率分布 $p(\boldsymbol{x})$ から取得したサンプル.
- $\mathcal{N}(\boldsymbol{\mu}, \boldsymbol{\Sigma})$: 平均 $\boldsymbol{\mu}$，共分散行列 $\boldsymbol{\Sigma}$ の多次元正規分布．確率密度関数は $\mathcal{N}(\boldsymbol{x} \mid \boldsymbol{\mu}, \boldsymbol{\Sigma})$ で書く.
- $\mathcal{U}[a, b]$: 区間 $[a, b]$ の一様分布．開区間・半開区間上の一様分布も同様に表記する.
- $D_{\mathrm{KL}}\left[p(\boldsymbol{x}) \| q(\boldsymbol{x})\right]$: $p(\boldsymbol{x})$ の $q(\boldsymbol{x})$ に対する Kullback–Leibler ダイバージェンス.
- $D_{\mathrm{JS}}[p(\boldsymbol{x}) \| q(\boldsymbol{x})]$: $p(\boldsymbol{x})$ と $q(\boldsymbol{x})$ の Jensen–Shannon ダイバージェンス.
- $V(G), E(G)$: グラフ G の頂点集合・辺集合.
- $\deg(v)$: グラフの頂点 v の次数.
- K_n: 頂点数 n の完全グラフ.
- $N(v)$: グラフの頂点 v の開近傍.
- $N[v]$: グラフの頂点 v の閉近傍.
- $N^k(v)$: グラフの頂点 v の k-ホップ近傍.
- $G[W]$: グラフ G の集合 W による誘導部分グラフ.
- $G \cup H$: グラフ G, H の和.
- $\mathrm{Pa}(v)$: 根付き木における v の親.
- $\mathrm{Ch}(v)$: 根付き木における v の子の集合.
- $\mathrm{ReLU}(x)$: ReLU 関数.
- $\mathrm{softmax}(\boldsymbol{x})$: ソフトマックス関数．引数 $\boldsymbol{x}$ が行列の場合は，総和が 1 になる方向を $\mathrm{softmax}_{\mathrm{col}}$ のように添字で明記する.
- $\mathrm{softplus}(\boldsymbol{x})$: ソフトプラス関数.
- $\mathrm{Att}(\boldsymbol{X}, \boldsymbol{Y})$: $\boldsymbol{X}$ の重要度を加味した $\boldsymbol{Y}$ の注意機構による特徴抽出.
- $\mathrm{M\text{-}Att}^H(\boldsymbol{X}, \boldsymbol{Y})$: $\boldsymbol{X}$ の重要度を加味した $\boldsymbol{Y}$ の H ヘッド注意機構による特徴抽出.

第1章

深層学習に必要なデータの準備

化学データに対して機械学習を実施する際は，コンピュータ上で扱えるような，化合物の情報を表現するデータ形式を用いる．機械学習モデルの予測性能を高めるには，このようなデータをできるだけ多数集める必要がある．特に，深層学習モデルで十分な予測性能を出すためには，従来の機械学習モデルよりも大規模な訓練データセットが必要になることが一般的である．一方で，実験によって取得できる化学データの量には限度があるため，深層学習モデルを訓練する際は Web で公開されているデータセットを利用することも多い．この章では，モデルを訓練するために必要な大規模データセットについて，そのデータ形式や現在公開されているデータベースを，有機化合物データと無機化合物データのそれぞれに対して紹介する．

1.1　化学データに対する機械学習

機械学習は近年急速に発達してきた分野であり，特に，深層学習に関する技術のここ数年の発展は目覚ましい．Python 向けに作成された機械学習・深層学習用ライブラリも着実に整備されてきており，手軽に機械学習を実施できるようになった．

化学分野においても，機械学習の応用例が多数見受けられるようになった．この背景には，化合物を扱うための Python 向けライブラリが整備されたことや，良質なデータベースが作られたことがある．

多くのデータベースには，化合物を扱うライブラリで読み込めるように，適切な形式で化合物の情報が記録されている．このような形式の化学データを利用することで，化合物を機械学習モデルに入力できる．以下では，化合物のデータ形式とデータを取得できるデータベースについて，有機化合物データと無機化合物データに分けて解説する．

1.2　有機化合物データ

本節では，機械学習で利用される有機化合物データの形式について説明した後，深層学習を行うにあたって必要な大規模データを提供しているデータベースについて紹介する．

1.2.1　データ形式

深層学習を行う際に利用される有機化合物を表すデータ形式としては，主に以下の二つが挙げられる．

- SMILES 文字列:
  分子の構造を文字列で表現したデータ．
- MOL ファイル:
  分子の各原子の位置が記された 3 次元座標データ．

InChI [1, 2] などのその他のデータ形式も存在するものの，上記の二つを利用することがほとんどである.

(1) SMILES 文字列

分子構造を英数字やカッコなどの記号からなる文字列で表記するための記法を **SMILES 記法** (Simplified Molecular Input Line Entry System) [3, 4] という. SMILES 記法では, 原子や結合の種類・分子の枝分かれ・環構造・芳香族性の有無・立体配置などを表現するため, 一定の文法[1]に従って分子構造が表記される. SMILES 記法の詳細な文法については, 文献 [6, 7] にまとめられている.

SMILES 文字列[2](SMILES string) は, SMILES 記法によって分子を表現した文字列である. ある SMILES 文字列が表現する分子構造は一つに定まるが, 逆に, ある分子構造を表現する SMILES 文字列は複数個存在することが多い. 例えば, 文字列 `c1ccccc1O` と `c1c(O)cccc1` は, いずれもフェノールの構造を表現する文字列になっている.

`RDKit` [8] というライブラリ[3]をはじめとして, 有機化合物を扱うための多くのライブラリでは, SMILES から分子構造を読み込んだり, 分子構造を SMILES 文字列に変換できる. 特に分子構造から SMILES 文字列に変換する際は, 各システムに固有のアルゴリズムに基づいて一意的に変換できる. こうして得られる一意的な SMILES 文字列を, **正規化された SMILES 文字列** (canonical SMILES string) と呼ぶ.

SMILES 文字列は多くのデータベース・データセットで分子構造を表現するのに標準的に利用されているため, 比較的容易に手に入る. 一方で, SMILES 文字列は各原子の 3 次元座標の情報を有していないため, 3 次元座標の情報を扱うためには MOL ファイルを利用する必要がある.

(2) MOL ファイル

MOL ファイル (MOL file) は, 構造式で表されるような原子間の結合

---

1 SMILES 文字列の従う文法は文脈自由文法 (context-free grammar), 特に, $LR(1)$ 文法と呼ばれる文法クラスに属することが知られている [5].

2 SMILES 文字列自体を単に SMILES と呼ぶことも多い.

3 Python と C++ 向けのライブラリである.

関係に加えて，各原子の 3 次元座標の情報を含めることができるファイルである (図 1.1)．一つの MOL ファイルで一つの分子構造が表現されており，複数個の MOL ファイルを一つにまとめたデータ形式である **Structure Data File** (SDF[4]) もよく利用される．MOL ファイルや SDF は多くのデータベースから取得できるようになっている．`RDKit` などの化合物を扱うための多くのライブラリでも，MOL ファイルや SDF から分子構造を読み込むことができる．

基本的な MOL ファイルはヘッダブロック・カウント行・原子ブロック・結合ブロックからなる[5]．より具体的には，以下の情報が MOL ファイルに記載されている．

- ヘッダブロックは 3 行からなり，ファイルタイトル・作成したプログラムなどの情報が記される．
- カウント行は分子内の原子数・結合数などの情報が記されている．
- 原子ブロックには各原子の情報が，x 座標 (Å)，y 座標 (Å)，z 座標 (Å)，元素記号，... の順に並んでいる．
- 結合ブロックには各結合の情報が，結合を構成する一方の原子のインデックス，結合を構成する他方の原子のインデックス，結合の種類，結合の立体情報，... の順に並んでいる．
- 最終行 (`M  END`) はファイルの終端を表す．

MOL ファイルの詳細な内容については文献 [9] を参照されたい．このように MOL ファイルは各原子の 3 次元座標・種類のリストと各結合の位置・種類のリストの情報を含んでいるため，一般には一つの分子構造を表現するためのファイルサイズが SMILES 表記よりも大きくなることに注意する．

4　本来 F はファイルの頭文字であるが，「SDF ファイル」のように重言として呼ばれることも多い．

5　結合ブロックの直後に，電荷・ラジカル・同位体などの情報を記したプロパティブロックが続くこともある．

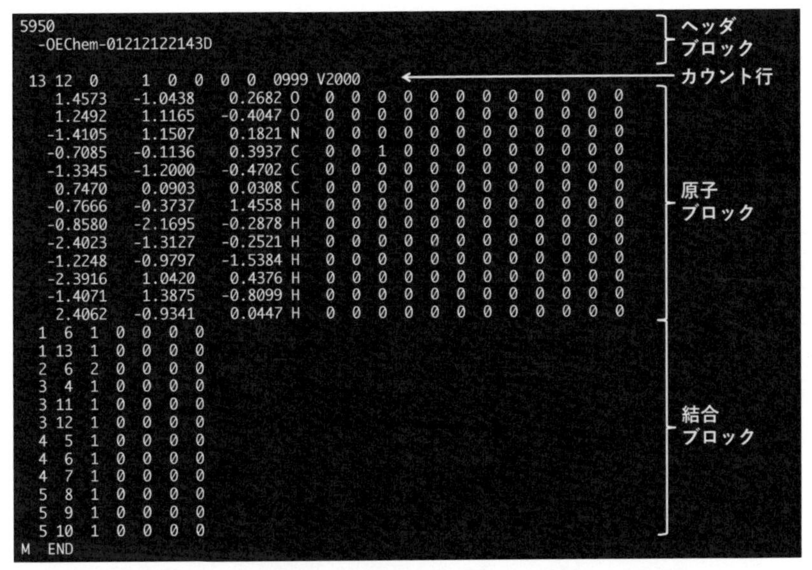

```
5950
  -OEChem-01212122143D

 13 12  0     1  0  0  0  0  0999 V2000
    1.4573   -1.0438    0.2682 O   0  0  0  0  0  0  0  0  0  0  0  0
    1.2492    1.1165   -0.4047 O   0  0  0  0  0  0  0  0  0  0  0  0
   -1.4105    1.1507    0.1821 N   0  0  0  0  0  0  0  0  0  0  0  0
   -0.7085   -0.1136    0.3937 C   0  0  1  0  0  0  0  0  0  0  0  0
   -1.3345   -1.2000   -0.4702 C   0  0  0  0  0  0  0  0  0  0  0  0
    0.7470    0.0903    0.0308 C   0  0  0  0  0  0  0  0  0  0  0  0
   -0.7666   -0.3737    1.4558 H   0  0  0  0  0  0  0  0  0  0  0  0
   -0.8580   -2.1695   -0.2878 H   0  0  0  0  0  0  0  0  0  0  0  0
   -2.4023   -1.3127   -0.2521 H   0  0  0  0  0  0  0  0  0  0  0  0
   -1.2248   -0.9797   -1.5384 H   0  0  0  0  0  0  0  0  0  0  0  0
   -2.3916    1.0420    0.4376 H   0  0  0  0  0  0  0  0  0  0  0  0
   -1.4071    1.3875   -0.8099 H   0  0  0  0  0  0  0  0  0  0  0  0
    2.4062   -0.9341    0.0447 H   0  0  0  0  0  0  0  0  0  0  0  0
  1  6  1  0  0  0  0
  1 13  1  0  0  0  0
  2  6  2  0  0  0  0
  3  4  1  0  0  0  0
  3 11  1  0  0  0  0
  3 12  1  0  0  0  0
  4  5  1  0  0  0  0
  4  6  1  0  0  0  0
  4  7  1  0  0  0  0
  5  8  1  0  0  0  0
  5  9  1  0  0  0  0
  5 10  1  0  0  0  0
M  END
```


図 1.1　MOL ファイルの例．PubChem データベース [10] から取得した L-アラニンの MOL ファイルを記載した．基本的な MOL ファイルはヘッダブロック・カウント行・原子ブロック・結合ブロックからなる．

ただし，MOL ファイルに記載されている 3 次元座標が，量子化学計算によって計算された座標ではなく，MOL ファイルの形式に合うように便宜上設定された値になっている場合もあることに注意する．例えば，PubChem データベース [10] には 3 次元座標データが存在しない分子も含まれている．このような分子でも，MOL ファイルの形式で書き出すことは可能である[6]．こうして作成された MOL ファイルでは，記載された座標に特に意味がないため，SMILES 文字列でデータを保持しておけば十分である．

1.2.2　データベースの紹介

有機化合物のデータベースの整備が近年進んでおり，多数の有機化合物

6　例えば，構造式の描画用の 2 次元座標を利用したり，座標値をすべて原点に設定したりすることで，MOL ファイルの形式に出力できる．PubChem データベースでは，どの化合物も 2 次元座標で書き出せるようになっている．

データを取得するのが容易になった．以下では，有機化合物のデータベースをいくつか紹介する．

(1) PubChem

PubChem [10] は，2004 年の運営開始以来，政府機関・化学薬品製造会社などのソースから幅広く収集した有機化合物データを収録したデータベースである．PubChem には，比較的小さな分子が多数収録されている．データベースに含まれる主要なカテゴリは，Compounds・Substances・BioAssays の三つである．Compounds には単一の化合物が収録されており，2021 年 3 月時点で約 1 億 1,000 万件の化合物が登録されている．化合物の構造情報は，SMILES 文字列や MOL ファイルなどの形式でダウンロードできる．2011 年の段階で，PubChem データベースの約 89 %の化合物に対して 3 次元座標が計算されている[7] [11]．また，一部の化合物には物性値の情報が記載されているものもある．Substances には，化合物以外にも混合物・抽出物・錯体などが収録されており，2021 年 3 月時点で約 2 億 7,000 万件の化学物質が登録されている．Substances に登録された化学物質情報は，データ整形ののち Compounds に情報がまとめられるようになっているが，構造の情報が登録されていないなどの理由で，対応する Compounds のエントリーが存在しないこともある．BioAssays には化合物のスクリーニングの結果が収録されており，生体活性や毒性に関するデータを取得できる．BioAssays には，2021 年 3 月時点で約 137 万件の結果が登録されている．

(2) ChEMBL

ChEMBL [12] は，医薬品や医薬品候補化合物などの低分子化合物のデータベースである．主要な科学雑誌から抽出された結合定数や薬理活性などのデータが登録されている．なお，登録されている構造の 3 次元座標

7　分子に 3 次元座標のデータが存在しない理由としては，分子に含まれる原子数が多すぎる・量子化学計算プログラムに対応していない元素が分子に含まれている・分子の取りうる配座が多すぎる・塩や混合物になっているなどがある．

は計算されておらず，MOL ファイル形式で出力される座標は構造式描画用の 2 次元座標となっている．2021 年 3 月時点の最新版 (ChEMBL 28) では，約 209 万件の化合物が登録されている．

(3) ZINC

ZINC [13, 14] は，バーチャルスクリーニングを目的とした商用化合物からなるデータベースである．2021 年 3 月時点で最新版の ZINC 20 では約 14 億件の化合物が収録されており，化合物の構造情報を SMILES 文字列や MOL ファイルなどの形式でダウンロードできる．物性・活性のデータは基本的に付与されていないが，多くの登録構造で 3 次元座標が計算されているのが特徴である．

(4) Generated Database

Generated Database (GDB) は，コンピュータ上で網羅的に生成された分子構造からなるデータベースである．これまでに，水素原子以外の原子[8]が 11 個以下の構造からなる GDB-11 [15]，13 個以下の構造からなる GDB-13 [16]，17 個以下の構造からなる GDB-17 [17] が作成されており，構造を SMILES 文字列の形式でダウンロードできる．GDB-17 では，多数の未知構造を含む約 1,664 億個の構造が生成された[9]．GDB に含まれている構造自体には物性値のデータが存在しないが，GDB に含まれている構造の一部を利用した ANI-1 データセット [18] や QM9 データセット [19] のように，量子化学計算による計算値の情報が付加されたデータセットが GDB から作られている．

8　水素原子以外の原子として利用している原子は，炭素・窒素・酸素・硫黄原子とハロゲン原子である．硫黄原子については，GDB-13 と GDB-17 でのみ利用されている．ハロゲン原子については，GDB-11 ではフッ素原子，GDB-13 では塩素原子，GDB-17 ではフッ素・塩素・臭素・ヨウ素原子が利用されている．

9　構造生成の際に，構造の化学的な安定性を考慮して構造群をフィルタリングしているが，不安定な構造を除去しきれていない可能性はある．

1.3　無機化合物データ

本節では，深層学習で利用される無機化合物のデータ形式について説明した後，深層学習を行うにあたって必要な大規模データを提供しているデータベースを紹介する．

1.3.1　データ形式

無機化合物を扱う深層学習モデルの概要を図 1.2 に示す．深層学習で利用される無機化合物のデータ形式としては，主に組成式と結晶構造の二つが挙げられる．

- 組成式:
  各元素の組成比を文字列で表現したデータ．
- 結晶構造:
  単位格子内の各原子の位置を表現した 3 次元座標データ．

X 線回析スペクトルや電子顕微鏡画像を対象とした研究例 [20, 21, 22, 23] なども報告されているものの，材料設計の際には上記の二つを利用することが多い．

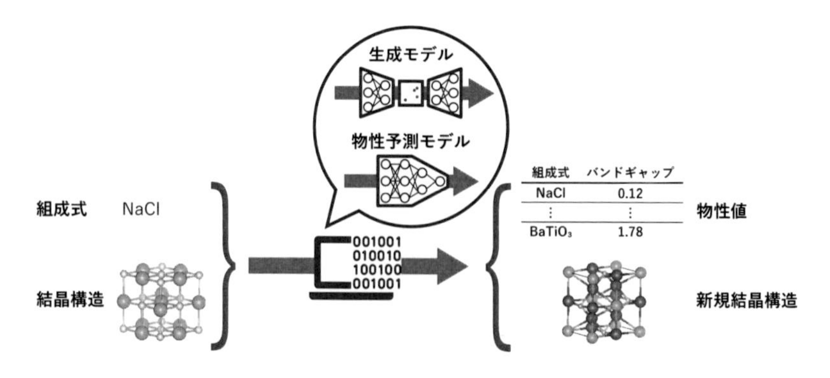

図 1.2　無機化合物の深層学習モデル．無機化合物を扱う深層学習モデルの多くは，入力として組成式や結晶構造を受け取り，物性値の予測や新規結晶構造の生成を行う．

(1) 組成式

組成式 (composition formula) は，無機化合物を構成する元素の組成比を表した文字列である．無機化合物を合成する際は主に組成を制御するため，材料設計に適用しやすいデータである．一方で，組成式は構造に関する情報を含まない．無機化合物は一般的に固体であり，原子の周期的な配列によって物性が発現することを考慮すると，後述の結晶構造も重要である．

機械学習モデルの入力として組成式を扱う際には，標準化された記法に従うことが重要である．例えば，機械学習モデルの入力としてコバルト酸リチウムを扱う際には，IUPAC [24] の命名法にならった $LiCoO_2$ だけではなく，$CoLiO_2$ や $Li_2Co_2O_4$ なども扱うことができる．しかし，モデルや特徴量の生成方法によっては，これらのデータに対して異なる予測値が得られる場合がある．このため，組成式を扱う際には，化合物に対する一意性が保たれていることを意識する必要がある．

(2) 結晶構造

結晶構造 (crystal structure) は，粉末 X 線回析や第一原理計算などによって決定された，単位格子内の各原子の位置を表す 3 次元座標データである．材料の物性値は単位格子内の原子配列に強く影響を受けるため，ミクロな視点での材料設計に役立つデータである．また，同じ組成で異なる結晶構造を示す材料[10]や不定比化合物[11]なども厳密に扱うことができる．一方で，材料を合成する前に結晶構造を取得するには，計算コストの高い第一原理計算を行う必要がある．

結晶構造のデータの取り扱いは，**Crystallographic Information File** (CIF) [25] と呼ばれる形式で標準化されている．既存のデータベースから得られる CIF は，主に次の三つのデータを含むことが多い．

- 組成式や分子量などの化合物に関する一般的なデータ．

10　SiO_2 は，Wikipedia に掲載されているだけでも 10 種類以上の構造が存在する．

11　不定比化合物は，$Fe_{0.85}O$ のように組成比を単純な自然数の比で表せない化合物を指す．固溶体や格子欠陥を含む化合物が一般的である．

- 空間群や格子定数などの結晶学的データ.
- 単位格子内の各原子の 3 次元座標データ.

NaCl の結晶構造に関する CIF のサンプルを図 1.3 に示す. 以上のデータの他には, データの作成者・出版論文に関するデータや実験方法に関するデータを含むことができる. また, CIF に登録されている結晶構造は, VESTA [26] などを利用して可視化できる.

以上で説明した組成式と結晶構造については, 無機化合物データを扱うためのライブラリである `pymatgen` [27] や `matminer` [28] を利用することで, データの読み込みから特徴量への変換を容易に行うことができる.

1.3.2　データベースの紹介

無機化合物の大規模データベースとしては, 大きく分けて以下の二つが存在する.

- 結晶構造のみを登録したデータベース.
- 結晶構造と物性値を登録したデータベース.

取り上げるデータベースは, 後述する ICSD を除いて全て無償のデータベースである. 組成式については, 結晶構造に含まれる元素の構成比から取得できる.

(1) 結晶構造のみを登録したデータベース

結晶構造のみを登録したデータベースとしては, **Inorganic Crystal Structure Database** (ICSD) [29] と **Crystallography Open Database** (COD) [30] が挙げられる. これらのデータベースからは, 粉末 X 線回折などの実験的手法や第一原理計算などの理論的手法によって同定された結晶構造を取得できる.

ICSD は, 無機化合物や有機金属化合物の結晶構造が登録されているデータベースである. 無機化合物については, 鉱物・セラミックス・合金など多岐にわたり, 実験的に同定された構造が約 8 割となっている. デー

```
loop_
_publ_author_name
'Abrahams, S C'
'Bernstein, J L'
_publ_section_title                 Accuracy of an automatic ...
_journal_coden_ASTM                 ACCRA9
_journal_name_full                  'Acta Crystallographica ...
_journal_page_first                 926
_journal_page_last                  932
_journal_paper_doi                  10.1107/S0365110X65002244
_journal_volume                     18
_journal_year                       1965
_chemical_formula_structural        'Na Cl'
_chemical_formula_sum               'Cl Na'
_chemical_name_systematic           'Sodium chloride'
_space_group_IT_number              225
_symmetry_cell_setting              cubic
_symmetry_Int_Tables_number         225
_symmetry_space_group_name_Hall     '-F 4 2 3'
_symmetry_space_group_name_H-M      'F m -3 m'
_cell_angle_alpha                   90
_cell_angle_beta                    90
_cell_angle_gamma                   90
_cell_formula_units_Z               4
_cell_length_a                      5.62
_cell_length_b                      5.62
_cell_length_c                      5.62
_cell_volume                        177.5
_refine_ls_R_factor_all             0.022
loop_
_symmetry_equiv_pos_as_xyz
x,y,z
y,z,x
z,x,y
...
z,1/2+y,1/2-x
1/2+z,y,1/2-x
1/2+z,1/2+y,-x
loop_
_atom_site_label
_atom_site_type_symbol
_atom_site_symmetry_multiplicity
_atom_site_Wyckoff_symbol
_atom_site_fract_x
_atom_site_fract_y
_atom_site_fract_z
_atom_site_occupancy
_atom_site_attached_hydrogens
_atom_site_calc_flag
Na1 Na1+ 4 a 0. 0. 0. 1. 0 d
Cl1 Cl1- 4 b 0.5 0.5 0.5 1. 0 d
```


図 1.3　NaCl の CIF データのサンプル．CIF には，結晶構造だけでなく多様なデータを登録できる．

タベースの開発は 1978 年より行われており，2021 年 1 月現在，約 21 万件の結晶構造が登録されている．ICSD の特徴としては，登録されるデータに厳しい制約を設けているために，データの質が高いことが挙げられる．また，Web 上で簡易な X 線回析スペクトルや結晶構造の概形も確認できる．

COD は，無機化合物や有機化合物 (有機結晶・有機金属) の結晶構造が登録されているデータベースである．無機化合物については，ICSD と同様に鉱物・セラミックス・合金など多岐にわたる結晶構造が登録されている．データベースの開発は 2004 年より行われており，2021 年 1 月現在，約 45 万件の結晶構造が登録されている．COD の特徴としては，登録されているデータの多様さが挙げられる．COD は，開発当初から有機や無機といった分野にとらわれない，多様な結晶構造を無償で提供することを目的としている．このため，登録されているデータは様々な分野の有志の活動によるものである．

(2) 結晶構造と物性値を登録したデータベース

結晶構造と物性値を登録したデータベースは，第一原理計算によるデータのみを含むものと，第一原理計算と実験によるデータを含むものが存在する．実験によるデータを数万のオーダーで取得することは困難であるため，既存の多くのデータベースは第一原理計算によるデータのみを含む．

第一原理計算によるデータのみを含むデータベースの例としては，**Materials Project** [31]，AFLOW [32]，NOMAD [33] などが挙げられる．ここでは，最も頻繁に利用されている Materials Project を紹介する．

Materials Project は，第一原理計算によって得られた結晶構造と，熱力学特性・誘電特性・弾性特性・圧電特性などが登録されているデータベースである．データベースの開発は 2011 年より行われており，2021 年 1 月現在，約 13 万件の結晶構造が登録されている．Materials Project の特徴としては，データベースに関するドキュメントが充実していることが挙げられる．また，Web 上で結晶構造の予測や電極材料の検索などの様々なツールが利用できるようにもなっている．

実験によるデータも含むデータベースとしては，**Materials Platform for Data Science** (MPDS) [34, 35] が挙げられる．MPDS は，論文に報告された結晶構造と，熱力学特性・磁気特性・光学特性などが登録されているデータベースである．データベースの開発は 2002 年より行われており，2021 年 1 月現在，約 35 万件の結晶構造が登録されている．MPDS は，実験により得られたデータも含むことから，登録されている物性値が多様であることが特徴である．

以上で説明したデータベースを機械学習に利用する際には，登録されている結晶構造や物性値の取得方法に注意する必要がある．第一原理計算によって得られた結晶構造には，合成困難な構造が含まれていることも多い．Materials Project に含まれる LaS (ID: mp-1068462)[12]が良い例である． このようなデータは，第一原理計算を行う際の初期構造が問題であり，得られた結晶構造の熱力学的安定性により除去できる．また，多くのデータベースでは，信頼度の高い ICSD に登録されているデータのみを取得できる．物性値についても，計算条件や実験条件の設定によって精度は大きく変化するため，一度確認することが望ましい．

その他のデータベースとしては，学術論文などのテキストマイニング[13]によって開発されているデータベースも存在し，Citrination [36] が有名である．国内でも，拡散特性や超伝導特性などの多様な物性値を扱う MatNavi [37] や主に熱電特性のデータを扱う Starrydata [38] などの開発が行われている．さらに，Open Catalyst Project [39] のような企業によるデータセットの整備の動きも見られる．取り上げられなかったデータベースについては，レビュー論文など [40, 41, 42] によくまとまっている．

12　https://materialsproject.org/materials/mp-1068462, (Accessed 01/16/2021)

13　大量の文章データなどから有益な情報を抽出すること．

第2章

深層学習のクイックレビュー

3章以降で扱う手法を理解するためには，深層学習についてある程度理解している必要がある．この章では，全結合型ニューラルネットワークや再帰型ニューラルネットワーク，畳み込みニューラルネットワーク，グラフニューラルネットワークといった深層学習でよく利用される基本的なネットワークやその訓練方法について解説する．また，変分オートエンコーダ・敵対的生成モデル・正規化フローといった深層生成モデルや，自然言語処理における深層学習手法などについても解説する．深層学習についてある程度理解がある読者は，この章を読み飛ばしても良いだろう．深層学習についてのより詳細な解説は，例えば文献[43, 44, 45]などを参照されたい．

2.1　ニューラルネットワークの構造

深層学習のモデルは，入力に対してアフィン変換[1]と非線形変換を繰り返すことで値を出力する**ニューラルネットワーク** (neural network, NN) を組み合わせることで構成される．モデルの入力の種類に応じて，利用すべきニューラルネットワークの種類も異なる．この節では，基本的なニューラルネットワークについて概説する．

2.1.1　全結合型ニューラルネットワーク

数値ベクトルを入力にとる最も基本的なネットワークが**全結合型ニューラルネットワーク** (fully-connected neural network, FCNN) である．全結合型ニューラルネットワークは，複数個の実数値を入力すると一つの実数値を返す**ユニット**[2](unit) と呼ばれる素子からなっている．図 2.1 にユニットの模式図を示す．まずユニットでは，入力される実数値 $x_1, \dots, x_k$ に対してパラメータ $w_1, \dots, w_k$ による重み付き和をとり，バイアスパラメータ b を加えることで

$$a = \sum_{i=1}^{k} w_i x_i + b$$

と入力をアフィン変換する．値 a をユニットの**活性** (activation) と呼ぶ．

続いてユニットでは，得られた活性 a を関数 $f\colon \mathbb{R} \to \mathbb{R}$ で変換する．この変換で得られる実数値 $z = f(a)$ がユニットの出力になる．活性を変換する関数 f を**活性化関数** (activation function) と呼ぶ．活性化関数は，活性を非線形変換する[3]ために利用される．よく利用される活性化関数には，**双曲線正接関数** (hyperbolic tangent function) $\tanh(x) = (\mathrm{e}^{x} - \mathrm{e}^{-x})/(\mathrm{e}^{x} + \mathrm{e}^{-x})$ や**シグモイド関数** (sigmoid function)

1　アフィン変換は，線形変換を行った後に定数を加える変換のことである．

2　もともとは，ニューラルネットワークが脳の神経回路網を模していたことから，ユニットのことを**ニューロン** (neuron) と呼ぶこともある．

3　非線形な変換を行うことが重要である．アフィン変換はいくら繰り返してもアフィン変換のままであるから，内部でアフィン変換しか行わないユニットをいくら組み合わせても複雑な関数を表現することはできない．

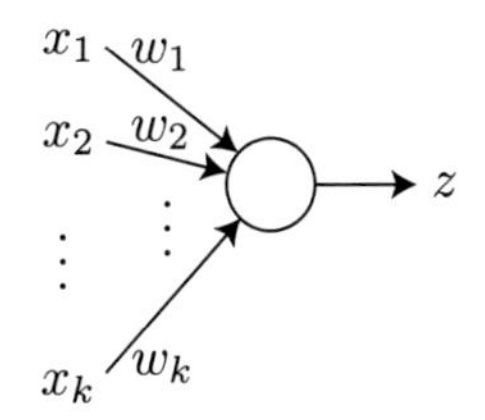

図 2.1　ユニットの模式図．$x_1, \ldots, x_k$ はユニットへの入力，$w_1, \ldots, w_k$ は入力それぞれに対応する重み，z はユニットの出力である．

$\sigma(x) = 1/(1 + \mathrm{e}^{-x})$，**正規化線形ユニット**あるいは **ReLU**[4](Rectified Linear Unit) $\mathrm{ReLU}(x) = \max(0, x)$ などがあり，この他にも様々な活性化関数が提案されている．

全結合型ニューラルネットワークは図 2.2 (a) に示すような構造をしている．図の実線で囲んだユニットの集まりをネットワークの**層** (layer) と呼ぶ．特に，全結合型ニューラルネットワークの層を**全結合層** (fully-connected layer) と呼ぶことも多い．ネットワークの最終層は，**出力層** (output layer) と呼ばれる．ネットワークの入力部分も層とみなして[5]，**入力層** (input layer) と呼ぶこともある．ネットワーク内の入力層と出力層以外の層を**隠れ層** (hidden layer) と呼ぶ．隠れ層と出力層をあわせた層の数をネットワークの**層数** (number of layers) と呼ぶ．

各隠れ層での変換は，ベクトルと行列を利用して簡潔に表記できる．層数を $L \in \mathbb{Z}_{>0}$ とし，第 l 層 ($l \in [L]$) への入力を $\boldsymbol{z}^{(l-1)} \in \mathbb{R}^{k_{l-1}}$，出力を $\boldsymbol{z}^{(l)} \in \mathbb{R}^{k_l}$ と表す．ただし，第 1 層への入力は $\boldsymbol{z}^{(0)} = \boldsymbol{x} \in \mathbb{R}^{k_0}$ と与えられるものとする．すると第 l 層では，$k_{l-1} \times k_l$ のパラメータ行列 $\boldsymbol{W}^{(l)} \in \mathrm{Mat}_{k_{l-1},k_l}(\mathbb{R})$ とバイアスベクトル $\boldsymbol{b}^{(l)} \in \mathbb{R}^{k_l}$，および活性化関数 $f\colon \mathbb{R} \to \mathbb{R}$ を用いて，

$$\boldsymbol{a}^{(l)} = \boldsymbol{W}^{(l)}\boldsymbol{z}^{(l-1)} + \boldsymbol{b}^{(l)},$$
$$\boldsymbol{z}^{(l)} = f(\boldsymbol{a}^{(l)})$$

4　**ランプ関数** (ramp function) とも呼ばれる．

5　入力部ではユニットのように活性を計算して変換する操作は行われないので，ユニットの集まりである層とは厳密には異なるものである．

と変換される．ここで，$f(\boldsymbol{a}^{(l)})$ は，ベクトルの各要素に f を適用して得られるベクトルを表す[6]．

ユニットを明示せずに層のみのつながりを模式的に表したものが図 2.2 (b) である．全結合型ニューラルネットワークでは，入力の数値ベクトルが前の層へ戻ることなく出力層に向かって一方向に伝播するのが特徴である．入力された数値ベクトルは出力されるまでに，モデルパラメータによるアフィン変換と活性化関数による非線形変換を繰り返し受ける．

全結合型ニューラルネットワークのモデルを一つ定めるためには，層数・各隠れ層のユニット数・利用する活性化関数の種類[7]といったハイパーパラメータを決定する必要がある．全結合型をはじめとして，一般にニューラルネットワークでは最適化すべきハイパーパラメータが多いため，グリッドサーチのような網羅的な探索は計算コストがかかる．代わりに，Bayes 最適化などの効率的な探索手法を利用することが多い[8]．Bayes 最適化のためのライブラリとして，`Optuna` [46] や `HyperOpt` [47] などが公開されており，実装もしやすくなっている．

2.1.2　再帰型ニューラルネットワーク

T 個の要素 $\boldsymbol{x}^1, \ldots, \boldsymbol{x}^T \in \mathbb{R}^d$ がこの順に並んだものを**系列** (sequence) と呼び，これを $\boldsymbol{X} = (\boldsymbol{x}^1, \ldots, \boldsymbol{x}^T)$ と表す．T を系列 $\boldsymbol{X}$ の**長さ** (length) と呼ぶ．この系列 $\boldsymbol{X}$ を $d \times T$ 行列とみなすこともある．ここでは，長さ T の系列 $\boldsymbol{X}$ の各要素の並びを表すのに上付き添字 $t = 1, \ldots, T$ を用い，以降は添字 t を時刻と呼ぶことにする．

SMILES 文字列のような文字列データなど，個々の構成要素に何らか

6　要素ごとに関数を適用することを表す適当な記号を準備するのが正式だが，簡便なので略記としてこのような記法を利用する．以降でも予告なく利用するので，注意されたい．

7　利用する活性化関数の種類はユニットごとに変えても構わないが，層ごとに共通の活性化関数を利用することが一般的である．また，出力層における活性化関数は，出力される値域や利用する損失関数など，ニューラルネットワークで実施するタスクに応じてうまく選ぶ必要がある．

8　簡易的には，ハイパーパラメータを任意に固定してしまう方法もあるが，ハイパーパラメータチューニングをするのが望ましい．

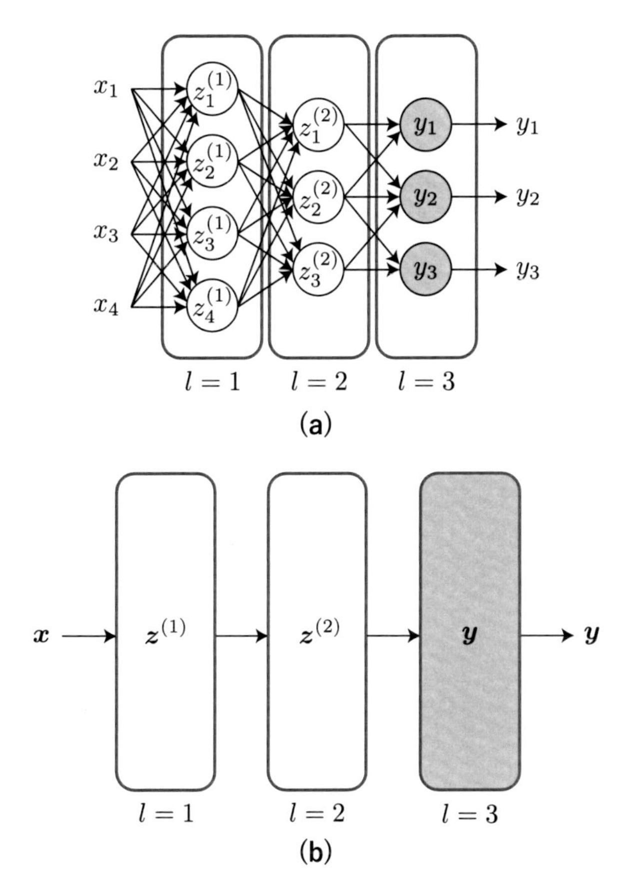

図 2.2　層数 $L = 3$ の全結合型ニューラルネットワークの構造．(a) 層を構成するユニットを明示的に記した構造．丸で示しているのがユニットで，丸の中に記した変数はユニットの出力を表す．角丸四角は層を表す．矢印は変数の入出力関係を表し，モデルパラメータが付随しているものと考える．x_1, x_2, x_3, x_4 はネットワークへの入力，y_1, y_2, y_3 はネットワークの出力である．色付きのユニットは出力層のユニットである．(b) (a) のネットワークを簡略化して表現したもの．$\boldsymbol{x}$ はネットワークへの入力，$\boldsymbol{y}$ はネットワークの出力，層の中に示したベクトルは層の出力を表す．入力 $\boldsymbol{x}$ の伝播の方向が一方向になっている．

の順序がついているデータは系列データである[9]．系列データでは，データに含まれる要素の出現順序が重要になる．例えば，c1ccccc1(CO) という SMILES 文字列でカッコ内の 2 文字を入れ替えて c1ccccc1(OC) とすると，それに応じて表現する分子構造も異なる．このように，データの構成要素が同じでも出現順序が異なる系列データは区別して取り扱う必要がある．

系列データの特徴として，サンプルの長さが可変であることが挙げられる．このため，全結合型ニューラルネットワークなどの入力ベクトルの成分数が固定されたネットワークに系列データをそのまま入力することはできない．対処としては，入力に取れる系列データの長さ $L_{\max}$ を定めておき，扱う全ての系列データの長さが $L_{\max}$ になるように適当な要素で埋める**パディング** (padding) を利用することが多い．

系列データを入力に取るネットワークとして，**再帰型ニューラルネットワーク** (Recurrent Neural Network, RNN) [48] は典型的な例である．RNN は図 2.3 に示すような構造をしている．

長さ T の系列 $\boldsymbol{X} = (\boldsymbol{x}^1, \ldots, \boldsymbol{x}^T)$ を RNN に入力する際は，1 時刻目に $\boldsymbol{x}^1$ を，2 時刻目に $\boldsymbol{x}^2$ を入力し，以下同様に時刻 T まで順に入力する．RNN では，層間のつながりとして 1 単位時間後に入力層側へと戻って伝播できるようになっている．つまり，時刻 t での隠れ層の出力 $\boldsymbol{z}^t$ を計算する際に，時刻 t での入力 $\boldsymbol{x}^t$ だけでなく 1 時刻前の隠れ層出力 $\boldsymbol{z}^{t-1}$ やネットワーク出力 $\boldsymbol{y}^{t-1}$ も利用して

$$\begin{aligned} \boldsymbol{a}^t &= \boldsymbol{W}_{\mathrm{in}}\boldsymbol{x}^t + \boldsymbol{W}_{\mathrm{hid}}\boldsymbol{z}^{t-1} + \boldsymbol{W}_{\mathrm{prev}}\boldsymbol{y}^{t-1}, \\ \boldsymbol{z}^t &= f(\boldsymbol{a}^t) \end{aligned}$$

と計算する．ここで，$\boldsymbol{W}_{\mathrm{in}}, \boldsymbol{W}_{\mathrm{hid}}, \boldsymbol{W}_{\mathrm{prev}}$ は RNN のモデルパラメータであり，f は活性化関数である．また，$\boldsymbol{y}^0 = \boldsymbol{0}$ であり，$\boldsymbol{z}^0$ は適当な初期化によって定める．時刻 t での隠れ層の出力 $\boldsymbol{z}^t$ は時刻 t での RNN の内部状態を表すものであり，時刻 t までの入力の情報が保持されていると考

9　文字列データのようにデータの構成要素が数値でない場合は，one-hot エンコーディングなどの方法で数値化したうえで扱うのが普通である．SMILES 文字列の具体的な取り扱い方については，3.1.1 節で述べる．

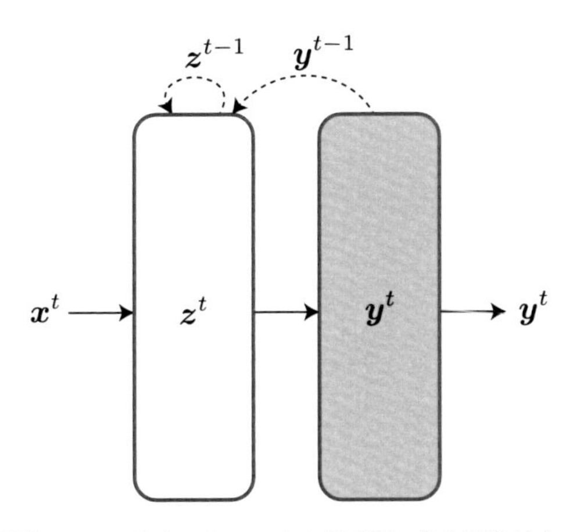

図 2.3 再帰型ニューラルネットワークの模式図．角丸四角はネットワークの層を表し，層の中に示した変数は層の出力である．矢印は層間の入出力関係を表しており，点線の矢印は次の入力に対して伝播されることを表す．色付きの層は出力層である．x^t は時刻 t におけるネットワークへの入力，z^t は時刻 t における隠れ層の出力，y^t は時刻 t におけるネットワークの出力である．点線の矢印で示した入力層側へ向かう伝播により，時刻 t までの入力の情報が z^t の計算の際に加味されるようになる．

えられる．時刻 t での出力 $\boldsymbol{y}^t$ は $\boldsymbol{y}^t = g(\boldsymbol{W}_{\mathrm{out}}\boldsymbol{z}^t)$ と計算する．ここで，$\boldsymbol{W}_{\mathrm{out}}$ も RNN のモデルパラメータであり，g は活性化関数である．以上で説明した RNN は最も基本的な構造の一つであり，他にも $\boldsymbol{a}^t$ の計算に $\boldsymbol{y}^{t-1}$ を利用しないものなど，様々なバリエーションがある．

RNN を利用することで系列の時間的な依存を捉えられるものの，長期間の依存関係を捉えるのは難しい．これは，RNN が時間方向に深いネットワークになっており，後述の誤差逆伝播法で損失を伝播させる際に**勾配消失** (vanishing gradients) [49] と呼ばれる問題によりパラメータの更新がされにくくなるためである．

これを受けて，**Long Short-Term Memory** (LSTM) [50] や **Gated Recurrent Unit** (GRU) [51] などの様々なネットワークが提案された．これらは**ゲート** (gate) と呼ばれる機構を導入することで，過去の情報を保持する程度を制御できるようにしたものである．LSTM や GRU では勾配消失が発生しにくくなっているため，系列データを入力する際は，単純な RNN よりも LSTM や GRU を利用するのが主流となっている．

タスクによって，LSTM と GRU の性能の優劣は変化しうる [52]．ただし，隠れ層の出力の次元が同じであれば，GRU の方が LSTM と比べると時間計算量・空間計算量が少なく済むという利点はある．

ここまでで説明した RNN では，時刻 $t = 1$ から順に入力することで，時刻 t までの入力の情報が考慮された隠れ層出力 z^t を得た．一方，文字列のように全時刻の入力が一度に得られる系列データでは，系列を逆順に入力することで，時刻 T から時刻 t までの情報が考慮された隠れ層出力 z^t_{rev} を得ることも可能である．これらの順方向の情報 z^t と逆方向の情報 z^t_{rev} の両方を考慮すると，系列全体の情報を取り込めることになる．このような双方向の情報 z^t, z^t_{rev} をもとにしてネットワークの出力 y^t を得る**双方向再帰型ニューラルネットワーク** (bi-directional RNN) もよく利用される．

2.1.3　畳み込みニューラルネットワーク

正整数 $L_1, \ldots, L_D$ に対し，関数 $\boldsymbol{X}\colon [L_1] \times \cdots \times [L_D] \to \mathbb{R}$ のことを D 次元の**配列**[10](array) と呼ぶ．つまり，D 次元配列 $\boldsymbol{X}$ は，D 個の添字の組 $(i_1, \ldots, i_D) \in [L_1] \times \cdots \times [L_D]$ に対して一つの数値 $x_{i_1,\ldots,i_D}$ を割り当てるものである[11]．この D 次元配列を，$\boldsymbol{X} = (x_{i_1,\ldots,i_D})$ と表し，$x_{i_1,\ldots,i_D}$ を $\boldsymbol{X}$ の $(i_1, \ldots, i_D)$-**成分** (element) と呼ぶ．また，D 個の正整数の組 $(L_1, \ldots, L_D)$ を D 次元配列 $\boldsymbol{X}$ の**形状** (shape) と呼ぶ．形状 $(L_1, \ldots, L_D)$ の D 次元配列は，(一般には) 異なる複数個の $D-1$ 次元配列を並べたものと考えることもできる．`NumPy` [53] などのライブラリでは，形状 $(L_1, L_2, \ldots, L_D)$ の D 次元配列は「形状 $(L_2, \ldots, L_D)$ の $D-1$ 次元配列が L_1 個並んだもの」とみなしている．他にも，例えば，「形状 $(L_1, \ldots, L_{D-1})$ の $D-1$ 次元配列が L_D 個並んだもの」ともみなせる．

10　配列は「テンソル」と呼ばれることもある．数学や物理で現れるテンソルとはニュアンスが異なる場合が多いことに注意する．

11　特に，加法やスカラー倍といった適当な演算を定義することで，1 次元配列は数ベクトル，2 次元配列は行列とみなすことができる．

配列データの代表例には画像データ[12]がある．画像データは，**ピクセル** (pixel) と呼ばれる小さな正方形の単位が長方形状に並んだデータである．各ピクセルには，色調・階調など当該ピクセルの色を表す情報が数値の組で格納されている．すなわち，長方形状に並んだ各ピクセルには形状が等しい 1 次元配列が割り当てられているので，画像データは 3 次元配列データである．

MOL ファイルに記録されている化合物の 3 次元構造データのような立体データも，配列データとして表現できる．具体的には，立体データが存在する直方体状の空間を立方体で細分して，各立方体に対して適当な数値化を施せばよい[13]．このように，立体データは 4 次元配列データで表現できる．ここで，空間を構成する小さな立方体の単位は**ボクセル** (voxel) と呼ばれる．

上述のような配列データでは，ピクセルやボクセルといった各構成単位に格納された要素 (1 次元配列) だけでなく，その要素に近接する位置にある要素も重要になる．例えば，画像データでは近接するピクセルが合わさって輪郭線やテクスチャが形成され，ひいては物体の様子が構成される．このように，配列データの各要素は近接する要素と密接に関連しているため，配列データの局所的な情報を十分に利用できるのが望ましい．

このような配列データを入力に取るネットワークには，**畳み込みニューラルネットワーク** (Convolutional Neural Network, CNN) [54] を用いるのが一般的である[14]．基本的な CNN は図 2.4 に示すような構造をしている．CNN は，**畳み込み層** (convolution layer)，**プーリング層** (pooling layer)，全結合層の三つの層からなる．

CNN の前半部分では，入力された配列データを畳み込み層とプーリング層に繰り返し通すことで配列データの特徴抽出を行う．ここで抽出され

12　ここではベクタ画像ではなく，ラスタ画像のデータを指す．

13　データの配置の仕方・立方体の一辺の長さ・数値化の仕方は，手法によって様々である．詳細は，3.1.3 節で述べる．

14　もちろん，配列の要素を 1 次元状に並べてモデルに入力することも可能である．しかし，データのもつ多次元構造の情報が欠落してしまうことや，膨大な数のモデルパラメータが必要となることから，あまり望ましくない．

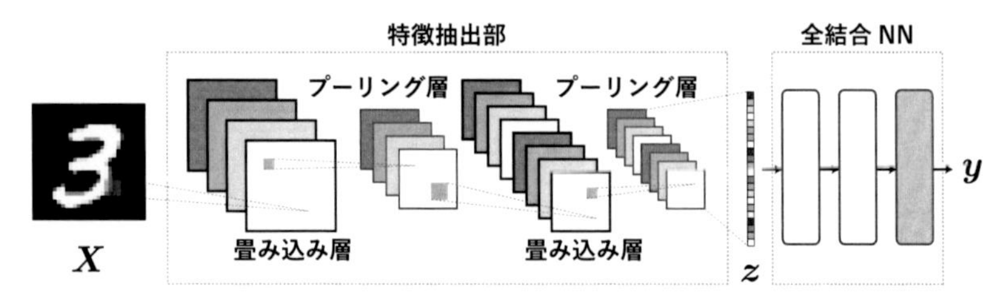

図 2.4　2次元の畳み込みニューラルネットワークの模式図．入力された配列データ X に対して，畳み込みとプーリングを繰り返すことで特徴抽出を行い，得られた配列データを1次元にならすことで X の潜在的な特徴量ベクトル z を得る．得られた特徴ベクトル z に対して全結合型 NN を適用することで，X に対する出力 y を得る．

た特徴量は，入力と同じ次元の配列データになっている．なお，抽出された特徴量の次元は同じであっても，形状は元のものと一般に異なる．

CNN の後半部分では，まず，抽出された特徴を格納した配列の要素を1次元状に並べ直すことでベクトル (1次元配列) に変形する．このベクトルを全結合層に入力することで，入力された配列データに対する出力値を得る．以下では基本的な CNN の操作について，配列データの特徴抽出を行う前半部分に焦点を当てて説明する．特に，画像データを念頭に置いて，3次元配列データに対する2次元の CNN の操作を説明する．なお，一般の次元の CNN の操作も2次元の CNN と同様であることに注意する．

(1) 畳み込み層

畳み込み層では，畳み込み層に入力された配列データに対して，入力と同じ次元の**フィルタ**[15](filter) と呼ばれる配列を用いて作った新たな配列データを出力する．畳み込み層のモデルパラメータはフィルタの各成分とバイアスであり，これらをモデルの訓練時に最適化する．また，畳み込み層のハイパーパラメータとして，入力にとる配列データの形状 (H, W, C)・利用するフィルタの個数 $T \in \mathbb{Z}_{\geq 0}$・利用するフィルタのサイ

15　フィルタは**カーネル** (kernel) とも呼ばれる．

ズ $M \in [\min(H, W)]$・**パディング** (padding) の幅 $p \in \mathbb{Z}_{\geq 0}$・**ストライド** (stride) $s \in \mathbb{Z}_{>0}$ を指定する必要がある．パディングとストライドについては以下で説明する．

畳み込み層に形状 (H, W, C) の 3 次元配列 $\boldsymbol{H} = (h_{i,j,c})$ が入力されたとする．まずは，この配列データに対してパディングを行う．パディングは，畳み込み後の配列の形状を調節するために配列データのサイズを拡張する操作であり，幅 p のパディングにより配列の形状が $(H + 2p, W + 2p, C)$ へと拡張される．具体的には，幅 p のパディング後の 3 次元配列 $\boldsymbol{H}' = (h'_{i,j,c})$ を

$$h'_{i,j,c} = \begin{cases} h_{i-p,j-p,c} & (i - p \in [H] \text{ かつ } j - p \in [W]) \\ q_{i,j,c} & (\text{それ以外}) \end{cases}$$

とする $(i = 1, \ldots, H + 2p;\ j = 1, \ldots, W + 2p;\ c = 1, \ldots, C)$．ここで，$q_{i,j,c}$ はパディングの仕方によって異なる値であるが，$q_{i,j,c} = 0$ と設定することが多い (**ゼロパディング**, zero padding)．つまり，パディング後の 3 次元配列は，元の配列データの周囲を別の値で埋め合わせた配列データになっている．

続いて，形状 (M, M, C) のフィルタ K 種類 $\boldsymbol{W}^{(1)} = (w^{(1)}_{i,j,c}), \ldots, \boldsymbol{W}^{(K)} = (w^{(K)}_{i,j,c})$ を用いて**畳み込み** (convolution) と呼ばれる操作を行う[16]．パディングにより得られた形状 $(H + 2p, W + 2p, C)$ の 3 次元配列 $\boldsymbol{H}' = (h'_{i,j,c})$ に対して，ストライド s の畳み込みで得られる 3 次元配列 $\boldsymbol{A} = (a_{x,y,k})$ は，形状が $(\lfloor \frac{H+2p-M}{s} \rfloor + 1, \lfloor \frac{W+2p-M}{s} \rfloor + 1, K)$ になり，その要素は

$$a_{x,y,k} = \sum_{c=1}^{C} \sum_{i=1}^{M} \sum_{j=1}^{M} w^{(k)}_{i,j,c} h'_{s(x-1)+i, s(y-1)+j, c} + b_{x,y,k}$$

と計算される $(x = 1, \ldots, \lfloor \frac{H+2p-M}{s} \rfloor + 1;\ y = 1, \ldots, \lfloor \frac{W+2p-M}{s} \rfloor + 1;\ k =$

16　フィルタの次元は畳み込み層に入力された配列と同じ次元になっており，形状の第 3 成分 C が一致することに注意する．また，フィルタの形状の第 1 成分と第 2 成分は同じ値 M に設定する (つまり，正方形状のフィルタを利用する) のが通例である．

$1, \ldots, K$). ここで，$b_{x,y,k}$ はバイアスパラメータである．

つまり，$a_{x,y,k}$ を計算する際には，k 番目のフィルタ $\boldsymbol{W}^{(k)}$ の位置を 3 次元配列データ (画像) の角に合わせて，フィルタを少しずつずらしながら配列データの各要素とフィルタの各要素の積をとって，バイアスを加える操作になっている．フィルタをずらす際のずらし幅が，ストライド s である．畳み込みを適用されずに切り捨てられてしまう領域が出ないように，ストライド s は $(H+2p-M)/s$ と $(W+2p-M)/s$ がともに整数値をとるように選ぶことが多い．

最後に, 畳み込みで得られた各 $a_{x,y,k}$ に対して活性化関数 f を適用して，$\boldsymbol{A}$ と同じ形状の 3 次元配列 $\boldsymbol{Z} = \left(f(a_{x,y,k})\right)$ を出力する．活性化関数としては，2.1.1 節で述べた ReLU がよく用いられる．

畳み込みでは，フィルタを利用することで配列データの局所的な情報を抽出している．加えて，配列データのどの部分に対してもフィルタごとに同じパラメータを利用する**重み共有**[17](weight sharing) を使うことで，最適化すべきパラメータの数が減っている．このことが，2.2.2 節で説明する正則化として働いており，CNN の汎化性能の向上に貢献している．

(2) プーリング層

プーリング層では，入力された配列データに対して，配列の各ブロックに含まれる値の代表値をとる**プーリング** (pooling) と呼ばれる操作を適用することで，配列データを圧縮する．プーリングは，畳み込み層で捉えられた局所的な特徴を，現れる位置が少しずれても捉えられるようにする役割を持つ．このため，プーリング層は複数個の畳み込み層の後に現れる．プーリング層のハイパーパラメータとして，入力にとる配列データの形状 (H, W, C)・プーリングの適用領域のサイズ $M \in [\min(H, W)]$・ストライド $s \in \mathbb{Z}_{>0}$ を指定する必要がある．プーリングのストライドは $s = M$ と設定することが多い．

プーリング層への入力が形状 (H, W, C) の 3 次元配列 $\boldsymbol{H} = (h_{i,j,c})$ であるとする．位置 $(i, j) \in [H] \times [W]$ を中心とするグリッド点の集合を

17　「重み」という単語はモデルのパラメータと同義で用いられることが多い．

$$\mathcal{P}_{i,j}^{(M)} := \left\{ (x, y) \in \mathbb{Z}^2 \;\middle|\; \begin{array}{l} i - \lfloor \frac{M-1}{2} \rfloor \le x \le i + \lceil \frac{M-1}{2} \rceil \\ j - \lfloor \frac{M-1}{2} \rfloor \le y \le j + \lceil \frac{M-1}{2} \rceil \end{array} \right\}$$

と定める．ストライド s のプーリングを行って得られる配列 $\mathbf{Z} = (z_{i,j,c})$ の形状は $(\lceil \frac{H}{s} \rceil, \lceil \frac{W}{s} \rceil, C)$ になり，その要素はブロックごとの代表値を割り当てる関数 f を用いて

$$z_{x,y,c} = f(\{\!\{ h_{i,j,c} \mid (i, j) \in \mathcal{P}_{1+s(x-1),1+s(y-1)}^{(M)} \}\!\})$$

と計算される[18]$(x = 1, \ldots, \lceil \frac{H}{s} \rceil;\ y = 1, \ldots, \lceil \frac{W}{s} \rceil;\ c = 1, \ldots, C)$．ここで，添字が $(i, j) \notin [H] \times [W]$ となるものについては，適当なパディングの適用により $h_{i,j,c}$ の値が存在しているものとする．

関数 f としては，**最大プーリング** (max pooling) $f(S) = \max_{s \in S} s$ や，**平均プーリング** (average pooling) $f(S) = \frac{1}{|S|} \sum_{s \in S} s$，$\boldsymbol{L^p}$ **プーリング** (L^p pooling) $f(S) = (\frac{1}{|S|} \sum_{s \in S} s^p)^{1/p}$ などがよく利用される．特に，関数 f はパラメータを利用しないため，畳み込み層とは異なって，プーリング層にはモデルパラメータが存在しないことに注意する．

2.1.4 グラフニューラルネットワーク

頂点 (vertex) と，点同士を結ぶ**辺** (edge) からなる図形を**グラフ** (graph) と呼ぶ．より正確には，頂点集合 V と辺集合 E の二つ組 $G = (V, E)$ をグラフと呼ぶ[19]．本書では，単に「グラフ」といえば辺に向きのついていない**無向グラフ** (undirected graph) を指すこととする．化合物の各原子を頂点に，各結合を辺に対応させることで，化合物の構造もグラフだとみなせる．

グラフ $G = (V, E)$ の頂点 $v \in V$ や辺 $e \in E$ に対して，v や e の性質から p 次元の特徴量 $\boldsymbol{x}_v \in \mathbb{R}^p$，$q$ 次元の特徴量 ξ_e を作ることができる．例えば化合物構造のグラフであれば，原子や結合の種類や，原子の形式電荷，芳香族性の有無などから特徴量を作ることができる．$V = \{ v_1, \ldots, v_n \}$,

18 記号 $\{\!\{ x_1, \ldots, x_n \}\!\}$ は**多重集合** (multiset)，すなわち重複した要素を持ちうる集まりを表す．系列データで順序を考慮しないものと考えれば良い．

19 この定義は簡易的なものである．より正式な定義は，付録やグラフ理論の成書を参照されたい．

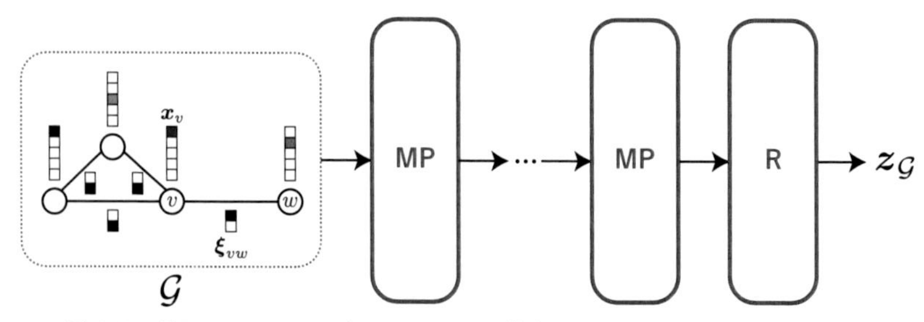

図 2.5　グラフニューラルネットワークの模式図．MP はメッセージパッシング層，R はリードアウト層を表す．GNN に入力されたグラフデータ $\mathcal{G}$ は，複数回のメッセージパッシング操作を経た後，リードアウト操作を受けることでグラフの特徴ベクトル $z_{\mathcal{G}}$ へと変換される．

$E = \{e_1, \ldots, e_m\}$ とすると，頂点の特徴量をまとめることで $n \times p$ 行列 $\boldsymbol{X}_V = (\boldsymbol{x}_{v_1}, \ldots, \boldsymbol{x}_{v_n})^\top$ を，辺の特徴量をまとめることで $m \times q$ 行列 $\Xi_E = (\xi_{e_1}, \ldots, \xi_{e_m})^\top$ を得ることができる．グラフ G に頂点の特徴量 $\boldsymbol{X}_V$ と辺の特徴量 Ξ_E が付されたデータ $\mathcal{G} = (G, \boldsymbol{X}_V, \Xi_E)$ を**グラフデータ** (graph data) と呼ぶ．

グラフデータ $\mathcal{G}$ では，頂点や辺の特徴量 $\boldsymbol{X}_V, \Xi_E$ だけでなく，各頂点がどの頂点と隣接しているか・どの辺と接続しているか，といったグラフ G 自体の持つ情報も重要である．また，グラフデータではサンプルによって頂点や辺の数が異なりうる．このため，入力のサイズが固定のニューラルネットワークに入力するのは難しい[20]．

グラフデータを入力に取るネットワークには，**グラフニューラルネットワーク** (Graph Neural Network, GNN) [55] を用いるのが一般的である．GNN は図 2.5 に示すような構造をしている．

GNN は，**メッセージパッシング層** (message-passing layer) と**リードアウト層** (readout layer) の 2 種類の層からなる．入力されたグラフデータをメッセージパッシング層に繰り返し通すことでグラフデータの各頂点の特徴抽出を行った後，リードアウト層でグラフデータの特徴量を

20　RNN では可変長の入力をとれるものの，グラフの頂点や辺に決まった順序付けがあるわけではないため，入力される順序に依存する RNN を直接利用するのもやはり適切ではないだろう．

作り出すという構造になっている．以下では基本的な GNN のフレームワークについて説明する．より詳細な説明は，例えば文献 [56, 57] などを参照されたい．

(1) 特徴ベクトルの変換

まず，グラフデータ $\mathcal{G} = ((V, E), \boldsymbol{X}_V, \Xi_E)$ に対して，頂点 $v \in V$ の特徴ベクトル $\boldsymbol{x}_v$ と辺 $e = vw \in E$ の特徴ベクトル ξ_{vw} をそれぞれ関数 f, g で変換し，潜在ベクトル $\boldsymbol{h}_v = f(\boldsymbol{x}_v)$，$\boldsymbol{e}_{vw} = g(\xi_{vw})$ に変換する．関数 f, g としては，恒等写像や全結合型ニューラルネットワークが用いられる．恒等写像を利用する場合は特徴ベクトルをそのまま用いることになり，全結合型ニューラルネットワークを利用する場合は特徴ベクトルを変換してから利用することになる．

(2) メッセージパッシング層

メッセージパッシング層は，頂点の近傍の情報を用いてグラフの各頂点の潜在的な特徴を抽出する役割をもつ．メッセージパッシング層の入力は，グラフ G (あるいはその隣接行列 A_G) と現在の各頂点の潜在ベクトル $\{\!\{\boldsymbol{h}_v \mid v \in V\}\!\}, \{\!\{\boldsymbol{e}_{vw} \mid vw \in E\}\!\}$ である．この層では，**集約** (aggregation) と**更新** (update) の二つの操作が行われる．集約・更新の操作をまとめて**メッセージパッシング** (message passing) という．

集約操作では，グラフの頂点 $v \in V$ のもつ情報 $\boldsymbol{h}_v$ と v の近傍のもつ情報 $\{\!\{(\boldsymbol{h}_w, \boldsymbol{e}_{vw}) \mid w \in N(v)\}\!\}$ を，微分可能な関数 AGGREGATE によって**メッセージ** (message)

$$\boldsymbol{m}_v = \textsc{Aggregate}(\boldsymbol{h}_v, \{\!\{(\boldsymbol{h}_w, \boldsymbol{e}_{vw}) \mid w \in N(v)\}\!\})$$

にまとめる (図 2.6)．このように，頂点 v のメッセージ $\boldsymbol{m}_v$ は，v の現在の潜在ベクトル $\boldsymbol{h}_v$・v に隣接する各頂点 w の現在の潜在ベクトル $\boldsymbol{h}_w$・v に接続する辺 vw の潜在ベクトル $\boldsymbol{e}_{vw}$ から計算される．

ここで用いられる関数 AGGREGATE の設計は手法によって異なっているが，多くの手法ではニューラルネットワークを用いている．また，AGGREGATE の第 2 引数が多重集合になっていること，つまり，頂点 v と

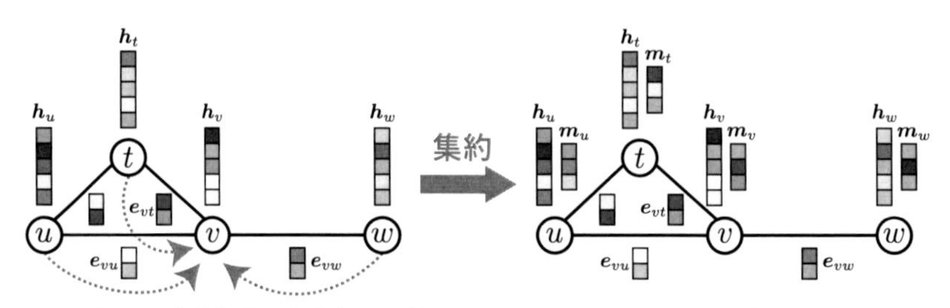

図 2.6　集約操作．各頂点 v に対してメッセージベクトル $\boldsymbol{m}_v$ が作られる．

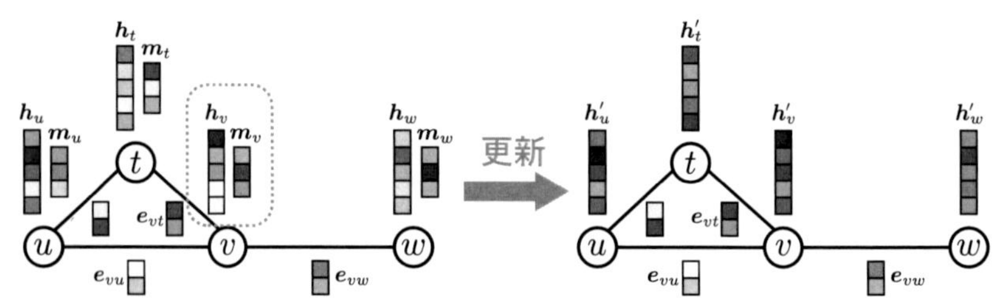

図 2.7　更新操作．各頂点 v の潜在ベクトル $\boldsymbol{h}_v$ とメッセージベクトル $\boldsymbol{m}_v$ を用いて $\boldsymbol{h}'_v$ に更新する．

隣接する頂点 $w \in N(v)$ に関連する特徴ベクトル $(\boldsymbol{h}_w, \boldsymbol{e}_{vw})$ については，入力順序に依らない設計となっていることに注意する．グラフの頂点に対する決まった順序付けはなく，順序付けに依存して Aggregate の出力値が変わるのは妥当ではない．このため，Aggregate は**置換不変性** (permutation invariance) を持つように，つまり，出力される値が頂点の順序付けに依存しないように設計されている．

更新操作では，グラフの各頂点 $v \in V$ の現在の潜在ベクトル $\boldsymbol{h}_v$ と集約操作で作ったメッセージ $\boldsymbol{m}_v$ をもとに，微分可能な関数 Update によって v の新しい潜在ベクトル $\boldsymbol{h}'_v$ を

$$\boldsymbol{h}'_v = \textsc{Update}(\boldsymbol{h}_v, \boldsymbol{m}_v)$$

と計算する (図 2.7)．このように，v の新しい潜在ベクトル $\boldsymbol{h}'_v$ は，v の現在の潜在ベクトル $\boldsymbol{h}_v$ と集約操作で作った v のメッセージから計算される．

Aggregate と同様に，ここで用いられる関数 Update の設計も手法に

よって異なっているが，多くの手法でニューラルネットワークを用いて設計されている．こうして得られた潜在ベクトル $\{\!\{\boldsymbol{h}'_v \mid v \in V\}\!\}$ が，メッセージパッシング層の出力となる．なお，更新操作では辺の潜在ベクトル $\{\!\{\boldsymbol{e}_{vw} \mid vw \in E\}\!\}$ が更新されていないが，辺の潜在ベクトルも更新するようにメッセージパッシング層を拡張することも可能である [58].

以上のメッセージパッシング操作を 1 回行うと，頂点の潜在ベクトルは，その近傍の情報[21]を加味したものに更新される．一般に，メッセージパッシング操作を l 回行うと，頂点の潜在ベクトルにはその頂点から長さ l のパスを通って到達できる頂点の情報が加味されることになる．このように，メッセージパッシング層を複数個重ねることで，グラフの局所的な情報を捉えることができる．ただし，メッセージパッシング層を重ねていくと，異なる頂点の潜在ベクトルどうしが区別できなくなる**オーバースムージング**[22](over-smoothing) という現象により，予測性能が悪化する可能性があることに注意する必要がある [59].

全部で L 層のメッセージパッシング層を経た後に，グラフの頂点 $v \in V$ に対する最終的な特徴ベクトル z_v を計算する方法はいくつかある．$l = 0, 1, \ldots, L$ として，l 層のメッセージパッシング層を経た後の頂点 v の潜在ベクトルを $\boldsymbol{h}_v^{(l)}$ と表す．頂点 v の最終的な特徴ベクトル z_v は，最終層で得られた頂点の潜在ベクトル $z_v = \boldsymbol{h}_v^{(L)}$ とすることが多い．他にも，各メッセージパッシング層で得られた中間的な潜在ベクトルを全て利用する **Jumping knowledge 接続** (jumping knowledge connection) と呼ばれる方法がある [62]．これは，v の最終的な特徴ベクトル z_v を，任意に選んだ微分可能な写像 f_{JK} を用いて $z_v = f_{\mathrm{JK}}(\boldsymbol{h}_v^{(0)} \oplus \cdots \oplus \boldsymbol{h}_v^{(L)})$ とする方法である ($\oplus$ はベクトルの結合操作を表す)．写像 f_{JK} としては，恒等写像を利用することも多い．この場合，z_v は全ての潜在ベクトルを単に結合したものになる．

21　ここで述べている「情報」は，近傍の頂点の潜在ベクトルの持つ情報はもちろん，頂点の次数といったグラフの構造情報も含まれている．

22　Graph Convolutional Network [60] と呼ばれる GNN に対しては，層を重ねていくと頂点のもつ特有の情報が指数関数的に失われることが理論的に示されている [61]．特に，入力されるグラフが密に繋がっているほど，情報損失のスピードが速い．

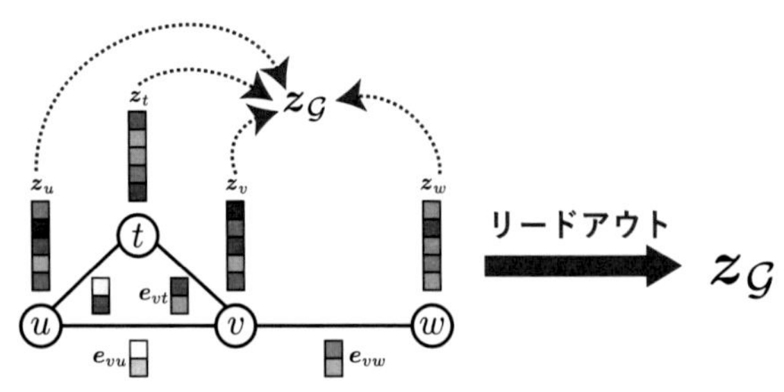

図 2.8　リードアウト操作．各頂点 v の特徴ベクトル z_v を一つのベクトル $z_\mathcal{G}$ にまとめる．

(3) リードアウト層

リードアウト層は，複数のメッセージパッシング層を経て抽出された頂点の最終的な特徴ベクトルをグラフデータの特徴ベクトルに統合する役割を持つ．このため，メッセージパッシングの操作が完了した後に 1 回だけ適用される．もちろん，グラフデータの特徴ベクトルよりも頂点の特徴ベクトルに興味がある場合は，リードアウト層を使わない．

具体的な操作としては，グラフの全頂点の特徴ベクトル $\{\!\{z_v \mid v \in V\}\!\}$ を入力して，微分可能な関数 Readout によってグラフデータ $\mathcal{G}$ の特徴ベクトル

$$z_\mathcal{G} = \textsc{Readout}(\{\!\{z_v \mid v \in V\}\!\})$$

にまとめる (図 2.8)．このように，グラフデータ $\mathcal{G}$ の特徴ベクトル $z_\mathcal{G}$ は，メッセージパッシング層を通して計算された各頂点 v の特徴ベクトル z_v を組み合わせて計算される．

用いられる関数 Readout の設計は手法によって異なっており，例えば，全特徴ベクトルの総和や平均を取る操作，**Set2Set** [63] というニューラルネットワークなどが用いられる．ここでも Readout が置換不変となるように，Readout の入力は頂点の潜在ベクトルの多重集合になっている．得られた $z_\mathcal{G}$ が，リードアウト層の出力になる．直観的には，リードアウト層によってグラフのもつ局所的な情報 $\{\!\{z_v \mid v \in V\}\!\}$ が一つにまとまるため，$z_\mathcal{G}$ はグラフデータ $\mathcal{G}$ の局所的な情報と大域的な情報をともに有していると考えることができる．

2.2 ニューラルネットワークの訓練と正則化

2.2.1 ニューラルネットワークの訓練

ニューラルネットワークを利用したモデルには複数個のパラメータが含まれており，これらのパラメータが変化するとモデルが表現する関数が変わる．性能の良い予測モデルを構築するには，与えられたデータセットに対してうまく予測ができるように，モデルのパラメータをうまく調節する必要がある．これをモデルの**訓練**[23](training) といい，訓練に利用するデータセットを**訓練データセット** (training dataset) という．また，訓練データセットに含まれるサンプルを**訓練サンプル** (training sample) と呼ぶ．

モデルの訓練では，予測のずれ具合を表現する**損失関数** (loss function) を用いて，訓練データセットに対する損失関数値 (**訓練損失**, training loss) が小さくなるようなパラメータを探索する．パラメータ W を持つニューラルネットワークを利用したモデルに対する損失関数 $\mathcal{L}(W)$ は，データセット $\{x_i\}_{i=1}^N$ に含まれる各サンプル x_i に対して，パラメータが W のときのサンプル損失 $\ell(x_i;W)$ の平均

$$\mathcal{L}(W) = \frac{1}{N}\sum_{i=1}^{N}\ell(x_i;W)$$

の形になる．なお，$\mathcal{L}(W)$ を最小化するパラメータ W を見つけるのが目的なので，この式の $\mathcal{L}$ の代わりに，$\mathcal{L}$ を定数倍したものを最小化しても結果は変わらない．各サンプルの損失 $\ell(\cdot;W)$ としては，回帰タスクでは平均二乗損失，分類タスクではクロスエントロピー損失などと，実施するタスクに応じて異なる損失を利用する．

一般に $\mathcal{L}(W)$ は複雑な形をしており，線形重回帰のように関数 $\mathcal{L}(W)$ を最小にするパラメータ W^* を解析的に求めることができない．このため，損失関数 $\mathcal{L}(W)$ に関してパラメータ W を最適化するには，数値解法を利用する必要がある．

23　同じことを指して，データセットの**学習** (learning) ともいう．

特に，ニューラルネットワークに対しては，**勾配降下法**[24](gradient descent method) やその変種を利用して $\mathcal{L}(W)$ を最小化するパラメータを探索することが多い．ニューラルネットワークのパラメータ W に関する勾配降下法は，パラメータの初期値を $W^{(0)}$ として，値が収束するまで次の更新式によりパラメータを更新していくスキームである．

$$W^{(t+1)} = W^{(t)} - \eta \frac{\partial \mathcal{L}}{\partial W}(W^{(t)}).$$

ここで，$\eta > 0$ は**学習率** (learning rate) と呼ばれるハイパーパラメータであり，データセットに応じて適切に選択する必要がある[25]．初期値 $W^{(0)}$ の設定方法としては，LeCun の初期化 [64]・Glorot の初期化 [65]・He の初期化 [66] などの手法が知られている．

勾配降下法では，損失関数の勾配 $\frac{\partial \mathcal{L}}{\partial W}(W^{(t)})$ を用いて更新しているため，勾配が効率よく計算できる必要がある．これは，**誤差逆伝播法** (backpropagation method) を利用することで実現できる[26]．誤差逆伝播法は `TensorFlow` [67] や `PyTorch` [68] といった深層学習向けライブラリで実装されており，手軽に利用できる．誤差逆伝播法の詳細なアルゴリズムについては，例えば文献 [44, 45] を参照されたい．

一般に，勾配降下法で見つかる解 $\hat{W}$ は局所的最小解であるため，$\hat{W}$ が $\mathcal{L}(W)$ の (大域的な) 最小値を与えるとは限らない．しかし，多くの場合では，局所的最小解 $\hat{W}$ が見つかれば十分であることが経験的に知られている．より良い局所的最小解を見つけることができるように，勾配降下法を改良した様々なアルゴリズムが開発された．中でも，**Adam** [69] がよく利用されている．Adam をはじめとする勾配降下法の改良アルゴリズムの詳細については，例えば文献 [45] を参照されたい．

勾配降下法におけるパラメータ更新では，訓練サンプル全てを用いていることに注意する．このように，全ての訓練サンプルで訓練すること

24　勾配降下法は目的関数を最小化する際に利用する最適化手法である．逆に，最大化する場合は勾配上昇法 (gradient ascent method) と呼ぶが，本質的には同じ手法である．

25　学習率を固定せずステップごとに変化するようスケジューリングすることで，勾配降下法の収束性能を高める手法もある．

26　誤差逆伝播法は，単純な数値微分の方法よりも効率的であることが知られている [45].

を**バッチ学習** (batch learning) という．バッチ学習では，訓練サンプルに含まれるノイズの影響を小さくできる一方で，一度のパラメータ更新に全部の訓練サンプルを用いるために訓練の計算効率が悪い．一方で，訓練サンプルの一部のみを用いて訓練することを**ミニバッチ学習** (minibatch learning) といい，ニューラルネットワークの訓練によく利用されている．

ミニバッチ学習では，訓練データセットを適当な大きさの K 個の部分データセット (**ミニバッチ**, minibatch) へランダムに分割しておく[27]．t ステップ目の更新で利用するミニバッチに含まれるサンプルの添字集合を $B^{(t)}$ として，このミニバッチに対する損失関数

$$\mathcal{L}^{(t)}(\boldsymbol{W}) \coloneqq \frac{1}{|B^{(t)}|} \sum_{i \in B^{(t)}} \ell(\boldsymbol{x}_i; \boldsymbol{W})$$

に関して勾配降下法を適用する．すなわち，η を学習率として，

$$\boldsymbol{W}^{(t+1)} = \boldsymbol{W}^{(t)} - \eta \frac{\partial \mathcal{L}^{(t)}}{\partial \boldsymbol{W}}(\boldsymbol{W}^{(t)})$$

とパラメータを更新する．特に，$|B^{(t)}| = 1$ の場合を**確率的勾配降下法** (Stochastic Gradient Descent, SGD) と呼ぶ[28]．K 個のミニバッチを全て訓練に使い終わるまでの訓練期間を，1 **エポック** (epoch) という単位で呼ぶ．1 エポックの訓練が完了したら次のエポックへと進み，再度訓練データセットを K 個のミニバッチにランダム分割して，訓練を続けていく．

ミニバッチ学習では，一度のパラメータ更新に一部の訓練サンプルを利用するため，バッチ学習に比べると計算効率が良くなっている．また，ミニバッチをランダムに作っているため，最小化する損失関数 $\mathcal{L}^{(t)}$ の形がステップごとにランダムに変化している．このランダム性により，バッチ学習に比べると良い解に収束しやすくなっている．

モデルの訓練が完了したら，実際にそのモデルが十分な性能を発揮でき

27　普通は，どのミニバッチもほぼ等しい数のサンプルを含むように分割する．

28　確率的勾配降下法は**オンライン学習** (online learning) とも呼ばれる．また，文献によってはミニバッチ学習のことを指して確率的勾配降下法と呼ぶものもある．

るかどうかを確認する．取り組むタスクによって性能の評価方法は異なるが，基本的には，未知のデータセットに対するモデルの性能，すなわち**汎化性能** (generalization performance) を評価する．このために，未知のデータセットに相当するものとして**テストデータセット** (test dataset) を準備し，テストデータセットに含まれるサンプル (**テストサンプル**, test sample) に対して訓練したモデルによる予測がうまく行くかどうかを，損失関数値などの指標で評価する[29]．

モデルの性能評価では，モデルを妥当に評価できるような方法を定める必要がある．例えば，教師ありの予測タスクにおいて，もしテストデータセットが訓練サンプルと同じサンプルを含んでしまっていたとする．訓練サンプルに対してはうまく予測できるようにモデルを最適化しているため，そうしたテストサンプルに対してはうまく予測ができてしまう．このように，実際の予測では使えないはずの情報がモデル構築時に混入してしまうと，テストデータセットに対する予測性能が不当に良くなってしまう (データの**リーケージ**[30], leakage)．他にも，サンプリングの際の偏りなどの影響でテストサンプルの分布が実際のサンプル分布と極端に異なっていると，テストデータセットに対する予測性能のみが良くなって，実際の予測性能は悪くなることがあり得る．構築したモデルを実際に利用する本番の状況を想定して評価方法を設定することが，実用的なモデルを得るための鍵である．

訓練データセットに含まれるサンプルは有限個なので，パラメータ数が多いモデルでは最適化により訓練損失を十分小さくでき，訓練データセットに対してはうまく予測できるようになる．一方で，このようなモデルでは，訓練損失を小さくしていくうちに訓練サンプルの統計的なばらつき (ノイズ) まで学習してしまう．結果として，訓練データセットの

29　本来は，サンプルの従う分布に関する損失関数値の期待値である**汎化損失** (generalization loss) を汎化性能の指標とすべきである．しかし，通常はサンプルの従う分布が不明であり，汎化損失は直接的に評価できない．このため，実用上は汎化損失をテストデータセットに対する損失関数値で代用して評価する．

30　ここで例に挙げたリーケージはごく単純なものである．様々なリーケージの例がある [70] ため，十分な注意が必要である．

予測ばかりがうまく行き過ぎて，未知のデータセットに対する予測はうまく行かなくなる．これを訓練データセットに対するモデルの**過剰適合** (overfitting) という．逆に，モデルのパラメータ数が少なすぎるなどの理由で訓練データセットの予測がうまく行かない状況を**過少適合** (underfitting) という．

モデルが過剰適合しているか否かを見定めるには，訓練の最中に汎化性能の評価値を確認すれば良い．ただし，教師あり学習のようにテストデータセットを用意している場合は，テストデータセットをモデルの最終評価用として設定している以上，これを訓練時に利用するのは望ましくない．そこで，訓練データセットの一部を**検証データセット** (validation dataset) として切り分け，これを未知のデータセットとして扱う．すなわち，検証データセットに含まれるサンプル (**検証サンプル**, validation sample) は訓練に利用しないようにすることで，検証データセットに対する損失関数値 (**検証損失**, validation loss) を用いて汎化性能が評価できる．検証データセットも，テストデータセットと同様に，実際に利用する本番の状況を想定して設定する[31].

2.2.2 ニューラルネットワークの正則化

汎化性能を持つモデルを構築するためには，訓練データセットの本質的な情報のみを学習できるように，モデルの不必要な自由度を減らす仕組みが必要である．このような仕組みをモデルに取り入れることを，モデルの**正則化** (regularization) といい，様々な正則化手法が提案されている．

31 モデルの性能評価の話は，訓練データセットでの性能評価を「自己チェック」に，検証データセットでの評価を「試験の過去問題」に，テストデータセットでの評価を「本番の試験」に喩えるとわかりやすいだろう．訓練サンプル数は限られているため，自己チェックはだんだん完璧になっていくだろうが，自己チェックに特化してしまう (過剰適合)．逆に，経験が足りないなどの理由で，自己チェック用の問題すら解けないこともある (過少適合)．試験の過去問題を解くことで，現在のモデルが本番で通用するかを評価できる．最後に，本番の試験でモデルがきちんと学習できているかを確認する．もちろん，本番の試験で出題されるサンプルの数は限られているため，本番の試験の結果はモデルの真の性能を示すものではない．2.2.2 節で説明する早期終了のように過去問題の結果を受けてパラメータ調整をするのは許されても，事前に入手した本番の試験をもとにパラメータ調整をするのは不正行為になってしまう (リーケージ).

ところで，モデルのパラメータの数を初めから適度な数に設定しておけば，正則化がなくても過剰適合を防げるように思われる．しかし，利用するデータセットごとに適切なパラメータの数を見積もるのは困難である．このため，まずは十分な数のパラメータを用意しておき，正則化を加えることでパラメータの自由度を制限するのが通例である．

最も一般的な正則化手法は，損失関数 $\mathcal{L}(\boldsymbol{W})$ を最小化する代わりに，ペナルティ項 $R(\boldsymbol{W})$ を加えた

$$\mathcal{L}_{\mathrm{reg}}(\boldsymbol{W}) \coloneqq \mathcal{L}(\boldsymbol{W}) + \lambda R(\boldsymbol{W})$$

をパラメータ $\boldsymbol{W}$ に関して最小化するものである．ここで，$\lambda > 0$ は正則化の強さを決めるハイパーパラメータであり，関数 $R(\boldsymbol{W})$ の選び方としては $R(\boldsymbol{W}) = \|\boldsymbol{W}\|_2^2$ や $R(\boldsymbol{W}) = \|\boldsymbol{W}\|_1$ などがある．$R(\boldsymbol{W}) = \|\boldsymbol{W}\|_2^2$ と設定することを $\boldsymbol{L_2}$ **正則化**[32](L_2 regularization)，$R(\boldsymbol{W}) = \|\boldsymbol{W}\|_1$ と設定することを $\boldsymbol{L_1}$ **正則化** (L_1 regularization) と呼ぶ．こうしたペナルティ項があることで，パラメータ $\boldsymbol{W}$ のとりうる値が制限され，過剰適合を防ぐ効果が期待できる．

また，**早期終了** (early stopping) [72] も正則化の一種である．早期終了を利用した訓練では，過剰適合が起こっているか否かを監視するために定期的に検証損失を計算し[33]，それまでの最小の検証損失を保存しておく．パラメータ更新により検証損失がそれまでの最小値を下回った場合は，その時のパラメータを保存しておく．検証損失が最小値を下回らない期間が **patience** と呼ばれる長さ D_{p} を超過した場合に，過剰適合の傾向が確認されたと判断して，この段階で訓練を中断する．このとき，最後に保存されたパラメータが検証損失を最小にする，すなわちモデルの汎化性能が最も高くなるパラメータなので，これをモデルのパラメータとして採用する．

他にも，2.1.3 節で説明した畳み込み層にも利用されている重み共有・訓練時に一部のユニットを確率的に取り除いてアンサンブル学習

32　L_2 正則化を指して**重み減衰** (weight decay) と呼ぶこともあるが，両者は特定の状況では一致するものの，厳密には異なるものである [71].

33　例えば，1 エポックが終わるごとに検証損失を計算するようにすればよい．

の効果を出す**ドロップアウト** (dropout) [73]・ネットワークの各層の出力の従う分布を揃えることで学習を安定化させる**バッチ正規化** (batch normalization) [74] などの正則化手法が利用される．各手法の詳細やその他の正則化手法については，例えば文献 [75, 76] を参照されたい．

なお，あらゆる正規化手法を利用すれば必ずモデルの性能が良くなるというわけではないことに注意する．実際，Dropout とバッチ正規化は相性が良くないことが知られている [77].

2.3 深層生成モデル

訓練データセット $\mathscr{D} = \{x_i\}_{i=1}^{N}$ の各サンプルは，何らかの**データ生成分布** (data-generating distribution) $p_{\mathrm{data}}(x)$ に従って生成されたものだと仮定する．具体的にデータ生成分布 $p_{\mathrm{data}}(x)$ がどのようであるかを知るのは，一般には不可能である．もし訓練データセット $\mathscr{D}$ を手がかりに，データ生成分布 $p_{\mathrm{data}}(x)$ を良く近似するモデル $p_{\theta}(x)$ (θ はパラメータ) を構成できれば，$p_{\theta}(x)$ からサンプリングすることで訓練サンプルらしい新規サンプル $\tilde{x}$ を生成できる．特に，ニューラルネットワークを利用してデータ生成分布を近似するモデルを**深層生成モデル** (deep generative model) と呼ぶ．

データ生成分布 $p_{\mathrm{data}}(x)$ のモデル化の方針には様々なものがある [78, 79]．この節では，基本的な深層生成モデルとして，敵対的生成ネットワーク・変分オートエンコーダ・フローベース生成モデルについて説明する．

2.3.1 敵対的生成ネットワーク

敵対的生成ネットワーク (Generative Adversarial Network, GAN) [80] は，サンプルの特徴を決定する**潜在変数** (latent variable) と呼ばれる確率変数をニューラルネットワークで写像することで訓練サンプルらしい新規サンプルを構成する深層生成モデルである (図 2.9)．潜在変数を写像するニューラルネットワークは**ジェネレータ** (generator) と呼

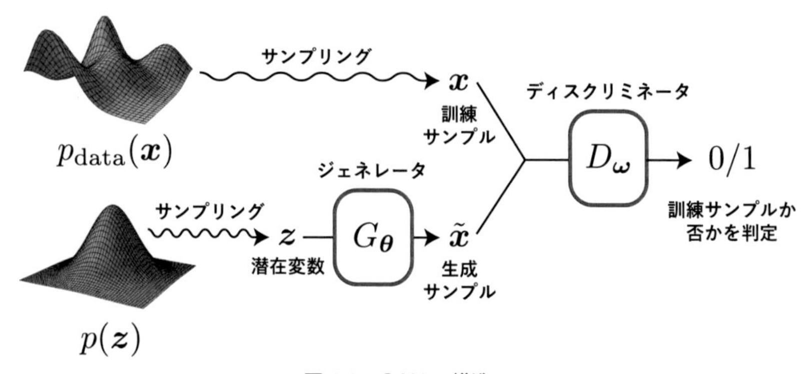

図 2.9　GAN の構造．

ばれる．GAN では，ジェネレータによって生成されるサンプルを訓練サンプルらしくするため，**ディスクリミネータ** (discriminator) と呼ばれるニューラルネットワークを併用する．ディスクリミネータは，入力されたサンプルがデータ生成分布から得られた実際のサンプルか，ジェネレータが生成したサンプルかを判別できるように訓練される．一方で，ジェネレータはディスクリミネータを欺くような訓練サンプルらしいサンプルを生成するように訓練される．このように，ジェネレータとディスクリミネータの 2 種類のニューラルネットワークを敵対させながら同時に訓練することで，ジェネレータが生成するサンプルの従う確率分布をデータ生成分布 $p_{\mathrm{data}}(x)$ に近づける．

(1) GAN のモデル設定

訓練サンプルの次元と潜在変数の次元をそれぞれ n, d とし，潜在変数 $z \in \mathbb{R}^d$ の従う確率分布 $p(z)$ をサンプリングが容易な分布に設定する．例えば，多次元標準正規分布 $p(z) = \mathcal{N}(z \mid \mathbf{0}, \boldsymbol{I}_d)$ などと設定すれば良い．ジェネレータは，パラメータ θ をもつニューラルネットワーク $G_\theta \colon \mathbb{R}^d \to \mathbb{R}^n$ であるとする．

ジェネレータによって，潜在変数 z からサンプル $\tilde{x} = G_\theta(z)$ が生成される．生成サンプル $\tilde{x}$ は，ジェネレータに入力される潜在変数 z に応じて決定論的に変化する．つまり，ジェネレータ G_θ が生成するサンプルは，入力が z であれば常に $\tilde{x} = G_\theta(z)$ である．

潜在変数が確率変数であることから，ジェネレータ G_θ によって生成サンプル $\tilde{x}$ の従う確率分布 $p_\theta(x)$ が誘導される．実際，生成サンプルの分布の確率密度関数は

$$p_\theta(x) = \frac{\partial}{\partial x_1} \cdots \frac{\partial}{\partial x_n} \int_{\{ z \mid G_\theta(z) \leq x \}} p(z) \, \mathrm{d}z \tag{2.1}$$

と表せる[34]．なお，入力される潜在変数 z によって生成サンプル $\tilde{x}$ の分布が条件付けられるわけではないことに注意する．

ただし，一般には G_θ が逆写像を持たないために，式 (2.1) の右辺の積分が計算できず，$p_\theta(x)$ は求まらない．このように，データの確率的な生成過程のみを規定してデータ生成分布を明示的にモデリングしないモデルを**暗黙的生成モデル** (implicit generative model) という [82].

(2) GAN の訓練

生成サンプルの分布 $p_\theta(x)$ がデータ生成分布 $p_{\mathrm{data}}(x)$ に近づくようにするパラメータ θ を見つけたい．しかし，訓練データセット $\mathscr{D} = \{ x_i \}_{i=1}^{N}$ に含まれるサンプル x_i に対する尤度 $p_\theta(x_i)$ を求めることができないため，最尤法[35]は利用できない．そこで，密度比 $r(x) \coloneqq p_{\mathrm{data}}(x)/p_\theta(x)$ の推定を利用して，分布 $p_\theta(x)$ の $p_{\mathrm{data}}(x)$ に対する Jensen–Shannon ダイバージェンス $D_{\mathrm{JS}}[p_\theta(x) \| p_{\mathrm{data}}(x)]$ を最小化する．実際，密度比 $r(x)$ を用いると，

$$\begin{aligned} &2D_{\mathrm{JS}}[p_\theta(x) \| p_{\mathrm{data}}(x)] - 2\log 2 \\ = \ &\mathbb{E}_{p_{\mathrm{data}}(x)}\left[\log \frac{r(x)}{1 + r(x)}\right] + \mathbb{E}_{p_\theta(x)}\left[\log \frac{1}{1 + r(x)}\right] \end{aligned}$$

---

34 ここでは，生成サンプルの分布の確率密度関数が存在するとして表記したが，確率密度関数が存在しない場合もある．生成サンプルの従う確率分布は，確率密度関数を持たなかったとしても，潜在変数の従う確率分布から誘導されている．詳細は，文献 [81] などを参照すると良い．

35 訓練データセット $\{ x_i \}_{i=1}^{N}$ が分布 $p_\theta(x)$ 由来である尤もらしさが最大になるパラメータ $\theta^* = \mathrm{argmax}_\theta \prod_{i=1}^{N} p_\theta(x_i)$ を採用する手法を最尤法 (method of maximum likelihood) という．

と変形できるので，パラメータ ω を用いた密度比の推定量 $\hat{r}_\omega(x)$ を用いて

$$\mathcal{L}_\omega(\theta) := \mathbb{E}_{p_{\mathrm{data}}(x)}\left[\log \frac{\hat{r}_\omega(x)}{1+\hat{r}_\omega(x)}\right] + \mathbb{E}_{p_\theta(x)}\left[\log \frac{1}{1+\hat{r}_\omega(x)}\right] \tag{2.2}$$

を最小にする θ を求めればよい．

$\{0,1\}$-値確率変数 y を，x がデータ生成分布から得られた実際のサンプル $x \sim p_{\mathrm{data}}(x)$ であるときに 1，ジェネレータが生成したサンプル $x \sim p_\theta(x)$ であるときに 0 となるものと設定する．また，x が実際のサンプルである確率とジェネレータが生成したサンプルである確率を，ともに $p_y(1) = p_y(0) = 1/2$ と設定する．なお，ここでは簡単のために等比率に設定したが，一般の比率でも同様に議論できる．

さて，$p_{\mathrm{data}}(x) = p(x \mid y=1)$ と $p_\theta(x) = p(x \mid y=0)$ であることに注意すると，Bayes の定理

$$p(x \mid y) = \frac{1}{p_y(y)} p_y(y \mid x) p_x(x)$$

を利用して

$$r(x) = \frac{p_y(1 \mid x)}{1 - p_y(1 \mid x)}$$

を得る．ここで，$p_x(x)$ は実際のサンプルと生成されるサンプル全体に関する分布であるが，最終的な $r(x)$ の式には現れない．結局，密度比 $r(x)$ の推定は，与えられたサンプル x が実際のサンプル $(y=1)$ である確率 $p_y(1 \mid x)$ を求める判別問題に帰着される[36]．

この判別問題を解くため，パラメータ ω をもつディスクリミネータと呼ばれるニューラルネットワーク $D_\omega \colon \mathbb{R}^n \to [0,1]$ を導入し，密度比を

$$\hat{r}_\omega(x) := \frac{D_\omega(x)}{1 - D_\omega(x)} \tag{2.3}$$

で推定する．すなわち，$p_y(1 \mid x) \approx D_\omega(x)$ と近似できるようにする．このために，ジェネレータのパラメータ θ が与えられたもとで，2 値クロス

36　**密度比トリック** (density ratio trick) と呼ばれる手法である．

エントロピー損失

$$\begin{aligned}\mathcal{L}_\theta(\omega) &:= \mathbb{E}_{p(x,y)}\left[-y\log D_\omega(x) - (1-y)\log(1-D_\omega(x))\right]\\ &= -\mathbb{E}_{p_{\mathrm{data}}(x)}\left[\log D_\omega(x)\right] - \mathbb{E}_{p(z)}\left[\log(1-D_\omega(G_\theta(z)))\right]\end{aligned} \tag{2.4}$$

を最小にするパラメータ ω を求める．

ところで，式 (2.3) を式 (2.2) に代入して式変形すると，

$$\mathcal{L}_\omega(\theta) = \mathbb{E}_{p_{\mathrm{data}}(x)}\left[\log D_\omega(x)\right] + \mathbb{E}_{p(z)}\left[\log(1-D_\omega(G_\theta(z)))\right] \tag{2.5}$$

となり，式 (2.4) と式 (2.5) を比較すれば $\mathcal{L}_\omega(\theta) = -\mathcal{L}_\theta(\omega)$ であることがわかる．つまり，改めて損失関数を $V(\omega,\theta) := \mathcal{L}_\omega(\theta)$ とおけば，GAN 全体としては

$$\min_\theta \max_\omega V(\omega,\theta) \tag{2.6}$$

という最適化問題を解くことになる．

ジェネレータはディスクリミネータの損失がなるべく大きくなるように，対してディスクリミネータは損失をなるべく小さくするように最適化される．また，$\mathcal{L}_\omega(\theta) = -\mathcal{L}_\theta(\omega)$ なので，これはジェネレータとディスクリミネータが二人ゼロ和ゲーム[37]をしているものと解釈できる．GAN に「敵対的」とつけられているのは，このことに由来する．

式 (2.6) の最適化は以下の手順で行う．

1. ジェネレータのパラメータ θ を固定して，ディスクリミネータのパラメータ ω を最適化する．
   (a) 訓練データセット $\mathcal{D} = \{x_i\}_{i=1}^N$ から，サイズ M のミニバッチ $\{x_i\}_{i\in B}$ を取り出す (B は添字の集合で $|B| = M$)．このミニバッチのサイズと同じ数の潜在変数を $p(z)$ からサンプリングし，$\{z_i\}_{i=1}^M$ とする．
   (b) $-V(\omega,\theta) = \mathcal{L}_\theta(\omega)$ の期待値をそれぞれミニバッチの平均で推定し，パラメータ ω を勾配降下法で 1 ステップ更新する．

37 二人のプレイヤーのスコアの総和が 0 になるゲームのことを二人ゼロ和ゲームと呼ぶ．

2. ディスクリミネータのパラメータ ω を固定して，ジェネレータのパラメータ θ を最適化する．
   (a) 新たに潜在変数を M 個 $p(z)$ からサンプリングし，$\{z_i\}_{i=1}^{M}$ とする．
   (b) $V(\omega,\theta) = \mathcal{L}_\omega(\theta)$ の第 2 項の期待値をミニバッチの平均で推定し，パラメータ θ を勾配降下法で 1 ステップ更新する[38]．
3. 終了条件が満たされれば終了．そうでないなら 1. に戻る．

一般に，GAN をうまく訓練するのは難しいとされている．ディスクリミネータがジェネレータの生成能力を凌駕して実際のサンプルと生成されたサンプルを完璧に判別できてしまうと，$\mathcal{L}_\omega(\theta)$ の第 2 項は小さくなってしまい，ジェネレータのパラメータ θ を最適化する際に勾配がほとんど 0 になる勾配消失問題[39]が発生する [83]．こうなると，ジェネレータのパラメータ θ の最適化が進まなくなってしまう．これを緩和するヒューリスティクスとして，$\mathcal{L}_\omega(\theta)$ の代わりに第 2 項を置き換えた

$$\mathcal{L}_\omega^{\mathrm{h}}(\theta) := \mathbb{E}_{p_{\mathrm{data}}(x)}\left[\log D_\omega(x)\right] - \mathbb{E}_{p(z)}\left[\log D_\omega(G_\theta(z))\right] \tag{2.7}$$

をジェネレータの損失関数に利用することが多い[40]．他にも，**モード崩壊** (mode collapse) [80, 84] と呼ばれる問題もよく発生する．これは，ジェネレータが訓練データセットに含まれるごく一部のサンプルに類似したサンプルのみを生成するようになる現象であり，生成されるサンプルの多様性が著しく低くなってしまう．こうした問題を改善するために，GAN の訓練を安定化させるための手法がこれまでにも多数提案されている [84, 85, 86]．

(3) GAN によるサンプル生成

訓練により GAN のパラメータが θ^*, ω^* と決定されたとする．このとき，$p_{\theta^*}(x) \approx p_{\mathrm{data}}(x)$ であると期待できる．分布 $p_{\theta^*}(x)$ に従う新規サン

38　$V(\omega,\theta)$ の第 1 項は θ に依らない項であることに注意する．

39　**Perfect discriminator 問題** (perfect discriminator problem) と呼ばれることがある．

40　$-\log D$ **トリック** ($-\log D$ trick) と呼ばれることがある．

プル $\tilde{x}$ を生成するには，潜在変数 $\tilde{z}$ を $p(z)$ からサンプリングし，ジェネレータを用いて $\tilde{x} = G_{\theta}(\tilde{z})$ と写像すればよい．既に見たとおり，$\tilde{x}$ の従う分布は $p_{\theta^*}(x)$ である．

以上が，基本的な GAN の説明である．GAN についてのさらなる解説は，例えば文献 [81, 87, 88, 89] などを参照するとよい．GAN の化学分野における利用については，3 章以降で解説する．

2.3.2 変分オートエンコーダ

変分オートエンコーダ (Variational Auto-Encoder, VAE) [90] は，GAN とは異なり，データ生成分布 $p_{\mathrm{data}}(x)$ を明示的にモデリングする深層生成モデルである (図 2.10)．VAE では，n 次元サンプル $x \in \mathbb{R}^n$ のデータ生成分布 $p_{\mathrm{data}}(x)$ を，非線形の**潜在変数モデル** (latent variable model) を利用して近似する．すなわち，d 次元の観測されない潜在変数 $z \in \mathbb{R}^d$ を導入し，サンプル x は潜在変数 z に応じて確率的に決定されると考える．通常，潜在変数の次元 d は元のサンプルの次元 n よりも十分小さい，つまり $d \ll n$ であると仮定する．潜在変数を導入することで，潜在変数から $p_{\mathrm{data}}(x)$ におおよそ従う新規のサンプル $\tilde{x}$ を生成できるようになる．

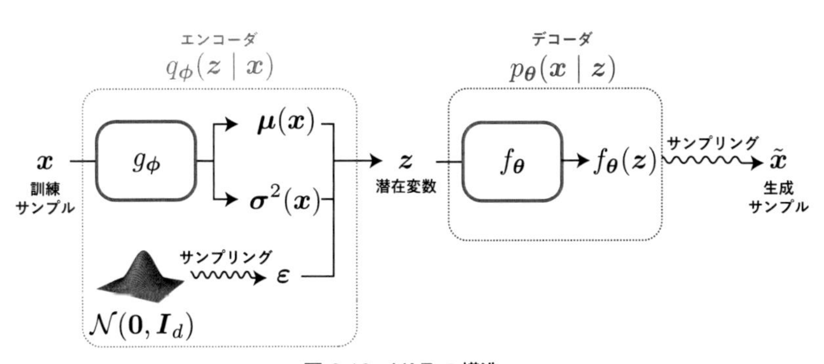

図 2.10 VAE の構造．

(1) VAE のモデル設定

パラメータ θ を用いて，潜在変数 z の事前分布 $p_\theta(z)$ とサンプル x の z による条件付き分布 $p_\theta(x \mid z)$ を設定することで，サンプル x と潜在変数 z の同時分布を $p_\theta(x, z) = p_\theta(x \mid z) p_\theta(z)$ とモデル化する．VAE では，潜在変数の事前分布を θ に依らない多次元正規分布 $p_\theta(z) = \mathcal{N}(z \mid \mathbf{0}, \boldsymbol{I}_d)$ に設定する．さらに，パラメータ θ を持つニューラルネットワーク $f_\theta \colon \mathbb{R}^d \to \mathbb{R}^n$ と，分布の分散を表すハイパーパラメータ $\sigma^2 > 0$ を用いて，サンプル x の z による条件付き分布を多次元正規分布 $p_\theta(x \mid z) = \mathcal{N}(x \mid f_\theta(z), \sigma^2 \boldsymbol{I}_n)$ に設定する．モデル $p_\theta(x \mid z)$ を**デコーダ** (decoder) と呼ぶ．

なお，ここでは条件付き分布 $p_\theta(x \mid z)$ の共分散行列をハイパーパラメータとして設定したが，平均と同様に潜在変数からニューラルネットワークを用いて決定するように拡張してもよい．さらに，条件付き分布は必ずしも多次元正規分布である必要はなく，容易に計算できればよい．例えば，サンプル x が2値 $\{0, 1\}$ のいずれかとなる場合は，Bernoulli 分布に設定できる．

サンプル x の分布は，$p_\theta(x, z) = p_\theta(x \mid z) p_\theta(z)$ を z について周辺化することで

$$p_\theta(x) = \int p_\theta(x, z)\, \mathrm{d}z = \int p_\theta(x \mid z) p_\theta(z)\, \mathrm{d}z \tag{2.8}$$

と表せる．式 (2.8) から，$p_\theta(x)$ は z でパラメータ付けられた分布 $p_\theta(x \mid z)$ の混合分布だとみなせ，サンプルの分布 $p_{\mathrm{data}}(x)$ を十分に表現できるようになっている[41]．最適なパラメータ θ^* を見つけることで，$p_{\theta^*}(x) \approx p_{\mathrm{data}}(x)$ となることが期待できる．

(2) VAE の訓練

モデルが訓練データセット $\mathscr{D} = \{ x_i \}_{i=1}^N$ を生成しやすくなるように，対数尤度関数

41　特に，潜在変数が離散値を取る場合は，分布 $p_\theta(x \mid z)$ を比率 $p(z)$ で混合した分布となる．

$$\ell(\boldsymbol{\theta}) := \log\left(\prod_{i=1}^{N} p_{\boldsymbol{\theta}}(\boldsymbol{x}_i)\right) = \sum_{i=1}^{N} \log p_{\boldsymbol{\theta}}(\boldsymbol{x}_i)$$

を最大化するパラメータ $\boldsymbol{\theta}$ を見つけたい (最尤法[42])．ところが，式 (2.8) の積分は一般に計算が困難で，尤度 $p_{\boldsymbol{\theta}}(\boldsymbol{x})$ を解析的に求めることができない．潜在変数をサンプリングすることで，モンテカルロ法[43]を用いた $p_{\boldsymbol{\theta}}(\boldsymbol{x})$ の推定も可能だが，効率的ではない．さらに，$\boldsymbol{x}$ が与えられたもとでの事後分布 $p_{\boldsymbol{\theta}}(\boldsymbol{z} \mid \boldsymbol{x})$ も尤度 $p_{\boldsymbol{\theta}}(\boldsymbol{x})$ の計算を必要とするため，事後分布を利用する EM アルゴリズムを用いた最適化もできない．

そこで，パラメータ $\boldsymbol{\phi}$ をもつニューラルネットワーク $g_{\boldsymbol{\phi}}\colon \mathbb{R}^n \to \mathbb{R}^{2d}$ を用いて，事後分布の近似分布を

$$\begin{aligned}\boldsymbol{\mu}(\boldsymbol{x}) \oplus \log \boldsymbol{\sigma}^2(\boldsymbol{x}) &= g_{\boldsymbol{\phi}}(\boldsymbol{x}) \\ q_{\boldsymbol{\phi}}(\boldsymbol{z} \mid \boldsymbol{x}) &= \mathcal{N}(\boldsymbol{z} \mid \boldsymbol{\mu}(\boldsymbol{x}), \mathrm{diag}(\boldsymbol{\sigma}^2(\boldsymbol{x})))\end{aligned}$$

と設定する．ここで，$\boldsymbol{\sigma}^2(\boldsymbol{x}) = (\sigma_1^2(\boldsymbol{x}), \ldots, \sigma_d^2(\boldsymbol{x}))^\top$ であり，$\log \boldsymbol{\sigma}^2(\boldsymbol{x})$ はベクトルの各要素に対して自然対数をとったベクトルを表す．なお，$g_{\boldsymbol{\phi}}(\boldsymbol{x})$ の出力で $\log \boldsymbol{\sigma}^2(\boldsymbol{x})$ となっているのは，分散パラメータ $\boldsymbol{\sigma}^2(\boldsymbol{x})$ の各成分が正になることを保証するためである．モデル $q_{\boldsymbol{\phi}}(\boldsymbol{z} \mid \boldsymbol{x})$ を**エンコーダ** (encoder) と呼ぶ．

これを用いて，サンプル $\boldsymbol{x}$ に対する対数尤度を

$$\log p_{\boldsymbol{\theta}}(\boldsymbol{x}) = \mathbb{E}_{q_{\boldsymbol{\phi}}(\boldsymbol{z} \mid \boldsymbol{x})}\left[\log \frac{p_{\boldsymbol{\theta}}(\boldsymbol{x}, \boldsymbol{z})}{q_{\boldsymbol{\phi}}(\boldsymbol{z} \mid \boldsymbol{x})}\right] + D_{\mathrm{KL}}\left[q_{\boldsymbol{\phi}}(\boldsymbol{z} \mid \boldsymbol{x}) \| p_{\boldsymbol{\theta}}(\boldsymbol{z} \mid \boldsymbol{x})\right] \tag{2.9}$$

と変形すると，式 (2.9) の第 2 項は非負であるから

$$\log p_{\boldsymbol{\theta}}(\boldsymbol{x}) \geq \mathbb{E}_{q_{\boldsymbol{\phi}}(\boldsymbol{z} \mid \boldsymbol{x})}\left[\log \frac{p_{\boldsymbol{\theta}}(\boldsymbol{x}, \boldsymbol{z})}{q_{\boldsymbol{\phi}}(\boldsymbol{z} \mid \boldsymbol{x})}\right] =: \mathcal{L}_{\boldsymbol{\phi}, \boldsymbol{\theta}}(\boldsymbol{x}) \tag{2.10}$$

---

42 対数尤度の最大化は Kullback–Leibler ダイバージェンス $D_{\mathrm{KL}}[p_{\mathrm{data}}(\boldsymbol{x}) \| p_{\boldsymbol{\theta}}(\boldsymbol{x})]$ の最小化に対応しており，$p_{\boldsymbol{\theta}}(\boldsymbol{x})$ が $p_{\mathrm{data}}(\boldsymbol{x})$ をうまく近似できるようにするための操作になっている．

43 モンテカルロ法は，乱数を利用したシミュレーション・数値計算の手法である．サンプル $\boldsymbol{x}$ に対する式 (2.8) の積分は，$p(\boldsymbol{z})$ からサンプリングした潜在変数 $\tilde{\boldsymbol{z}}$ に対する $p_{\boldsymbol{\theta}}(\boldsymbol{x} \mid \tilde{\boldsymbol{z}})$ の標本平均で近似できる．

を得る．式 (2.10) で定義された $\mathcal{L}_{\phi,\theta}(x)$ は，対数尤度の下界を与える**変分下界** (variational lower bound) あるいは**エビデンス下界** (Evidence Lower BOund, ELBO) と呼ばれる量である[44].

VAE では，対数尤度 $\log p_\theta(x)$ を直接最大化する代わりに，変分下界 $\mathcal{L}_{\phi,\theta}(x)$ を最大化する $\boldsymbol{\phi}, \boldsymbol{\theta}$ を見つけることで間接的に対数尤度を最大化することを目指す[45].

変分下界をさらに変形すると，

$$\mathcal{L}_{\phi,\theta}(x) = \mathbb{E}_{q_\phi(z \mid x)}\left[\log p_\theta(x \mid z)\right] - D_{\mathrm{KL}}\left[q_\phi(z \mid x) \| p_\theta(z)\right] \tag{2.11}$$

となる．式 (2.11) の第 1 項は，$q_\phi(z \mid x)$ に従う潜在変数 z から x が得られる対数尤度 $\log p_\theta(x \mid z)$ の $q_\phi(z \mid x)$ に関する期待値である．ここで，z 自体も x によって条件付けられていることに注意すると，この項はサンプル x から確率的に決定される潜在変数 z が元のサンプル x を再構成しやすいか否かを測る項とみなせる．

式 (2.11) の第 1 項は解析的に計算できないため，モンテカルロ法を用いて推定する必要がある．つまり，$\{ z^{(l)} \}_{l=1}^{L}$ を $q_\phi(z \mid x)$ からの i.i.d. サンプル列として，

$$\mathbb{E}_{q_\phi(z \mid x)}\left[\log p_\theta(x \mid z)\right] \approx \frac{1}{L} \sum_{l=1}^{L} \log p_\theta(x \mid z^{(l)}) \tag{2.12}$$

と推定する[46]．計算効率の観点から，$L = 1$ として計算することが多い．実際，ミニバッチサイズが十分大きければ $L = 1$ で十分であることが実験的に確認されている [90].

なお，$z^{(l)}$ をサンプリングする際は $q_\phi(z \mid x)$ から直接サンプリングする代わりに，$\boldsymbol{\varepsilon}^{(l)}$ を $\mathcal{N}(\mathbf{0}, \boldsymbol{I}_d)$ からサンプリングしたのち $z^{(l)} = \boldsymbol{\mu}(x) + \boldsymbol{\sigma}(x) \odot \boldsymbol{\varepsilon}^{(l)}$ とする．これにより $z^{(l)} \sim q_\phi(z \mid x)$ となるだけでなく，式 (2.12)

44　変分下界を「変分下限」と呼ぶ文献もあるが，下限と下界は数学的には異なるものである．変分下界は，一般には，対数尤度の下限にはならない．

45　変分下界を最大化することで対数尤度が最大化されるだけでなく，Kullback–Leibler ダイバージェンス $D_{\mathrm{KL}}[q_\phi(z \mid x) \| p_\theta(z \mid x)]$ も最小化される．すなわち，$q_\phi(z \mid x)$ が $p_\theta(z \mid x)$ をよく近似するようにもなる．

46　大数の強法則により，$L \to \infty$ で式 (2.12) の右辺は左辺に概収束する．

の右辺が ϕ に関して微分できるようになるため，誤差逆伝播法を用いた勾配降下法が適用できる (**再パラメータ化トリック**, reparametrization trick) [90].

一方で，式 (2.11) の第 2 項は，エンコーダの定める確率分布 $q_\phi(z \mid x) = \mathcal{N}(z \mid \mu(x), \mathrm{diag}(\sigma^2(x)))$ が $p_\theta(z) = \mathcal{N}(z \mid \mathbf{0}, I_d)$ に近づくように ϕ に制限をつける正則化項である．この項は，二つの確率分布がともに多次元正規分布であることから解析的に計算でき，

$$D_{\mathrm{KL}}\left[q_\phi(z \mid x) \| p_\theta(z)\right] = \frac{1}{2} \sum_{i=1}^{d} \left(\sigma_i^2(x) - \log \sigma_i^2(x) - 1\right) + \frac{1}{2} \|\mu(x)\|^2 \tag{2.13}$$

となる[47].

結局，各サンプル x に対して $\mathcal{L}_{\phi,\theta}(x)$ の推定値

$$\hat{\mathcal{L}}_{\phi,\theta}(x) := \frac{1}{L} \sum_{l=1}^{L} \log p_\theta(x \mid z^{(l)}) - D_{\mathrm{KL}}\left[q_\phi(z \mid x) \| p_\theta(z)\right] \tag{2.14}$$

を最大化するパラメータ ϕ, θ を見つければよい．これは，サンプル x_i に対する損失を $\ell(x_i; \phi, \theta) := -\hat{\mathcal{L}}_{\phi,\theta}(x_i)$ と定めてミニバッチ学習を行うことで実現できる．

式 (2.14) の計算は次の手順でできる．まず，サンプル x をニューラルネットワーク g_ϕ に通して $\mu(x), \sigma^2(x)$ を出力し，式 (2.14) の第 2 項を計算する．続いて，$\varepsilon^{(l)}$ を $\mathcal{N}(\mathbf{0}, I_d)$ からサンプリングしたのち $z^{(l)} = \mu(x) + \sigma(x) \odot \varepsilon^{(l)}$ とする．最後に，各 $z^{(l)}$ をニューラルネットワーク f_θ に通して式 (2.14) の第 1 項を計算する．

一般には VAE の訓練は GAN よりも安定しているが，最適化の過程で好ましくない局所解に陥って**事後分布崩壊** (posterior collapse) [91, 92] と呼ばれる問題が発生することがある．これは，エンコーダにサンプル x を入力してサンプリングした潜在変数 $z \sim q_\phi(z \mid x)$ から $\tilde{x} \sim \mathcal{N}(f_\theta(z), \sigma^2 I_n)$ と入力サンプルを再構成したものが，入力 x とほぼ

47　式 (2.13) は $\mu(x) = \mathbf{0}, \sigma^2(x) = \mathbf{1}$ のときに最小になることが確認できる．

独立なものになってしまう現象である．つまり，サンプル x をエンコードした結果が x の情報をほとんど持っていないことになり，モデルとして役に立たない．事後分布崩壊を避けるための対策は，これまでにもいくつか提案されている [93, 94].

(3) VAE によるサンプル生成

訓練により VAE のパラメータが ϕ^*, θ^* と決定されたとする．周辺分布 $p_{\theta^*}(x)$ に従う新規サンプル $\tilde{x}$ を生成するには，デコーダを用いて**伝承サンプリング** (ancestral sampling) を利用する．まず，潜在変数 $\tilde{z}$ を事前分布 $p_{\theta^*}(z)$ からサンプリングする．続いて，サンプル $\tilde{x}$ をデコーダ $p_{\theta^*}(x \mid \tilde{z})$ からサンプリングする．これにより得られた $(\tilde{x}, \tilde{z})$ は同時分布 $p_{\theta^*}(x, z)$ に従い，特に $\tilde{x}$ は周辺分布 $p_{\theta^*}(x)$ に従う．

以上が，基本的な VAE の説明である．VAE についてのさらなる解説は，例えば文献 [95, 96] を参照するとよい．VAE を元にした生成モデルはこれまでにも多数考案されており，化学分野における利用も見られる．これについては，3 章以降で解説する．

2.3.3　フローベース生成モデル

フローベース生成モデル (flow-based generative model) [97] は，複数回の可逆な変数変換を用いて単純な確率分布を変形していくことで，n 次元サンプル $x \in \mathbb{R}^n$ のデータ生成分布 $p_{\mathrm{data}}(x)$ を明示的にモデリングする深層生成モデルである．可逆な変数変換を利用することで，モデルの各サンプル x に対する尤度 $p_\theta(x)$ が計算できるようになっている．このためフローベース生成モデルでは，GAN のディスクリミネータや VAE のエンコーダのような，パラメータ最適化のための補助的なネットワークを必要としない．ただし，変数変換が可逆であるために，利用する確率変数の次元はすべてサンプルの次元と同じ n に固定される．

(1) フローベース生成モデルのモデル設定

基底分布 (base distribution) と呼ばれる，n 次元確率変数の従う初期

分布を $p_{\theta_0}(z)$ と設定する．ここで，θ_0 は基底分布のパラメータである．基底分布 $p_{\theta_0}(z)$ は，例えば，n 次元標準正規分布 $\mathcal{N}(z \mid \mathbf{0}, \boldsymbol{I}_n)$ など計算が容易な分布に設定する．ここで挙げた n 次元標準正規分布はパラメータ θ_0 に依存していないが，もちろん，依存するように設定してもよい．なお慣用として，基底分布のことを事前分布，これに従う確率変数を潜在変数と，潜在変数モデルと同じ用語を用いて呼ぶこともある[48]．

可逆で微分可能な写像であり，逆写像も微分可能であるものを**微分同相写像** (diffeomorphism) と呼ぶ．パラメータ θ_k $(k = 1, \ldots, K)$ をもつ微分同相写像 $f_{k,\theta_k} \colon \mathbb{R}^n \to \mathbb{R}^n$ $(k = 1, \ldots, K)$ を用いて，合成写像 $f_{\theta_{1:K}} \coloneqq f_{K,\theta_K} \circ \cdots \circ f_{1,\theta_1}$ を定める．ここで，$\theta_{1:K} \coloneqq \theta_1 \oplus \cdots \oplus \theta_K$ とした．なお，合成写像 $f_{\theta_{1:K}}$ も微分同相写像で，特に微分可能な逆写像 $f_{\theta_{1:K}}^{-1}$ が存在することに注意する．フローベース生成モデルでは，基底分布に従う確率変数 $z \sim p_{\theta_0}(z)$ を $\tilde{x} = f_{\theta_{1:K}}(z)$ と変数変換することでサンプルを生成する．

基底分布のパラメータと微分同相写像のパラメータをまとめて $\theta \coloneqq \theta_0 \oplus \theta_{1:K}$ とする．生成サンプル $\tilde{x}$ の従う確率分布 $p_\theta(x)$ は，写像 $f_{\theta_{1:K}}$ によって誘導される．特に，確率分布 $p_\theta(x)$ の形は具体的に計算できる．確率変数 $z_0 = z$ は $p_{\theta_0}(z)$ に従うとし，K 個の確率変数 $z_1, \ldots, z_K$ を

$$z_k = f_{k,\theta_k}(z_{k-1}) \quad (k = 1, \ldots, K) \tag{2.15}$$

と定め，z_k の従う分布を $p_k(z_k)$ とする．式 (2.15) によって定まる確率変数の変換列 $(z_0, \ldots, z_K)$ を**フロー** (flow) と呼ぶ．確率変数の変数変換則から $k = 1, \ldots, K$ に対して

$$p_k(z_k) = p_{\theta_0}(z_0) \prod_{j=1}^{k} \left| \det\left(\frac{\partial f_{j,\theta_j}}{\partial z_{j-1}}(z_{j-1}) \right) \right|^{-1} \tag{2.16}$$

が成り立つ．式 (2.16) で $k = K$ とすると，生成サンプル $\tilde{x} = z_K$ の従う分

48　「潜在変数」は，非観測変数を表すものとして用いられることが多い．一方でフローベース生成モデルでは，サンプル x に対応する変数 z が一意的に定まり，x の観測とともに z も事実上観測されている．

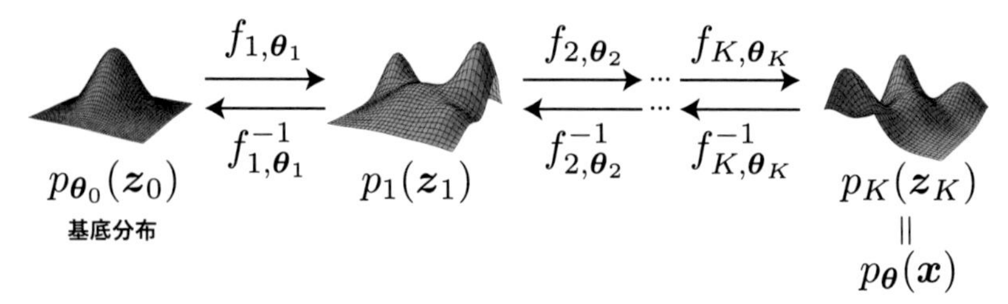

図 2.11　正規化フロー．

布が

$$p_{\boldsymbol{\theta}}(\boldsymbol{x}) = p_K(\boldsymbol{z}_K) = p_{\boldsymbol{\theta}_0}(\boldsymbol{z}_0) \prod_{k=1}^{K} \left| \det \left(\frac{\partial \boldsymbol{f}_{k,\boldsymbol{\theta}_k}}{\partial \boldsymbol{z}_{k-1}} (\boldsymbol{z}_{k-1}) \right) \right|^{-1} \tag{2.17}$$

であることが分かる．このように，可逆な微分同相写像を用いた変数変換を繰り返して，単純な分布 $p_{\boldsymbol{\theta}_0}(\boldsymbol{z})$ から複雑な分布 $p_{\boldsymbol{\theta}}(\boldsymbol{x})$ を作り出す手法を**正規化フロー** (normalizing flow) と呼ぶ[49](図 2.11)．適当な条件を満たす分布については正規化フローを用いて表現できることが示せるため [98]，フローベース生成モデルは十分な表現力があるモデルであると言える．

フローベース生成モデルで重要になるのは，利用する各微分同相写像 $\boldsymbol{f}_{k,\boldsymbol{\theta}_k}$ の設計である．微分同相写像はサンプル生成の効率に寄与し，一方で逆写像は式 (2.17) を用いた $p_{\boldsymbol{\theta}}(\boldsymbol{x})$ の計算効率に関わる．このため，微分同相写像とその逆写像がともに十分効率良く計算できるように設計する必要がある．

また，式 (2.17) で $p_{\boldsymbol{\theta}}(\boldsymbol{x})$ を計算する際，Jacobian (Jacobi 行列の行列式) $\det\left(\frac{\partial \boldsymbol{f}_{k,\boldsymbol{\theta}_k}}{\partial \boldsymbol{z}_{k-1}}(\boldsymbol{z}_{k-1})\right)$ の計算が必要になる．行列式計算の時間計算量は $O(n^3)$ であり，変数の次元 n が大きいときに計算効率が悪くなる．十分な計算効率を達成するために，例えば，Jacobi 行列が三角行列になるよ

49　正規化フローの「正規化」というのは，逆写像 $\boldsymbol{f}_{\boldsymbol{\theta}_{1:K}}^{-1}$ により生成サンプルの従う分布 $p_{\boldsymbol{\theta}}(\boldsymbol{x})$ を基底分布 $p_{\boldsymbol{\theta}_0}(\boldsymbol{z})$ へと単純化できることを指している．なお，文献によっては微分同相写像 $\boldsymbol{f}_k$ の定義が本書のものと逆，すなわち $\boldsymbol{g}_k = \boldsymbol{f}_{K-k+1,\boldsymbol{\theta}_{K-k+1}}^{-1}$ を用いていることがあるので注意しておく．

うに微分同相写像を設計する[50]などの工夫がなされている．微分同相写像の具体的な設計手法については，文献 [98, 99] などを参照するとよい．

(2) フローベース生成モデルの訓練

フローベース生成モデルでは，訓練データセット $\mathscr{D} = \{\boldsymbol{x}_i\}_{i=1}^N$ の各サンプル $\boldsymbol{x}_i$ に対して尤度 $p_{\boldsymbol{\theta}}(\boldsymbol{x}_i)$ を計算できるため，最尤法を用いてパラメータ $\boldsymbol{\theta}$ を最適化する．つまり，対数尤度関数

$$\mathcal{L}(\boldsymbol{\theta}) = \sum_{i=1}^{N} \log p_{\boldsymbol{\theta}}(\boldsymbol{x}_i)$$

を最大化するパラメータ $\boldsymbol{\theta}$ を見つける．サンプル $\boldsymbol{x}_i$ の対数尤度 $\log p_{\boldsymbol{\theta}}(\boldsymbol{x}_i)$ は，$k = 1, \ldots, K$ に対して $g_{k:K} := \boldsymbol{f}_{k,\boldsymbol{\theta}_k}^{-1} \circ \cdots \circ \boldsymbol{f}_{K,\boldsymbol{\theta}_K}^{-1}$ と定めると，式 (2.17) より

$$\log p_{\boldsymbol{\theta}}(\boldsymbol{x}_i) = \log p_{\boldsymbol{\theta}_0}\left(g_{1:K}(\boldsymbol{x}_i)\right) - \sum_{k=1}^{K} \log \left| \det \left(\frac{\partial \boldsymbol{f}_{k,\boldsymbol{\theta}_k}}{\partial \boldsymbol{z}_{k-1}} (g_{k:K}(\boldsymbol{x}_i)) \right) \right| \tag{2.18}$$

である．特に，$g_{k:K}(\boldsymbol{x}_i) = \boldsymbol{f}_{k,\boldsymbol{\theta}_k}^{-1} \circ g_{k+1:K}(\boldsymbol{x}_i)$ であるから，式 (2.18) の右辺の第 2 項は $\boldsymbol{x}_i$ が与えられれば $k = K, \ldots, 1$ の順に計算できる．よって，サンプル $\boldsymbol{x}_i$ に対する損失を負の対数尤度 $\ell(\boldsymbol{x}_i; \boldsymbol{\theta}) := -\log p_{\boldsymbol{\theta}}(\boldsymbol{x}_i)$ と定めてミニバッチ学習を行えば，対数尤度関数を最大化できる．

(3) フローベース生成モデルによるサンプル生成

訓練によりのモデルのパラメータが $\boldsymbol{\theta}^*$ と決定されたとする．このとき，$p_{\boldsymbol{\theta}^*}(\boldsymbol{x}) \approx p_{\mathrm{data}}(\boldsymbol{x})$ であると期待できる．分布 $p_{\boldsymbol{\theta}^*}(\boldsymbol{x})$ に従う新規サンプル $\tilde{\boldsymbol{x}}$ を生成するには，確率変数 $\tilde{\boldsymbol{z}}$ を基底分布 $p_{\boldsymbol{\theta}_0^*}(\boldsymbol{z})$ からサンプリングし，写像 $\boldsymbol{f}_{\boldsymbol{\theta}_{1:K}^*}$ によって $\tilde{\boldsymbol{x}} = \boldsymbol{f}_{\boldsymbol{\theta}_{1:K}^*}(\tilde{\boldsymbol{z}})$ と変換すればよい．式 (2.17) で既に見たとおり，$\tilde{\boldsymbol{x}}$ は $p_{\boldsymbol{\theta}^*}(\boldsymbol{x})$ に従う．

50 Jacobi 行列が三角行列であれば，Jacobian は Jacobi 行列の対角成分の積になるため，$O(n)$ の計算量で済む．

以上が，基本的なフローベース生成モデルの説明である．フローベース生成モデルについてのさらなる解説は，例えば文献 [98, 99] を参照するとよい．フローベース生成モデルは，化学分野においてもいくつか利用例がある．これについては，3 章以降で解説する．

2.4　その他の深層学習モデル

これまでに紹介したモデル以外にも，深層学習でよく利用されるモデルがいくつかあるので紹介する．

2.4.1　オートエンコーダ

オートエンコーダ (Auto-Encoder, AE) [100] は，サンプルに対して低次元の潜在的な特徴量を抽出するための次元削減モデルである．AE では，**エンコーダ** (encoder) と**デコーダ** (decoder) と呼ばれる二つのネットワークを利用する．エンコーダ $\textsc{Enc}$ は，d 次元のサンプル $\boldsymbol{x} \in \mathbb{R}^d$ を低次元の潜在変数 $\boldsymbol{z} \in \mathbb{R}^k$ に変換する ($k < d$)．一方で，デコーダ $\textsc{Dec}$ は，潜在変数 $\boldsymbol{z} \in \mathbb{R}^k$ から d 次元のサンプル $\boldsymbol{x} \in \mathbb{R}^d$ に変換する．AE の訓練では，ラベルなしのデータセット $\mathscr{D} = \{ \boldsymbol{x}_i \}_{i=1}^N$ に対して，再構成誤差

$$\mathcal{L}(\boldsymbol{W}_{\mathrm{enc}}, \boldsymbol{W}_{\mathrm{dec}}) = \frac{1}{N} \sum_{i=1}^{N} \| \boldsymbol{x}_i - \textsc{Dec}(\textsc{Enc}(\boldsymbol{x}_i; \boldsymbol{W}_{\mathrm{enc}}); \boldsymbol{W}_{\mathrm{dec}}) \|^2$$

が小さくなるようにモデルパラメータ $\boldsymbol{W}_{\mathrm{enc}}, \boldsymbol{W}_{\mathrm{dec}}$ を最適化する．このような最適化を実施することで，サンプル $\boldsymbol{x}$ の潜在表現 $\boldsymbol{z} = \textsc{Enc}(\boldsymbol{x})$ が $\boldsymbol{x}$ を再構成するのに十分な情報，すなわち，$\boldsymbol{x}$ の本質的な情報を有すると考えられる．

なお，AE は 2.3.2 節で説明した VAE と似ているが，確率モデルである VAE と異なり，AE は決定論的なモデルである．実際，AE のエンコーダでサンプル $\boldsymbol{x}$ をエンコードした結果や AE のデコーダで $\boldsymbol{z}$ をデコードした結果は常に同じになる．特に，AE はデータ生成分布をモデリングしたものではないため，AE は生成モデルではないことに注意する．

2.4.2 自然言語処理での深層学習手法

自然言語処理の分野では，機械翻訳や文書要約などのタスクに深層学習モデルが利用されており，これまでにも多種多様なモデルが開発されてきた．自然言語処理の基本的な対象は文字列データであるから，SMILES 文字列によって表現された化合物に対しても，自然言語処理の分野で開発された深層学習モデルを適用できる．この節では，3 章以降で扱う SMILES 文字列に対する深層学習モデルによく利用されている，自然言語処理の深層学習手法について述べる．

(1) トークンの数値ベクトル化

文字列データは，複数個の構成要素が組み合わさって構成された系列データである．例えば，文章を構成する最小の要素は単語であると考えられる．また，DNA の塩基配列を表現する A, T, G, C の 4 文字からなる文字列では，各文字がそれぞれ意味を持っており，最小の構成要素をなすとみなせる．このような，系列データを構成する最小単位のことを**トークン** (token) と呼び，データセットに含まれるトークンからなる集合 $\mathcal{V}$ を，データセットの**語彙** (vocabulary) という．

文字列データのトークンとしてどのようなものを採用するかという点には自由度がある．SMILES 文字列に対するトークン化の方法については，3.1.1 節で説明する．

文章や DNA の塩基配列などは，複数のトークンが一列に並んでできる系列データであるとみなせる．こうした系列データをネットワークに入力できるようにするため，各トークンを何らかの方法で数値 (ベクトル) に変換し，系列データを表現する数値系列データを得る必要がある．トークンの変換には，例えば，**one-hot エンコーディング** (one-hot encoding) や**単語埋め込み** (word embedding) が利用される．

one-hot エンコーディング　one-hot エンコーディングは，文字列の構成要素を **one-hot ベクトル** (one-hot vector) と呼ばれる数値ベクトルに変換する手法である．one-hot ベクトルは，ベクトルのある成分のみが 1 で，残りがすべて 0 のスパースなベクトルである．

利用するデータセットの語彙 $\mathcal{V}$ に含まれるトークン数を K としたとき，事前に K 個のトークンそれぞれに対して 1 から K の整数を重複なく任意に割り振っておく．そして，$i \in [K]$ 番目のトークンに対しては

$$e_i = (\delta_{i,1}, \ldots, \delta_{i,i-1}, \delta_{i,i}, \delta_{i,i+1} \ldots, \delta_{i,K})^\top = (0, \ldots, 0, 1, 0, \ldots, 0)^\top$$

と，i 番目の成分のみが 1 で，残りの成分が 0 の K 次元ベクトル e_i を対応させる[51]．ここで，$\delta_{i,j}$ は Kronecker のデルタであり，$i = j$ のときに 1 を，$i \neq j$ のときに 0 をとる．

単語埋め込み 単語埋め込みも，データセットの語彙 $\mathcal{V}$ の各トークンに対して数値ベクトルを割り当てる手法である[52]．one-hot ベクトルはほとんどの要素が 0 のスパースなベクトルだったのに対し，単語埋め込みで得られるベクトルは 0 の要素が比較的少ない密なベクトルになっているのが特徴である．

単純な単語埋め込みとしては，次の方法がある．利用する語彙 $\mathcal{V}$ に含まれるトークン数が K のとき，$i \in [K]$ 番目の単語がベクトル w_i に変換されるものとする．変換後のベクトルを横に並べて行列の形で $W = (w_1, \ldots, w_K)$ と表すと，i 番目の単語の one-hot ベクトル e_i を用いて

$$w_i = We_i$$

と表せる．つまり，i 番目のトークンを変換した後のベクトル w_i を得る機構として，バイアスパラメータを持たず出力層での活性化を行わない 1 層の全結合型ニューラルネットワークを利用できる．このネットワークの直後に予測用のネットワークをつなげて訓練することで，予測がうまく行くようなパラメータ W，すなわち各トークンのベクトル表現 $w_1, \ldots, w_K$ を決定できる．なお，i 番目のトークンのベクトル表現 w_i を得る際，実

51 K 次元のベクトルの成分のうち一つだけが 1 になっていることから，one-hot ベクトルを「1-of-K ベクトル」と呼ぶこともある．

52 自然言語処理ではトークンとして主に「単語」を利用することから，「単語」埋め込みと呼ばれている．

装上は計算コストの高い行列積演算 We_i を行わずに，W の i 列目のベクトル w_i を抜き出す操作で済ませるのがほとんどである．

(2) ニューラル言語モデル

ニューラル言語モデル (neural language model) は，トークンを表す d 次元 one-hot ベクトルの系列 $X = (x^1, \ldots, x^S)$ のサンプル分布 $p_{\mathrm{data}}(X)$ をモデル化したものである．ここで，一般には，x^1 が系列の先頭を表す特殊トークン ⟨BOS⟩，x^S が系列の終端を表す特殊トークン ⟨EOS⟩ に対応するように設定しておく[53]．

ニューラル言語モデル $p(X)$ は，先頭の s 個のトークンをまとめて $X^{1:s} = (x^1, \ldots, x^s)$ $(s = 1, \ldots, S)$ と書くことにすると

$$p(X) = p(x^1) \prod_{s=1}^{S-1} p(x^{s+1} \mid X^{1:s})$$

と分解できる．このため，系列 $X^{1:s}$ が得られた直後に現れるトークン x^{s+1} の確率分布 $p(x^{s+1} \mid X^{1:s})$ を RNN などのニューラルネットワークにより

$$p(x^{s+1} \mid X^{1:s}) = p_W(x^{s+1} \mid X^{1:s})$$

とモデル化すれば，$p(X)$ が定まる (W はネットワークのパラメータ)．ここでは主に，$p_W(x^{s+1} \mid X^{1:s})$ を RNN で表現するニューラル言語モデル (**再帰型ニューラル言語モデル**, recursive neural language model) を扱う (図 2.12)．

再帰型ニューラル言語モデルは，単語埋め込みを実施する層の後に RNN の再帰層・出力層が接続したモデルである．つまり，時刻 s で one-hot ベクトル x^s が入力されたとき，次の手順で出力 p^s を得る．まず，x^s に単語埋め込みを適用して $\hat{x}^s$ を得る．ベクトル $\hat{x}^s$ を RNN に入力し，RNN の内部状態 z^s を得る．内部状態 z^s を全結合層で変換して，出力 p^s を得る．出力層の活性化関数には，出力 p^s が確率分布 $p(x^{s+1} \mid X^{1:s})$

53　BOS は “Beginning Of Sentence” (文頭) の，EOS は “End Of Sentence” (文末) の頭字語である．

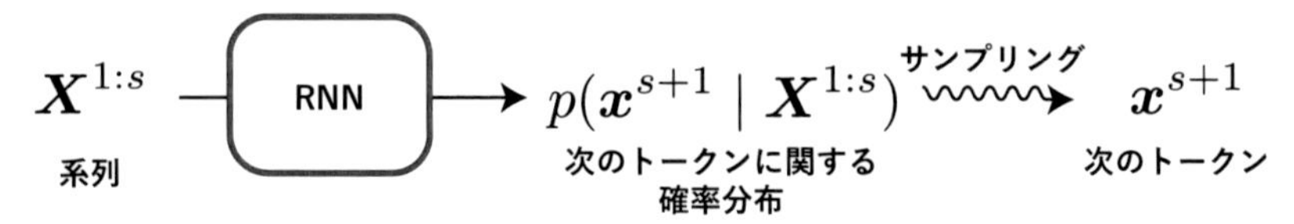

図 2.12　再帰型ニューラル言語モデル．

を表すようにするため，**ソフトマックス関数** (softmax function) を利用する．これは，d 次元のベクトル $\boldsymbol{a} = (a_1, \ldots, a_d)^\top \in \mathbb{R}^d$ に対して，

$$p_i = \frac{\exp(a_i)}{\sum_{j=1}^{d} \exp(a_j)} \quad (i = 1, \ldots, d)$$

で定まる要素を持つ確率ベクトル $\boldsymbol{p} = (p_1, \ldots, p_d)^\top \in \mathbb{R}^d$ を返す関数 softmax: $\boldsymbol{a} \mapsto \boldsymbol{p}$ である．再帰型ニューラル言語モデルの訓練では，訓練データセットに含まれるサンプル系列の終端以外 $\boldsymbol{X} = (\boldsymbol{x}^1, \ldots, \boldsymbol{x}^{S-1})$ を入力した際のモデルの出力列を $\boldsymbol{P} = (\boldsymbol{p}^1, \ldots, \boldsymbol{p}^{S-1})$ として，$\boldsymbol{X}$ のクロスエントロピー損失

$$\ell(\boldsymbol{X}; \boldsymbol{W}) = -\sum_{s=1}^{S-1} \sum_{j=1}^{d} x_j^{s+1} \log p_j^s$$

による損失関数を最小化するようにすればよい ($\boldsymbol{W}$ はネットワークのパラメータ)．なお，各 $\boldsymbol{x}^s$ が one-hot ベクトルであることと，$p_j^s = \Pr(x_j^{s+1} = 1 \mid \boldsymbol{X}^{1:s})$ であることから，この損失は $\boldsymbol{X}$ の各要素に対する負の対数尤度の和

$$\ell(\boldsymbol{X}; \boldsymbol{W}) = -\sum_{s=1}^{S-1} \log p_{\boldsymbol{W}}(\boldsymbol{x}^{s+1} \mid \boldsymbol{X}^{1:s})$$

でもある．

ニューラル言語モデルを利用すれば，開始トークン $\boldsymbol{x}^1$ から $p_{\boldsymbol{W}}(\boldsymbol{x}^{s+1} \mid \boldsymbol{X}^{1:s})$ に従って系列 $\boldsymbol{X}$ を逐次的に生成できる．先頭の s 個のトークン $\boldsymbol{X}^{1:s}$ が得られているときの $\boldsymbol{x}^{s+1}$ の生成確率は，$\boldsymbol{X}^{1:s}$ をモデルに入力したときの最終出力 $\boldsymbol{p}^s$ から定まる．確率ベクトル $\boldsymbol{p}^s$ をもとにして，カテゴリ分布に従ってトークンをサンプリングしたり，確率最大となる

トークンを採用したりすることで，次のトークンに対応する one-hot ベクトル x^{s+1} を生成できる．そして，得られたトークン x^{s+1} が ⟨EOS⟩ に対応していなければ，再度 x^{s+1} がモデルに入力され，x^{s+2} の生成確率 p^{s+1} が計算される．先頭のトークン x^1 から生成を開始して，系列の終端を表す特殊トークン ⟨EOS⟩ に対応した one-hot ベクトル x^S がサンプリングされるまで以上の操作を繰り返すことで，系列 $X = (x^1, \ldots, x^S)$ を生成できる．こうした再帰型ニューラル言語モデルのように，モデルに入力して得られた出力を再度モデルの入力にとる操作を繰り返すことで次時刻の値を予測していくモデルを**自己回帰型モデル** (auto-regressive model) という．

訓練された言語モデルで系列を生成する際は，ビーム幅 w の**ビームサーチ** (beam search) を利用することがある．これは，各トークンを生成する時に，常に生成確率が最も高い w 個の系列を保持しておくというものである．幅 w のビームサーチにより，生成確率が上位 w 個の系列データを出力できる．

(3) Seq2seq

二つの系列 $X = (x^1, \ldots, x^S), Y = (y^1, \ldots, y^T)$ はトークンを表す one-hot ベクトルからなる系列であるとする．ここで，y^t の次元は x^s の次元と異なっていてもよいものとする．また，Y の先頭 y^1 と終端 y^T は，それぞれ特殊トークン ⟨BOS⟩ と ⟨EOS⟩ に対応するものとする．

Seq2seq [101] は，系列データ X を別の系列データ Y に変換するためのモデルである (図 2.13)．Seq2seq には，**エンコーダ** (encoder) と**デコーダ** (decoder) と呼ばれる二つの RNN を利用する．エンコーダは，入力された系列 $X = (x^1, \ldots, x^S)$ を適当な次元の潜在ベクトル c_X へと符号化するモデルである．一方デコーダは，エンコーダが生成した潜在ベクトル c_X を初期状態として与えた再帰型ニューラル言語モデルであり，⟨BOS⟩ に対応する y^1 からトークン ⟨EOS⟩ に対応する y^T が得られるまで，デコーダの出力する確率分布に従って自己回帰的にトークンを生成していく．このようにして潜在ベクトル c_X から系列 $Y = (y^1, \ldots, y^T)$ を生成する．二つのモデルを適切に訓練することで，潜在ベクトル c_X が

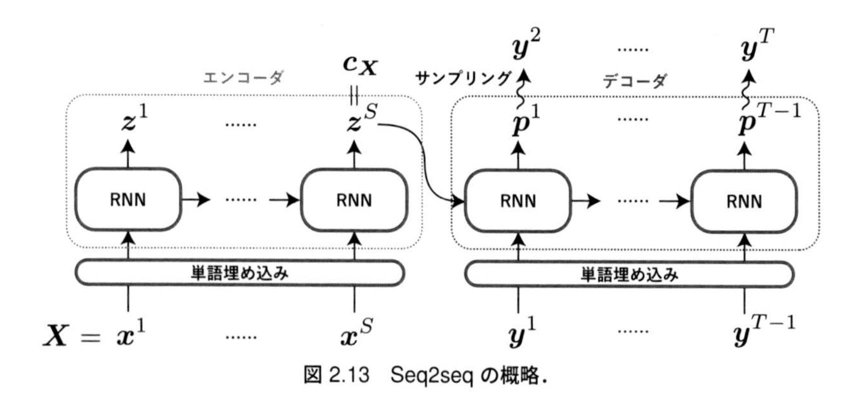

図 2.13　Seq2seq の概略．

$\boldsymbol{X}$ から $\boldsymbol{Y}$ へと変換するのに必要な情報を保持するようになるとみなせるようになる．

系列データ $\boldsymbol{X}$ から系列データ $\boldsymbol{Y}$ へ変換する手順は次のとおりである．まずエンコーダへの入力 $\boldsymbol{X}$ を単語埋め込みにより実ベクトルの列 $\hat{X} = (\hat{x}^1, \ldots, \hat{x}^S)$ に変換する．続いて，$\hat{X}$ をエンコーダの RNN で処理し，RNN の内部状態の列 $\boldsymbol{Z} = (z^1, \ldots, z^S)$ を出力する．エンコーダの最終出力 z^S が $\boldsymbol{X}$ の情報を全て含んでいるとみて，$c_X = z^S$ を $\boldsymbol{X}$ のエンコード結果とする．ベクトル c_X はデコーダへと受け渡されて，系列データ $\boldsymbol{Y}$ を出力するための情報として利用される．このように，デコーダでのトークン生成に利用される，入力系列データのもつ情報を**文脈** (context) と呼ぶ．

文脈 c_X はデコーダの RNN の初期状態に設定される．そしてデコーダに ⟨BOS⟩ に対応する $\boldsymbol{y}^1$ を入力して，⟨EOS⟩ に対応する $\boldsymbol{y}^T$ が得られるまでトークンを逐次的に生成する．こうして得られた系列 $\boldsymbol{Y} = (\boldsymbol{y}^1, \ldots, \boldsymbol{y}^T)$ を $\boldsymbol{X}$ の変換結果とする．

Seq2seq の訓練時には，変換元の系列データ $\boldsymbol{X}$ から変換先の系列データ $\boldsymbol{Y}$ が生成できるように，エンコーダとデコーダのパラメータを同時に最適化する．この際に，実際にサンプルを逐次的に生成しながら $\boldsymbol{Y}$ に対する損失を計算していくと，連鎖的に誤差が大きくなっていくために学習が不安定でパラメータの収束が遅くなることがある．これに対処するために，このような自己回帰型モデルの訓練時には，サンプリングした結果を入力に使う代わりに，正解のサンプルを入力する**教師強制** (teacher forcing) と呼ばれる操作がよく利用される．Seq2seq の訓練における教師強制は，系列データ $\boldsymbol{X}$ をエンコードした文脈 $\boldsymbol{c_X}$ のもとで，デコーダを再帰型ニューラル言語モデルとして損失を計算する操作である．

具体的には，次の手順で訓練する．まずは生成の手順と同様に，系列データ $\boldsymbol{X}$ をエンコードした文脈 $\boldsymbol{c_X}$ を得て，これをデコーダの初期状態に設定する．続いて，デコーダに系列データ $\boldsymbol{Y}$ の最終要素以外を入力して，デコーダの出力する確率ベクトルの列 $\boldsymbol{P} = (\boldsymbol{p}^1, \ldots, \boldsymbol{p}^{T-1})$ を得る．つまり，各 $\boldsymbol{p}^t$ からサンプリングしたトークンの one-hot ベクトルを入力する代わりに，変換先の $\boldsymbol{y}^t$ を入力するようになっている．最後に，モデルの出力 $\boldsymbol{P}$ と正解 $\boldsymbol{Y}$ からクロスエントロピー損失を計算し，これをデコーダ，ひいてはエンコーダまで逆伝播させることでモデルのパラメータを更新する．このように訓練することで，学習が安定化してパラメータの収束が速くなることが知られている．一方で，実際の生成で利用する入力の傾向と訓練時の入力の傾向が異なる点には注意が必要である．

(4) 注意機構

Seq2seq では，入力の系列データ $\boldsymbol{X}$ が文脈 $\boldsymbol{c_X}$ へと変換されていた．ここで，入力の系列データ $\boldsymbol{X}$ がどんなに長くても，固定長のベクトル $\boldsymbol{c_X}$ に情報を圧縮する必要があることに注意する．変換後の系列データ $\boldsymbol{Y}$ を出力するために利用できる情報は文脈 $\boldsymbol{c_X}$ のみなので，扱う系列が長くなるにつれてうまく変換するのが難しくなってくる．文脈 $\boldsymbol{c_X}$ 以外にも，$\hat{\boldsymbol{X}}$ をエンコーダの RNN の内部状態列 $\boldsymbol{Z} = (z^1, \ldots, z^S)$ も，$\boldsymbol{X}$ に関する部分的な情報を持っているはずなので，これらをうまく利用できるのが望ましい．

注意機構 (attention) [102] は，入力されたデータのどこが重要であるかを加味して特徴抽出する機構である．注意機構では，入力されたデータの寄与率を計算する操作と，寄与率をもとにして入力データの情報を集約する操作の二つの操作を適用する．Seq2seq で注意機構を利用すると，時刻 t でのデコーダの内部状態 $\boldsymbol{h}^t$ に対して，まずはエンコーダの各内部

状態 z^s の寄与率を計算し，これを加味することで Z を集約した特徴 c^t を出力できる．得られた c^t を確率ベクトル p^t の決定時に文脈として利用することで，Z の持つ情報を効果的に活用できると期待される．

Seq2seq の例で単純な注意機構の挙動を説明する．はじめに，h^t をもとに，Z の各ベクトルのスコア $\sigma_s = \mathrm{sc}(z^s, h^t)$ を計算する．スコアは h^t と z^s とのマッチの度合いを表す値であり，具体的には，例えば，ベクトルの内積 $\mathrm{sc}(z^s, h^t) = z^s \cdot h^t$ などがよく利用される．各ベクトルとのスコアをまとめたベクトルを $\sigma = (\sigma_1, \ldots, \sigma_S)^\top \in \mathbb{R}^S$ と書くことにする．計算されたスコア σ をもとに，ベクトル $\alpha = (\alpha_1, \ldots, \alpha_S)^\top = \mathrm{softmax}(\sigma)$ を計算する．ベクトル α の第 s 成分 α_s は，時刻 t でのデコーダの内部状態 h^t に対する，時刻 s でのエンコーダの内部状態 z^s の寄与率を表す．スコア σ_s が大きいほど α_s が大きい，すなわち，z^s の情報が h^t にとって重要であるとみなされる．最後に，算出された寄与率を加味して

$$c^t = \sum_{s=1}^{S} \alpha_s z^s$$

と重みつき平均をとることで Z の情報をまとめる．得られた c^t は，寄与率が大きい z^s の情報を多く含んだベクトルになっている．時刻 t で出力される確率ベクトル p^t を算出する際は，h^t だけでなく，以上の操作で得られたベクトル c^t も利用する．

Seq2seq の例で説明した注意機構は，寄与率の計算や情報の集約に入力のベクトルをそのまま利用していた．以下では，これを一般化して，入力のベクトルを線形変換してから利用する一般的な注意機構について説明する．m 次元の系列データ $X = (x^1, \ldots, x^S)$ と n 次元の系列データ $Y = (y^1, \ldots, y^T)$ が与えられたとする．一般には X と Y は異なるが，$X = Y$ とする場合もある (**自己注意機構**, self-attention)．各 y^t に対して，x^s の寄与率を加味して X から抽出した特徴 c^t を得る手続きは以下のとおりである (図 2.14)．

まずは，入力された系列データに対して線形変換を施し，

$$K = W^{\mathrm{K}} X = (W^{\mathrm{K}} x^1, \ldots, W^{\mathrm{K}} x^S) =: (k^1, \ldots, k^S) \in \mathrm{Mat}_{d,S}(\mathbb{R})$$
$$V = W^{\mathrm{V}} X = (W^{\mathrm{V}} x^1, \ldots, W^{\mathrm{V}} x^S) =: (v^1, \ldots, v^S) \in \mathrm{Mat}_{l,S}(\mathbb{R})$$

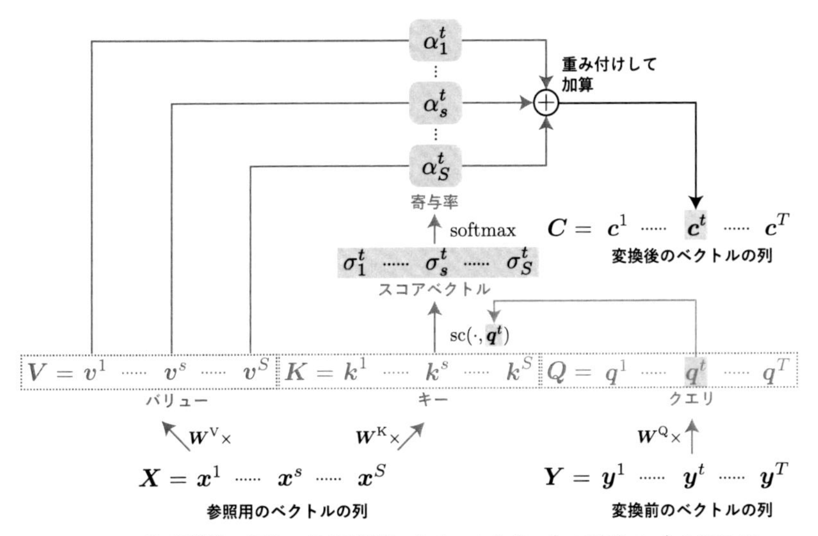

図 2.14　注意機構の操作．注意機構によるベクトル y^t の変換で c^t を得る手順を示している．

$$Q = W^{\mathrm{Q}}Y = (W^{\mathrm{Q}}y^1, \ldots, W^{\mathrm{Q}}y^T) =: (q^1, \ldots, q^T) \in \mathrm{Mat}_{d,T}(\mathbb{R})$$

を得る．ここで，$W^{\mathrm{K}} \in \mathrm{Mat}_{d,m}(\mathbb{R}), W^{\mathrm{V}} \in \mathrm{Mat}_{l,m}(\mathbb{R}), W^{\mathrm{Q}} \in \mathrm{Mat}_{d,n}(\mathbb{R})$ はパラメータ行列である．K, V の各要素 k^s, v^s は，それぞれ**キー** (key)・**バリュー** (value) と呼ばれ，いずれも x^s の持つ特徴を反映したものになっている．同様に，Q の各要素 q^t は**クエリ** (query) と呼ばれ，y^t の持つ特徴を反映したものになっている．

続いて，各クエリ q^t に対して，各キー k^s のスコア $\sigma_s^t = \mathrm{sc}(k^s, q^t)$ を計算する．計算したスコアをまとめて，クエリと各キーとのマッチの度合いを表すスコアベクトル $\sigma^t = (\sigma_1^t, \ldots, \sigma_S^t)^\top$ をつくる．そして各キーの寄与率を $\alpha^t = (\alpha_1^t, \ldots, \alpha_S^t)^\top = \mathrm{softmax}(\sigma^t)$ で計算し，最後に寄与率によるバリューの重み付き和

$$c^t = \sum_{s=1}^{S} \alpha_s^t v^s \in \mathbb{R}^l$$

を抽出された特徴として出力する．

以上のスコア計算・寄与率の計算・出力の計算を行列形式でまとめて書

くと,

$$\begin{aligned}
\boldsymbol{S} &= \mathrm{sc}(\boldsymbol{K}, \boldsymbol{Q}) := (\boldsymbol{\sigma}^1, \ldots, \boldsymbol{\sigma}^T) \in \mathrm{Mat}_{S,T}(\mathbb{R}) \\
\boldsymbol{A} &:= (\boldsymbol{\alpha}^1, \ldots, \boldsymbol{\alpha}^T) = \mathrm{softmax}_{\mathrm{col}}(\boldsymbol{S}) \in \mathrm{Mat}_{S,T}(\mathbb{R}) \\
\boldsymbol{C} &= \boldsymbol{V}\boldsymbol{A} \in \mathrm{Mat}_{l,T}(\mathbb{R})
\end{aligned}$$

となる．ここで，$\mathrm{softmax}_{\mathrm{col}}(\boldsymbol{S})$ は行列 $\boldsymbol{S}$ の各列 $\boldsymbol{\sigma}^t$ ごとにソフトマックス関数を適用して得られる行列を表す．特に，スコアとして内積を利用する場合は，行列 $\boldsymbol{S}$ を $\boldsymbol{S} = \boldsymbol{K}^\top \boldsymbol{Q}$ で計算できる．

系列 $\boldsymbol{X}, \boldsymbol{Y}$ から以上の操作で $\boldsymbol{C}$ を得る操作を $\mathrm{Att}(\boldsymbol{X}, \boldsymbol{Y}) := \boldsymbol{C}$ と表記することにする．なお，こうして得られる出力 $\boldsymbol{C}$ の各ベクトル $\boldsymbol{c}^t$ は，$\boldsymbol{v}^s$ の順序付け，すなわち $\boldsymbol{x}^s$ の順序付けに依らない (置換不変性を持つ) ことに注意する．このため，各要素に順序が定まっていない場合でも注意機構を適用できる．

また，CNN におけるフィルタのように，以上で説明した注意機構を複数個利用することで，$\boldsymbol{X}$ から様々な特徴を抽出できる．H 個の注意機構を用意し，それぞれの注意機構のパラメータが $\boldsymbol{W}_h^{\mathrm{K}} \in \mathrm{Mat}_{d,m}(\mathbb{R}), \boldsymbol{W}_h^{\mathrm{V}} \in \mathrm{Mat}_{l,m}(\mathbb{R}), \boldsymbol{W}_h^{\mathrm{Q}} \in \mathrm{Mat}_{d,n}(\mathbb{R})$ であるとする ($h = 1, \ldots, H$)．各注意機構は**ヘッド** (head) と呼ばれる．各ヘッドで利用するキー・バリュー・クエリの行列 $\boldsymbol{K}_h, \boldsymbol{V}_h, \boldsymbol{Q}_h$ は，

$$\begin{pmatrix} \boldsymbol{K}_1 \\ \vdots \\ \boldsymbol{K}_H \end{pmatrix} = \begin{pmatrix} \boldsymbol{W}_1^{\mathrm{K}} \\ \vdots \\ \boldsymbol{W}_H^{\mathrm{K}} \end{pmatrix} \boldsymbol{X}, \quad \begin{pmatrix} \boldsymbol{V}_1 \\ \vdots \\ \boldsymbol{V}_H \end{pmatrix} = \begin{pmatrix} \boldsymbol{W}_1^{\mathrm{V}} \\ \vdots \\ \boldsymbol{W}_H^{\mathrm{V}} \end{pmatrix} \boldsymbol{X}, \quad \begin{pmatrix} \boldsymbol{Q}_1 \\ \vdots \\ \boldsymbol{Q}_H \end{pmatrix} = \begin{pmatrix} \boldsymbol{W}_1^{\mathrm{Q}} \\ \vdots \\ \boldsymbol{W}_H^{\mathrm{Q}} \end{pmatrix} \boldsymbol{Y},$$

と同時に計算できる．そして，h 番目のヘッドで計算された出力 $\boldsymbol{C}_h = \mathrm{Att}_h(\boldsymbol{X}, \boldsymbol{Y})$ を用いて，

$$\boldsymbol{C} = \boldsymbol{W}^{\mathrm{O}} \begin{pmatrix} \boldsymbol{C}_1 \\ \vdots \\ \boldsymbol{C}_H \end{pmatrix}$$

を最終的な特徴量とする．ここで，$\boldsymbol{W}^{\mathrm{O}} \in \mathrm{Mat}_{o,lH}(\mathbb{R})$ はパラメータ行列である．以上で示した複数個のヘッドをあわせた注意機構を**マルチヘッド**

注意機構 (multi-head attention) といい，$\boldsymbol{X}, \boldsymbol{Y}$ に対する H ヘッドの注意機構を $\text{M-Att}^{H}(\boldsymbol{X}, \boldsymbol{Y})$ と表記する．

(5) Transformer

Transformer [103] は，RNN の代わりにマルチヘッド注意機構を利用することで系列データ $\boldsymbol{X}$ を $\boldsymbol{Y}$ に変換するモデルである (図 2.15). Transformer も，Seq2seq と同様に**エンコーダ** (encoder) と**デコーダ** (decoder) と呼ばれるネットワークを利用する．エンコーダは入力された系列データ $\boldsymbol{X} = (\boldsymbol{x}^1, \ldots, \boldsymbol{x}^S)$ を適当な次元の潜在ベクトルの列 $\boldsymbol{Z} = (\boldsymbol{z}^1, \ldots, \boldsymbol{z}^S)$ へと符号化し，デコーダは $\boldsymbol{Z}$ をもとにして系列データ $\boldsymbol{Y} = (\boldsymbol{y}^1, \ldots, \boldsymbol{y}^T)$ を逐次的に生成する[54]. Transformer では RNN を利用しないため，計算の並列化により高速に処理できるだけでなく，様々なタスクで高い性能を発揮していることから近年注目されている．

エンコーダとデコーダは，マルチヘッド注意機構と全結合型ニューラルネットワークを組み合わせた構造になっている．これらのマルチヘッド注意機構で利用されるスコアは，キーとクエリの次元 d でスケール化した内積，すなわち，

$$\text{sc}(\boldsymbol{K}, \boldsymbol{Q}) = \frac{1}{\sqrt{d}} \boldsymbol{K}^{\top} \boldsymbol{Q}$$

である．次元 d が大きくなるとキーとクエリの内積がその分大きくなることを考慮して，$\sqrt{d}$ で割って調整している．このスコアによる注意機構を指して，**スケール化内積注意機構** (scaled dot-product attention) と呼ぶこともある．

Transformer では RNN を利用しないため，入力される系列データの順序関係をモデル側で考慮できない．このため，Transformer へ入力される系列データに対しては，$M = 2m$ 次元の単語埋め込みの後に**位置エンコーディング** (positional encoding) [105] を適用することで，入力の系列データ自体に位置の情報を明示的に付与する．位置エンコーディングの適用方法はいくつかあるが，論文 [103] では次の**正弦波位置エン**

54　逐次的に生成せずに，系列全体を一度で予測するものもある [104].

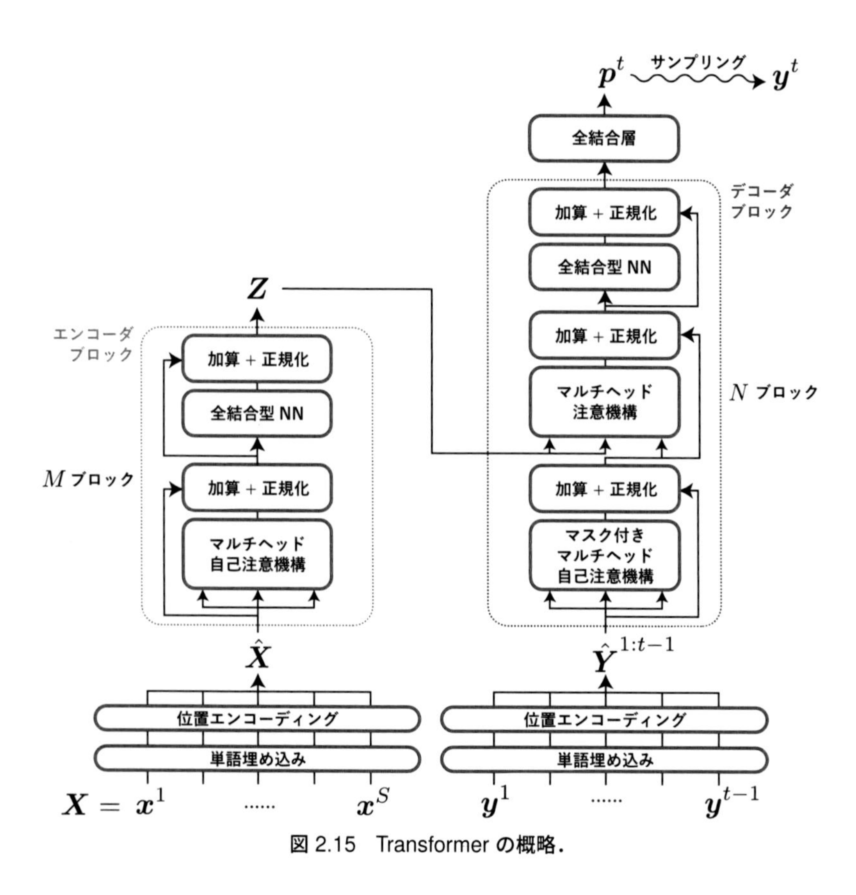

図 2.15　Transformer の概略．

コーディング (sinusoidal positional encoding) が利用されている．これは，$\omega_k := 10000^{-\frac{k}{m}}$ $(k = 0, \ldots, m-1)$ と定め，各 x^s の単語埋め込み $\mathrm{Emb}(x^s) \in \mathbb{R}^M$ に対してベクトル

$$\pi(s) := (\sin(\omega_0 s), \cos(\omega_0 s), \ldots, \sin(\omega_{m-1} s), \cos(\omega_{m-1} s)) \in \mathbb{R}^M$$

を加えて

$$\hat{X} = (\mathrm{Emb}(x^1) + \pi(1), \ldots, \mathrm{Emb}(x^S) + \pi(S))$$

とするものである．

Transformer のエンコーダは，入力の系列データ $X \in \mathrm{Mat}_{M,S}(\mathbb{R})$ に対

して同じサイズの系列データ $\boldsymbol{Z} \in \mathrm{Mat}_{M,S}(\mathbb{R})$ を返すブロックが複数個つながったものである．各ブロックは，マルチヘッド自己注意機構を適用するサブレイヤーと 2 層の全結合層に通すサブレイヤーの二つの部分からなっている．

ブロックに入力された系列データは，まずマルチヘッド自己注意機構により変換される．続いて，系列の各要素ごとに 2 層の全結合層で変換される．学習を安定化させるために，ブロックのいずれのサブレイヤーでも，入力を出力に加算する**残差接続** (residual connection) [106] と，**レイヤー正規化** (layer normalization) [107] と呼ばれる操作を適用する．

この Transformer のエンコーダの操作は，完全グラフ K_S の各頂点に自己ループを付加したグラフ $G = (V, E)$ 上でのメッセージパッシング操作ともみなせる．実際，$V = [S]$ として，入力の系列データ $\boldsymbol{X} \in \mathrm{Mat}_{M,S}(\mathbb{R})$ に対して頂点 v の潜在ベクトルを $\boldsymbol{h}_v = \boldsymbol{x}^v$ とする．このとき，マルチヘッド自己注意機構の出力 $\boldsymbol{c}^v$ は $\{\!\{\boldsymbol{h}_w \mid w \in N(v) = V\}\!\}$ の集約操作で得られる v のメッセージベクトル $\boldsymbol{m}_v$，全結合層の出力 $\boldsymbol{z}^v$ は $\boldsymbol{h}_v$ と $\boldsymbol{m}_v$ から更新操作で得られるベクトルとみなせる．ただし，グラフの辺は便宜上設定したものであるから，このメッセージパッシング操作では辺の情報を利用していない．

Transformer のデコーダも同様に，入力の系列データ $\boldsymbol{Y} \in \mathrm{Mat}_{M,T}(\mathbb{R})$ に対して同じサイズの系列データ $\boldsymbol{Z} \in \mathrm{Mat}_{M,T}(\mathbb{R})$ を返すブロックが複数個つながったものである．各ブロックは，エンコーダでも使用したマルチヘッド自己注意機構を適用するサブレイヤー・2 層の全結合層に通すサブレイヤーと，エンコーダの最終出力を用いて特徴抽出するマルチヘッド注意機構を適用するサブレイヤーの三つの部分からなる．エンコーダと同様に，いずれのサブレイヤーも残差接続とレイヤー正規化を伴う．

ブロックに入力された系列データは，まずマルチヘッド自己注意機構により変換される．続いて，エンコーダの最終出力を用いてマルチヘッド注意機構で抽出された特徴ベクトルと足し合わされた後，系列の各要素ごとに 2 層の全結合層で変換される．デコーダでは，未来の系列の情報を利用しないように，はじめのサブレイヤーでのマルチヘッド自己注意機構では適当なマスキングが利用されている．

このTransformerをベースにして，さまざまなモデルが自然言語処理の分野で提案されてきた．化学分野においても，Transformerを利用したモデルが増えてきている．

2.5　強化学習

強化学習 (reinforcement learning) [108] は，教師あり学習や教師なし学習とは異なった学習手法である．ここでは，本書で利用する強化学習の用語や定義などを簡単に整理しておく．詳細は，文献 [109] などを参照されたい．

強化学習では，**エージェント** (agent) と呼ばれる行為者が，**環境** (environment) と呼ばれるシステムへの働きかけを繰り返すことで，エージェントが望ましい挙動を示せるような行動規範を学習する．強化学習の一連の流れ (**エピソード**, episode) は次のとおりである (図 2.16).

1. エージェントは，環境の現在の**状態** (state) を観測する．
2. エージェントは，観測した状態を踏まえて，環境に対して次にとるべき**行動** (action) を選択し，行動を実行する．行動の選択は，**方策** (policy) と呼ばれる基準に従って行われる．
3. 環境は，エージェントの実行した行動に応じて状態を遷移させる．
4. エージェントは，手順 3 で実行した行動の良さを表す**報酬** (reward) を環境から受け取る．
5. 終了条件が満たされれば終了する．そうでない場合は手順 1 へ戻る．

複数のエピソードを繰り返しながら，エピソード全体で得られる報酬の量を最大化できるような方策が学習される．

以上の設定は，**Markov 決定過程** (Markov decision process, MDP) $\mathscr{M} := (\mathcal{S}, \mathcal{A}, p_{s_0}, p_{\mathrm{T}}, g)$ により定式化できる[55]．ここで，各記号は次のと

55　MDP の定義は文献によって様々であるが，ここでは文献 [109] に依った．

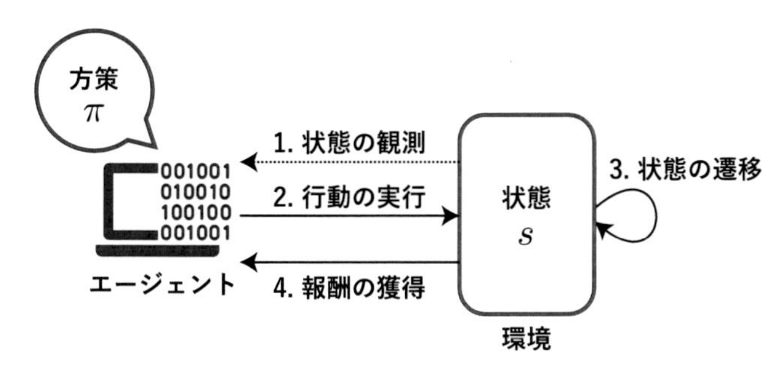

図 2.16 強化学習の流れ.

おりである.

- $\mathcal{S}$ は状態の集合.
- $\mathcal{A}$ は行動の集合.
- $p_{s_0}: \mathcal{S} \to [0,1]$ は初期状態が $s \in \mathcal{S}$ である確率 $p_{s_0}(s)$ を表す関数.
- $p_{\mathrm{T}}: \mathcal{S} \times \mathcal{S} \times \mathcal{A} \to [0,1]$ は, 時刻 t で行動 a_t を取ったとき, 状態 s_t から状態 s_{t+1} に遷移する確率 $p_{\mathrm{T}}(s_t, s_{t+1}, a_t)$ を表す関数[56].
- $g: \mathcal{S} \times \mathcal{A} \to \mathbb{R}$ は, 時刻 t において, 状態 s_t で行動 a_t を取ったときに得られる報酬 $g(s_t, a_t)$ を表す関数.

また (確率的) 方策は, 現在の状態 S が $s \in \mathcal{S}$ であると条件付けられたときに, 行動 A として $a \in \mathcal{A}$ をとる確率

$$\pi(a \mid s) := \Pr(A = a \mid S = s)$$

で与えられる. 方策 π が与えられたもとでの Markov 決定過程 $\mathcal{M}$ を $\mathcal{M}(\pi)$ と書くと, 上記のエピソードは $\mathcal{M}(\pi)$ の時間発展で与えられる.

このもとで, 強化学習の目標を定式化しておく. 時刻 t からの**リターン** (return) を

$$C_t := \sum_{\tau=0}^{\infty} \gamma^{\tau} R_{t+\tau}$$

56 状態遷移が現在の状態にしか依存していない (つまり, Markov 性をもつ) ことに注意する.

で定める．ここで，$\gamma \in [0,1]$ は**割引率** (discount rate) と呼ばれるハイパーパラメータで，将来に得られる報酬にどの程度重要視するかを表す量である．また，方策 π に対して $\mathscr{M}(\pi)$ で条件付けられた X の期待値を

$$\mathbb{E}^{\pi}[X] := \mathbb{E}[X \mid \mathscr{M}(\pi)]$$

と表記し，状態 $s \in \mathcal{S}$ の良さを表す**状態価値関数** (state-value function) $V^{\pi}(s)$ と，状態 s にあるときに行動 $a \in \mathcal{A}$ をとることの良さを表す**行動価値関数** (action-value function) $Q^{\pi}(s,a)$ をそれぞれ

$$V^{\pi}(s) := \mathbb{E}^{\pi}[C_0 \mid S_0 = s]$$
$$Q^{\pi}(s,a) := \mathbb{E}^{\pi}[C_0 \mid S_0 = s, A_0 = a]$$

で定義する．強化学習の多くの場合では，時刻 0 からのリターンの期待値

$$\mathbb{E}^{\pi}[C_0] = \sum_{s \in \mathcal{S}} p_{s_0}(s) V^{\pi}(s) = \sum_{s \in \mathcal{S}} \sum_{a \in \mathcal{A}} p_{s_0}(s) \pi(a \mid s) Q^{\pi}(s,a)$$

を最大にする方策 π を決定するのが目標となる．

強化学習の手法はこれまでにも多数考案されている．近年では，これまでの強化学習手法に深層学習手法を取り入れた手法も多く見られるようになった．

第3章

有機化合物データを扱う深層学習

2章では，よく利用される深層学習モデルを紹介した．紹介した深層学習モデルは，情報科学の分野で研究対象とされている，一般的な画像や文字列のデータを扱うことを想定している．このため，1.2節で取り上げた有機化合物データを深層学習モデルで扱う際には，独自の工夫が必要になることが多い．また，利用可能なデータセットの量が十分でない場合も多々あり，深層学習モデルで十分な予測性能を発揮させるために適切な訓練方法を利用する必要がある．この章では，まず有機化合物データの扱い方について述べ，続いて少量データセットに対応するための方策について説明する．その後，物性の予測・有機反応の予測・有機分子の構造生成に関する深層学習モデルをいくつか取り上げて紹介する．

3.1　有機化合物データに対する前処理

1.2.1 節で見たとおり，有機化合物データの表現には様々なものがあった．これらのデータは，深層学習モデルに直接入力できるわけではなく，入力するための適切な処理をしておく必要がある．この節では，有機化合物データの種類ごとに，必要となる前処理について述べる．

3.1.1　SMILES 文字列に対する前処理

ネットワークで SMILES 文字列からの特徴抽出をする場合，SMILES 文字列をトークンの系列とみて，2.4.2 節で説明した方法を利用して数値系列データに変換する必要がある．このために，まずは SMILES 文字列をトークンに分割するが，利用するトークンの選び方には任意性がある．単純には，`C` や`#`といった SMILES 文字列を構成する単一の文字を一つのトークンとみなす方法がある．

しかし，SMILES 文字列には，例えば塩素を表す記号 `Cl` のように 2 文字以上を組み合わせてはじめて意味をなすものも含まれている．各文字をトークンとみなすと，`Cl` の `C` と炭素を表す記号 `C` が同一のトークンとして認識されてしまうため，単純に SMILES 文字列に含まれる各文字をトークンとみなすのは望ましくない．これを避けるため，`Cl` や `[C@@H]` のような原子種や立体情報などを表すまとまりをトークンとみなす，原子レベルのトークン化を用いることが多い．SMILES 文字列をこのような原子レベルのトークンへ分割するのは，正規表現などを利用することで実現できる．

原子レベルのトークン化に代わる手法として，**SMILES 対エンコーディング** (SMILES pair encoding) [110] と呼ばれる，頻出する SMILES 部分文字列に対してもトークンを割り当てるという手法も提案されている．この手法では，まず原子レベルのトークン化から始める．続いて，与えられたデータセットに隣接して現れるトークン対で，出現回数が最大のものを単一のトークンに繰り返しマージしていく．トークン対のマージは，得られたトークンの数が一定数を超えるか，得られたトークン対の出現頻度がすべて一定数以下になるかのいずれかの条件が満たされるまで行われる．このように頻出の SMILES 部分文字列をトークン化すると，得られる系列の長さが短くなるため，特に，長期間の依存性を認識するのが難しいモデルに対して効率よく訓練や予測を行えるようになる．また，予測モデルや生成モデルでの実験でも，より良い性能を達成できたことが報告されている．

以上に挙げた方法を利用して，データセットに含まれる SMILES 文字列をすべてトークンに分割する．SMILES 文字列をトークンに分割した後は，SMILES 文字列に含まれる各トークンに対して，先頭から順に one-hot エンコーディングや単語埋め込みを適用していくことで，SMILES 文字列を数値系列データに変換できる．こうして得られる系列データを適当なネットワークに入力することで，SMILES 文字列をネットワークに入力したことになる．

3.1.2 分子グラフに対する前処理

2.1.4 節で述べたとおり，分子構造はグラフとみなせる．この，分子構造を表現するグラフを**分子グラフ** (molecular graph) と呼ぶ (図 3.1)．なお，分子グラフとして扱う場合は，通常は水素原子を頂点に含めない．これは，水素原子を頂点として明示的に扱わなくても，頂点に接続している辺が表す結合の種類を考慮すれば結合水素数を算出できるからである．水素原子を明示的に扱わないことで，グラフの頂点数を削減できる．

分子グラフと呼ぶ場合は，グラフが連結で，各頂点・辺に対して原子・結合の種類が割り当てられており，各頂点では価数の制約が満たされてい

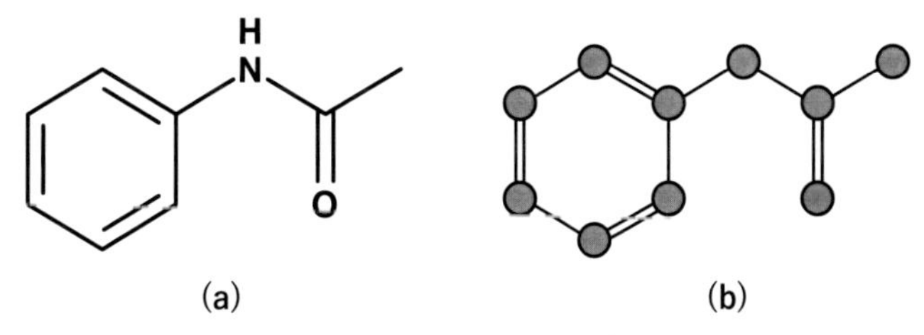

図 3.1 分子グラフの例．(a) アセトアニリドの構造式．(b) アセトアニリドに対応する分子グラフ．頂点の色は原子の種類を表す．

ることも含意する．価数の制約は，グラフ中の炭素原子に対応する頂点の次数は 4 以下，窒素原子に対応する頂点の次数は 3 以下，酸素原子に対応する頂点の次数は 2 以下といった原子種に応じた局所的な構造の制約を指す．

分子グラフ $G = (V, E)$ の構造をコンピュータで扱うには，V, E の情報をすべて保持しておけばよい．すなわち，G に含まれる頂点のリストと，各辺がどの頂点どうしを結んでいるかを記録したリストを保持すればよい．

分子グラフの頂点・辺はそれぞれ分子の原子・結合に対応しているため，これらの性質をもとに特徴量を作ることで，分子グラフをグラフデータとして扱える．分子グラフ $G = (V, E)$ の頂点 $v \in V$ に対する特徴量 $\boldsymbol{x}_v$ には，v の表す原子の種類を表す one-hot ベクトル・結合水素数・形式電荷・芳香族性の有無・ラジカル電子数・混成軌道の種類といったものが利用できる．一方，辺 $e \in E$ に対する特徴量 ξ_e には，e の表す結合の種類を表す one-hot ベクトル・共役結合か否か・環内の結合か否か・立体情報といったものが利用できる．こうして，分子グラフ $G = (V, E)$ の構造と頂点・辺の特徴ベクトルをまとめたグラフデータ $\mathcal{G} = (G, \boldsymbol{X}_V, \Xi_E)$ をつくることで，GNN に入力できるようになる．

頂点と辺の特徴量をどのように設定するかには自由度がある．選択によってはモデルの性能が改善したり，あるいは悪化したりする．実際，グラフ畳み込みネットワーク [60] に対しては，原子の特徴量の設定方法を検討した研究 [111] も報告されている．これによれば，付随する水素原子の数など各原子の周囲の環境を表す特徴量が性能改善に寄与し，芳香族性を有するか否かを表す特徴量が性能悪化に寄与したという傾向が確認されている．

原子や結合の性質をもとに特徴ベクトルを構成する代わりに，各原子や結合の種類を単語埋め込みすることで，訓練によって適切な特徴ベクトルを決定する方法もある．他にも，単語埋め込みの際に隣接する原子の情報も含めることで，半径 1 の部分構造ごとに単語埋め込みをする **Weisfeiler–Lehman 埋め込み** (Weisfeiler–Lehman embedding) [112] も提案されている．直観的には，Weisfeiler–Lehman 埋め込みでは置換基のような小さな部分構造の情報が捉えられる．これは 1 回のメッセージパッシング操作を行うのと似た操作ではあるが，実験的には Weisfeiler–Lehman 埋め込みにより予測性能が向上したことが報告されている．Weisfeiler–Lehman 埋め込みの表現力に関しては適当な設定における理論的解析も行われており，Weisfeiler–Lehman 埋め込みと 1 回のメッセージパッシング操作は，それぞれ適当な条件のもとで同等の表現力を持つことが示された．ただし，メッセージパッシング操作では当該の条件を満たすのが困難であるため，Weisfeiler–Lehman 埋め込みが予測性能の改善に寄与することを主張している．

3.1.3 立体構造に対する前処理

分子の立体構造では，分子グラフの情報に加えて，各原子の座標情報が与えられていた．立体構造で重要なのは各原子の相対的な配置であり，各原子の絶対的な座標には特別な意味がない．すなわち，与えられている座標を平行移動したり，ある点を中心にして回転させたりしても，表現している分子の情報は変わらないはずである．このため，分子の向きを固定する前処理をすることで，絶対的な座標の影響を排するのが一般的である．

よく利用される前処理は，原子座標に対して主成分分析を実施し，主成分軸を新たな座標軸に取り直す方法である．n 原子からなる分子の各原子の座標が $\boldsymbol{r}_1, \ldots, \boldsymbol{r}_n$ であるとする．まずは，全原子の幾何中心 $\boldsymbol{\mu} := \frac{1}{N}\sum_{i=1}^{n} \boldsymbol{r}_i$ が原点になるように $\boldsymbol{r}'_i := \boldsymbol{r}_i - \boldsymbol{\mu}$ と座標を平行移動する (中心化)．続いて，新しい座標 $\boldsymbol{r}'_1, \ldots, \boldsymbol{r}'_n$ に対して成分数 3 の主成分分析を実施し，第 1 主成分軸・第 2 主成分軸・第 3 主成分軸がそれぞれ x 軸・y 軸・z 軸と一致するように，座標を原点中心に回転する．こうして得られる座標をモデルへの入力に利用する．

また，3 次元 CNN に立体構造データを入力する際は，この処理に引き続き配列データを作成する必要がある．このために，まずは原子の存在する範囲を設定し，適当な大きさのボクセルに分割する．ボクセル化する空間やボクセルの大きさはデータサイズに大きく影響する．データサイズが大きすぎると，モデルの訓練や予測の際にメモリにデータを格納できない可能性があるため，適切に設定しなければならない．ボクセルに分割した後は，例えば，ボクセル内に存在している原子の種類や電荷の分布などをもとに，モデルが取り組むタスクに応じて適当な数値化を施す．以上のように，3次元CNNに入力するための配列データを作成できる．

3.2　少量データセットに対する対策

機械学習モデル，特に，調整すべきパラメータ数が多い深層学習モデルの訓練では，過剰適合を防ぐためにできるだけ多数のサンプルを含む訓練データセットを利用するのが望ましい[1]．しかし，化学や生物の分野ではデータの取得に実験を必要とする場合が多い．このため，データの収集にはコストがかかり，特定のタスクに対していつでも十分なサンプル数を確保できるとは限らない．

このように訓練データセットのサイズが小さい場合は，フィンガープリントや分子記述子[2]を入力にとって，深層学習に依らない手法を利用するのが良いことが多い．実際，少量の訓練データセットによる予測では，転移学習といった後述の手法を利用しない深層学習モデルよりもECFPを用いた方がよい予測性能が得られることが報告されている[113]．一方で近年では，深層学習モデルを用いて，深層学習に依らない手法を凌駕する性能を引き出す試みもなされている．

もちろん，訓練データセットが少量の場合は，通常の訓練方法では高性能な深層学習モデルを構築できない．このため，少量のデータセットで訓練する際には，何らかの知識や情報を利用しながらモデルを訓練する．このようなアプローチを利用することで，少量データセットでの深層学習モデルの訓練でも，従来手法より良い性能を得られる可能性がある．この節では，少量の訓練データセットで性能の良い深層学習モデルを構築するための手法をいくつか紹介する．

1　もちろん，2.2.2節で説明した正則化を利用することで過剰適合をある程度抑えることはできるが，サンプルはあるに越したことはない．

2　フィンガープリントや分子記述子については，3.3節に簡単な説明がある．

3.2.1 データ拡張

データ拡張 (data augmentation) [114] は，データに対する知識を利用して訓練サンプルの数を増やすことで，モデルの汎化性能の向上を目指す手法である．データ拡張は訓練データセット以外のデータセットを必要としないため，手軽に実施できるのが特徴である．

訓練サンプルの数を増やすために，訓練サンプルの本質を損なわないように確率的に変形する，訓練サンプルに似たサンプルを人工的に作成するなどの操作が用いられる．例えば，「3」の文字が書かれた画像に対しては，回転・拡大・縮小などの操作を施しても，その画像が表す対象（「3」）を正しく認識できる (図 3.2)．このため，訓練データセットに含まれる画像に対してこれらの操作をランダムに施すことで，訓練データセットを拡張できる．また，訓練サンプルに似た画像を GAN で生成して，生成画像をモデルの訓練に利用する手法もある．

どのような操作を利用するかは，対象とするデータの特徴を考慮しながら注意して設定する必要がある．例えば手書き数字認識タスクでは，「6」や「9」の画像を 180 度回転してしまうと操作によって画像の表す対象が変化してしまうため，回転する角度に制約を加えるなどの工夫が必要である．データ拡張操作により新たに生成された訓練サンプルに対しても，元のサンプルと同様に予測できるように訓練する[3]．

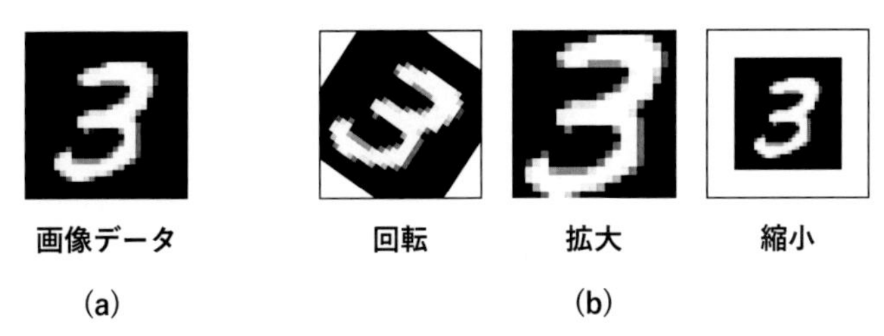

図 3.2 画像データに対するデータ拡張の例．(a) 元画像．(b) 元画像に回転・拡大・縮小操作を施した画像．

3 このように訓練することでモデルに制約をかけているため，データ拡張は正則化の一種とみなせる．

データ拡張はモデルの訓練時に利用するのが一般的であるが，テストデータセットに対してもデータ拡張を実施する **Test-Time Augmentation** (TTA) もよく利用される．これは，テストサンプルをデータ拡張して得られるサンプルそれぞれに対する予測値の平均を，そのサンプルに対する予測値とするものである．ただし，TTA を用いるとテスト時の計算コストが大きくなることに注意する．

SMILES 文字列に対しては，分子を表す SMILES 文字列が複数個存在することをもとにしたデータ拡張 [115] がよく利用されている．これは，訓練サンプルの分子を SMILES 文字列で表現する際に，正規化された SMILES 文字列以外の SMILES 文字列も利用するというものである．SMILES 文字列に対するデータ拡張を訓練に利用することで，モデルの予測性能が向上したことが報告されている．また，訓練時のデータ拡張と合わせて TTA も利用することで，TTA を利用しない場合と比べて良い性能を得た．この SMILES 文字列に対するデータ拡張は，3.3 節以降で紹介する多くのモデルで活用されている．

また，立体構造データに対しては，座標をランダムに回転させた入力によりデータ拡張を実施できる．異なる配座を入力するのもデータ拡張の効果が期待されるが，配座によってタンパク質と結合しなくなるなど，配座の情報が重要になる場合は注意が必要である．

3.2.2　転移学習

転移学習 (transfer learning) [116, 117, 118, 119] は，別のタスクを解くために訓練した結果を，解きたいタスクの訓練に活用する枠組みである．データの表現とその分布のことを**ドメイン** (domain) と呼び，転移元のタスクを**ソース** (source)，転移先のタスクを**ターゲット** (target) と呼ぶ．ターゲットドメインのデータセットが小さい場合でも，ソースドメインがターゲットドメインと何らかの意味で類似していれば，ソースドメインでの訓練結果をもとにして，ターゲットドメインで高性能なモデルを構築しやすい．

逆に，ソースドメインとターゲットドメインが類似していなければ，転移学習の結果がターゲットドメインでのみ訓練した際の結果よりも劣る

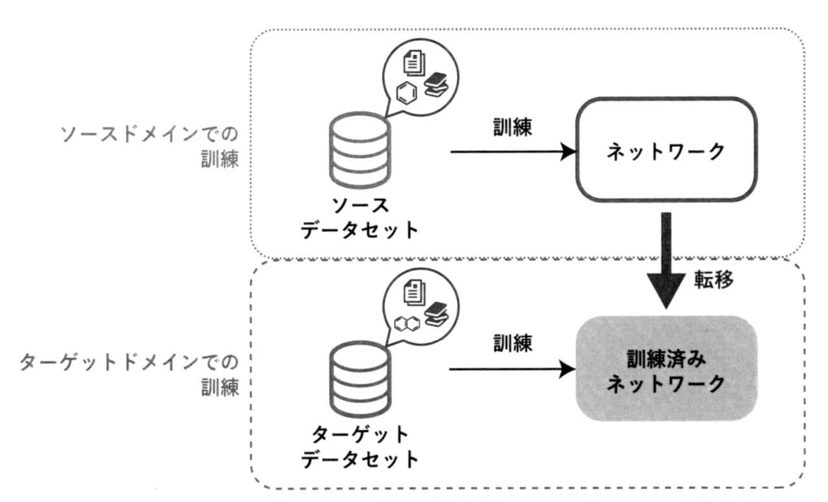

図 3.3 ネットワークの転用による間接的な転移．ソースドメインで訓練したネットワークを，ターゲットドメインでの訓練にも利用する．

場合もある．これを**負の転移** (negative transfer) と呼ぶ．負の転移は，ソースドメインとターゲットドメインが乖離しているほど発生しやすい．

転移学習は，化学分野でも広く利用されている[4]．転移学習でよく利用される手法は多数あるが，大きく分けると，ソースドメインの情報を間接的に転移するタイプと直接的に転移するタイプがある．

(1) 間接的な転移

ソースドメインで事前学習をした後に，同じネットワーク (あるいはその一部) をターゲットドメインでも利用することで，ソースドメインの情報をモデルパラメータに集約した形で転移できる (図 3.3)．一般には，ソースドメインで事前学習すると，特に入力層側の隠れ層で，汎用的な特徴を抽出できるようなモデルパラメータが学習できていると考えられている．このため，このネットワークを転用することでターゲットドメインでもうまく特徴抽出できるとされている．

ネットワークを再利用する際は，ターゲットドメインにうまく適応でき

4 具体的な例は，3.3 節以降で説明する．

るように，最終層に新しく層を追加することも多い．また，訓練済みのモデルパラメータを固定し特徴抽出器としてそのまま利用する場合もあれば，訓練後のモデルパラメータを初期値として利用して，徐々にパラメータをチューニングする**ファインチューニング** (fine-tuning) を利用する場合もある．前者はソースとターゲットでタスクが同一の場合によく利用され，後者はソースとターゲットでタスクが異なる場合によく利用される．

ファインチューニングの際は，一般には，学習率を小さめに設定して訓練するのが良いとされている．また，ファインチューニングの実施の仕方も，入力層から出力層にかけて学習率に傾斜をかけたり，モデルパラメータの固定を出力層側から徐々に外したりと様々なものがある．良い性能を出すためには，取り組むタスクに応じて，ファインチューニングのやり方を試行錯誤する必要がある．

ソースドメインでの訓練の仕方にもバリエーションがある．ラベル付きの訓練サンプルが多数存在する場合は，ソースドメインで教師あり学習を実施できる．化学分野では，例えばQM9データセットのように計算された物性値を用いた教師あり学習は実施しやすい．しかし，実験値によるラベルが付いた訓練サンプルは得にくいため，実験値を利用したソースドメインでの教師あり学習は実施しにくい．

一方，ラベルのついていない訓練サンプルが多数存在する場合も多い．この場合は，ソースドメインで教師なし学習を実施することで，訓練データセットの特徴を捉えられると期待できる．化学分野では，PubChemやZINCといったデータベースから化学構造データを多数取得できることもあり，ソースドメインでの教師なし学習であれば実施しやすい．実際，ソースドメインで教師なし学習を利用した例は，3.3節以降でも多数見受けられる．

ソースドメインでの教師なし学習の例としては，VAEのような潜在変数を利用する生成モデルの利用がある．このような生成モデルをラベルのついていない訓練データセットで訓練すると，潜在変数に訓練サンプルの特徴が反映されると期待できる．このとき，サンプルに対応する潜在変数はサンプルの特徴量とみなせるので，潜在変数を計算する部分を特徴抽出器として利用したモデルを構築できる．

ラベルのついていない訓練サンプルでの事前学習の仕方として，**自己教師あり学習** (self-supervised learning) [120] を利用することも多い．これは，手動でラベルを付ける必要がないタスクを用いて事前学習するというものである．データの本質を捉えられるように巧妙に設計されたタスクで事前に訓練し，得られたモデルをターゲットドメインに利用することで高性能なモデルを構築できる．化学分野でも，化合物の特徴を捉えられるように，様々な事前学習タスクが設計されている．

自己教師あり学習の一例として，**対照学習** (contrastive learning) [121] のフレームワークを利用した事前学習方法が挙げられる．これは，抽出される特徴量が，同じグループ (正例) に属するサンプルどうしは近く，異なるグループ (負例) に属するサンプルどうしは遠くなるようにモデルを訓練する方法である．正例と負例を対照させて訓練することで，判別力の高い特徴量が得られると期待される．グループの設定方法は様々なものが考えられるが，例えば，サンプルに対して異なる変形を加え，同一の変形を加えて得られたサンプルは同一のグループに属すると設定することでサンプルのグループを定められる．どのような変形を適用するかは，ドメインの知識を考慮して注意深く設定する必要がある．

(2) 直接的な転移

上記の手法では，ソースドメインの情報をモデルパラメータという形で間接的に転移させていた．一方，ソースデータセットをターゲットデータセットとうまく組み合わせて訓練することで，ソースドメインの情報を直接的に転移させる手法もある．例えば，**マルチタスク学習** (multi-task learning) [122, 123] では，ターゲットドメインでのタスクを解くのと同時に他の関連するソースドメインでのタスクも解くことで，ソースデータセットをターゲットドメインでの訓練に転移する．このようにすることで，各タスクを解くための知識が共有され，ターゲットドメインでの予測性能が向上することが期待される．化学分野でも，マルチタスク学習を利用した例が多数ある [124]．ただし，マルチタスク学習ではターゲット

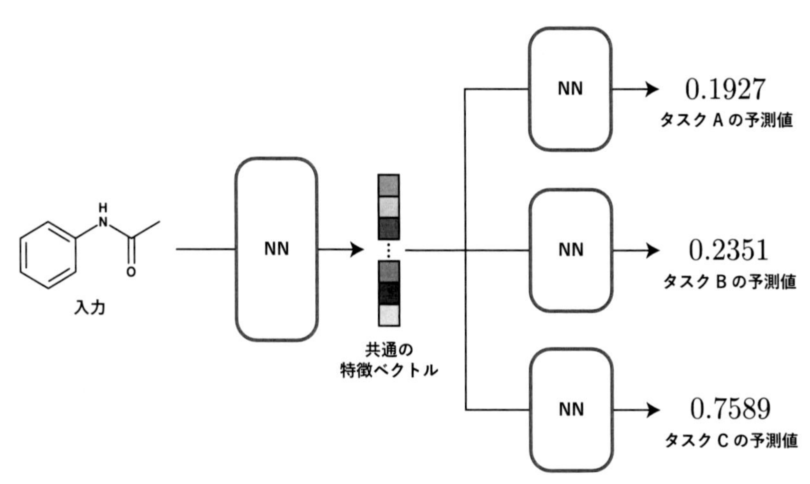

図 3.4　マルチタスク学習の枠組み．入力側のネットワークを共通にしておくことで，各タスクを解くための汎用的な特徴ベクトルを抽出できるようにする．

データセットにラベルがついている必要があることに注意する[5]．

マルチタスク学習において各タスクを解くための知識を共有するためには，ネットワークの構造や訓練の仕方を工夫することが多い．例えば，ネットワークの構造を途中まで共有し，出力層付近のみをタスクに応じて変更した単一のモデルを訓練することで，途中までの特徴抽出方法を同じにするという方法がある (図 3.4)．この方法では，訓練によって共有されている隠れ層でタスクに依らない特徴抽出ができるようになることを想定している．うまく知識を共有できるようなネットワーク構造を発見したり訓練の仕方を考案したりするのには，ある程度の試行錯誤が必要である．

3.2.3　メタ学習

メタ学習 (meta-learning) [125] は，どのようなタスクが与えられても

5　一方，ターゲットデータセットにラベルがついていない場合に利用できる手法として，ソースデータセットのサンプル分布をターゲットデータのサンプル分布に近づける手法である教師なしドメイン適応 (unsupervised domain adaptation) がある．これも，ソースサンプルを転移する手法といえる．ただし化学分野での適用例は，マルチタスク学習と比べるとあまり多くない．

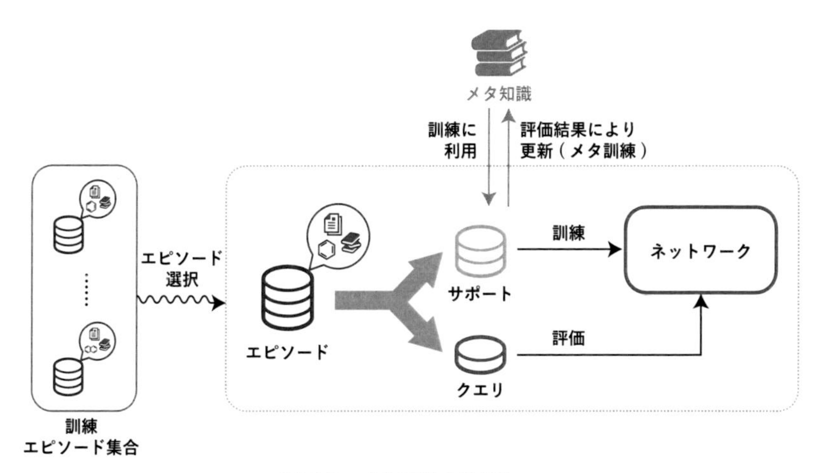

図 3.5　メタ学習の枠組み.

平均的に性能が良くなるような訓練方法を学習する枠組みである．通常の学習では，複数のサンプルを利用してモデルのパラメータを最適化する．一方でメタ学習では，複数のデータセットを利用してモデルの訓練方法を表すパラメータを最適化する．この，メタ学習で最適化するパラメータを，モデルパラメータと区別して**メタ知識** (meta-knowledge) と呼ぶ．同様に，メタ知識を最適化する訓練を，モデルパラメータを最適化する通常の訓練と区別して**メタ訓練** (meta-training) と呼ぶ．また，メタ訓練に利用するそれぞれのデータセットを**エピソード** (episode) と呼び，各エピソードでの訓練に利用する訓練データセット・検証データセットをそれぞれ**サポート** (support)・**クエリ** (query) と呼ぶ．

メタ学習の枠組みでは，次のような流れでメタ知識が最適化される (図 3.5)．まずは訓練エピソードの集合からエピソードを選択して，メタ知識とサポートを用いて訓練する．続いて，訓練結果をクエリで評価し，その予測性能をもとにメタ知識を更新する (メタ訓練)．この操作を繰り返すことで，メタ知識を最適化していく．メタ訓練の結果得られたメタ知識の良さを確認するには，そのメタ知識の表す訓練方法を利用して検証エピソードのサポートで訓練し，そのエピソードのクエリに対する予測性能で評価する．

メタ学習の手法を構成する主要な要素は三つある．一つ目は，メタ知識の選択である．メタ知識としては，例えば，モデルの初期パラメータ・ハイパーパラメータ・勾配降下法での更新方法などがあり，どのメタ知識を学習するかによって様々な手法がある．二つ目は，メタ知識の最適化方法の選択である．メタ知識の最適化方法には，勾配降下法のように更新したり，強化学習を利用したりする方法がある．三つ目は，メタ学習の目的の選択である．メタ学習を利用してどのようなことを実現したいかによって，メタ学習の方法をうまく設定する必要がある．特にここでは，少量の訓練データセットから効率的にモデルを訓練する方法に興味がある．

メタ学習の枠組みを利用できるものとして，**Few-shot 学習** (few-shot learning) [126] が挙げられる．Few-shot 学習は，少量の訓練データセットからでも性能の良いモデルを構築する方法を学習する枠組みである．メタ学習の訓練に利用する各エピソードのサンプル数を小さく設定しておくことで，少量データセットで訓練する状況を表現できる．これにより，ラベル付きの訓練サンプルがかなり少ない状況でも予測性能を改善できると期待される．

化学分野においても，メタ学習を利用した例がいくつかある．これらは，3.3 節以降で取り上げる．

3.3　物性・活性の予測

分子の物性・活性予測は，ケモインフォマティクスにおける最も基本的なタスクの一つである．物性・活性予測モデルの主な用途は，所望の物性・活性を有している可能性の高いものを多数の化合物の中からコンピュータ上で選別する**バーチャルスクリーニング** (virtual screening) である．これまでにも材料開発や創薬などの分野で，より良い予測モデルを求めて盛んに研究されており，特に，深層学習モデルを利用した物性・活性予測の研究も近年増加している．

有機化合物データを用いて機械学習タスクを実施する際には，分子の持つ情報をモデルに入力できるように，分子の特徴を数値化する特徴抽出手法が必要である．従来の特徴抽出手法としては，分子量・部分電荷・分子構造に対する指標などの分子構造から計算できる**分子記述子** (molecular descriptor) や，分子の部分構造の有無を計算した**フィンガープリント** (fingerprint) を利用するものがある．分子記述子やフィンガープリントを用いて作った特徴ベクトルを全結合型ニューラルネットワークに入力することで，化合物に対する深層学習を実施できる[6] [127, 128, 129, 130].

従来の特徴抽出手法では，専門知識や経験を踏まえて，予測に寄与しそうな特徴量をできるだけ多く含めることで予測性能の向上を目指す．しかし，一般には予測対象に応じて有用な特徴量は異なるため，試行錯誤しながらうまく特徴量を設計する必要がある．一方で，分子構造の情報を直接入力できるニューラルネットワークを用いると，データから予測に有用な特徴を抽出する方法も含めてモデルを訓練できる．予測対象に応じて明示的に特徴量を設計する必要がないため，より汎用的に利用できる予測モデルになる．

この節では，分子構造からニューラルネットワークを用いて特徴抽出を行う物性・活性予測モデルを扱う．分子構造の表現として SMILES 文字列・分子グラフ・立体構造のそれぞれを利用するモデル[7]について，以下で詳述する．

3.3.1 SMILES 文字列からの予測

SMILES 文字列は，分子構造を 1 次元的に文字列で表現したものである．文字列を利用している以上，SMILES 文字列での原子の並びだけでは実際の分子構造の隣接関係を反映しきれないことがある[8]という欠点は

6 フィンガープリントをそのまま使う代わりに，フィンガープリントで得られるハッシュ値の列を変換して利用することもできる．例えば，Word2vec [131, 132] と呼ばれる自然言語処理の手法を利用してハッシュ値の列をベクトルに変換する Mol2vec [133] という手法や，2.4.2 節で説明した単語埋め込みを利用してハッシュ値の列を数値ベクトルの列にしてから，CNN で畳み込みを行う FP2VEC [134] という手法もある．

7 ここに挙げた以外の分子構造の表現としては，例えば，分子の構造式画像がある．Chemception [135] というモデルは，分子の構造式画像をもとに構成したグレースケール画像を CNN に与えるモデルになっている．Chemception の入力画像を，原子や結合の特徴量などを含めて多チャンネル化した AugChemception [136] というモデルも開発されている．

あるが，自然言語処理の手法を適用しやすいという利点から広く用いられている．

SMILES 文字列から物性・活性を予測する方法としては，RNN・CNN により直接 SMILES 文字列の特徴抽出を行う方法，Seq2seq のエンコーダを利用する方法，Transformer のエンコーダを利用する方法が主流である[9]．以下では，これらの三つの特徴抽出手法について，具体例を挙げながら説明する．

(1) RNN・CNN による特徴抽出

SMILES2vec　SMILES 文字列を入力する比較的シンプルなモデルとして，**SMILES2vec** [138] が挙げられる．このモデルでは，まず SMILES 文字列を単語埋め込みして数値系列データに変換する．この後得られた系列データを畳み込むために，この系列データに対して適切なパディングが適用される．続いて，得られた系列データに対して 1 次元 CNN で畳み込みを適用する．畳み込みにより，各文字の周囲の情報も加味した系列データに変換していると考えられる．最後に，続く 2 層の双方向 GRU 層でこの系列の特徴量を抽出した後，得られた特徴量を全結合層に通すことで，入力の化合物に対する予測結果が得られるようになっている．このようにすることで，タスクに応じた特徴量を抽出できる．

MoleculeNet [139] から取得できる Tox21 データセット (毒性の有無の分類)・HIV データセット (活性の有無の分類)・FreeSolv データセット (溶媒和自由エネルギーの回帰) を用いた検証では，フィンガープリントを入力にとる全結合型ニューラルネットワークよりも SMILES2vec を用いる方が，予測精度が高くなったと報告された．様々な種類のデータセットで良い予測性能を得たことから，SMILES2vec による特徴抽出が汎用的であることが示唆されている．

8　例えば，ベンゼンの SMILES 文字列表記 `c1ccccc1` の最初と最後の `c` は，実際には隣接している．また，フェノールの SMILES 文字列表記 `c1c(O)cccc1` の `O` とその直後の `c` は，実際には隣接していない．

9　もちろん，この他にも SMILES 文字列からの特徴抽出の方法はいくつかある．例えば，SMILES 文字列からトークンの共起関係を表すグラフをつくり，これに対して GNN を適用するという手法が提案されている [137]．

SMILES 畳み込みフィンガープリント　論文 [140] では，1 次元 CNN のみを利用して SMILES 文字列からの特徴抽出を実施している．SMILES 文字列の各トークンは，42 次元ベクトルからなる数値系列データに変換される．ベクトルの初めの 21 次元は原子の種類・価数・芳香族性・混成軌道などの特徴を表現し，残りの 21 次元は SMILES 文字列の特殊記号を表現している．得られた数値系列データに対して適切なパディングを適用した後，2 回の畳み込み・平均プーリングを経て，最後に最大値プーリングを実施することで，入力された系列データの特徴量を得る．論文中では，この特徴ベクトルを **SMILES 畳み込みフィンガープリント** (SMILES convolution fingerprint, SCFP) と呼称している．最後に，得られた特徴量を全結合層に通すことで，入力の化合物に対する予測結果が得られるようになっている．

SMILES2vec と同様に，タスクに応じた SCFP が計算されるようになっている．また，SCFP の抽出直前で最大値プーリングを適用することで，予測に寄与した部分構造を抽出できるようにもなっている．

Tox21 データセットに対して分類タスクを実施したところ，フィンガープリントの一種である 1,024 次元の ECFP を利用するよりも，64 次元の SCFP を利用した方が平均的な予測性能 (ROC-AUC) が良いという結果が得られた．また，多次元尺度構成法を利用した次元削減により，活性化合物と不活性化合物がはっきり分離できるような SCFP が得られたことも確認されている．

感情分析のための CNN の利用　同様に，自然言語処理の感情分析タスク[10]のための CNN モデル [141] をタンパク質の活性分類タスクに応用した例もある [142]．利用されたデータセットのサンプル数は約 3,000 件程度と少ないものの，複数のタンパク質に対する活性分類タスクにおいて，GRU などのモデルと比べて良い性能が得られたと報告している．感情分析タスクのためのモデルが活用できたのは，化学構造が木構造に近

10　感情分析タスクは，書かれた文章から筆者の意見を判定するタスクである．自然言語の文は木構造で表現でき，文章中の単語が少し違うだけで意見が大きく変わる場合がある．

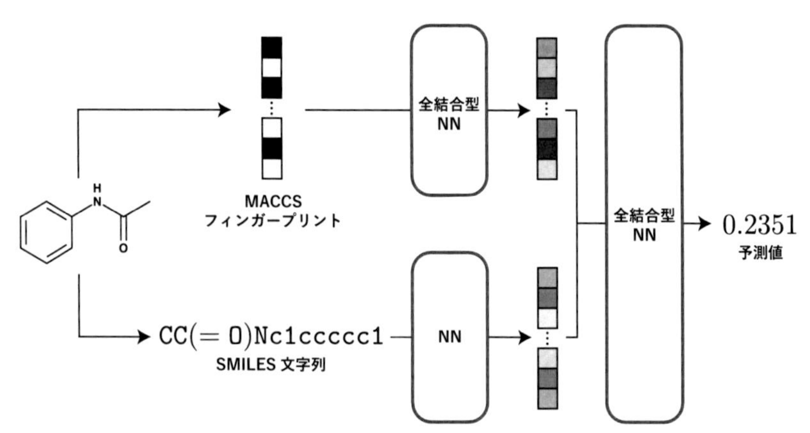

図 3.6　CheMixNet のネットワーク構造．SMILES 文字列を入力する NN は，1 次元 CNN や RNN などから構成される．

く，SMILES 文字列の僅かな変化が活性に大きく寄与するという，活性分類タスクと感情分析タスクとの類似性による．

MACCS フィンガープリントの併用　以上のモデルでは SMILES 文字列から抽出した特徴量のみを利用していた．**CheMixNet** [143] というモデルでは，SMILES 文字列だけでなく，特定の部分構造の有無を示す 166 次元の MACCS フィンガープリント [144] も併用する (図 3.6)．部分構造に関する情報も明示的に利用することで，モデルの予測性能を高めた．

SMILES 文字列の特徴抽出には，単語埋め込みを利用したうえで，SMILES2vec と同様の構造や 1 次元 CNN のみを重ねた構造を利用する．MACCS フィンガープリントからの特徴抽出には，全結合層を数層重ねたものを利用する．両方からの特徴抽出で得られた二つのベクトルを一つのベクトルに結合し，全結合層を経て予測値を出力するというモデルになっている．

論文 [143] では，有機太陽光電池の候補ドナー構造を収録した大規模な Harvard CEP データセット [145] と，MoleculeNet から取得できる Tox21 データセット・HIV データセット・FreeSolv データセットなどの小規模なデータセットに対して，SMILES2vec やグラフ畳み込みネット

ワーク [60] を含むモデルと予測性能を比較している．結果として，二つの分子表現を利用する CheMixNet は，単一の分子表現を利用する他のモデルよりも良い予測性能を得たことが報告された．

転移学習の利用　転移学習を利用することでモデルが予測に有用な特徴を抽出できるようにした手法として **Molecular Prediction Model Fine-Tuning** (MolPMoFiT[11]) [146] がある (図 3.7)．これは，事前学習として大量のラベルなし SMILES 文字列を用いてモデルの教師なし学習を実施した後，ネットワークの最終層以外を転移させ，ファインチューニングを行うというものである．大量のラベルなし SMILES 文字列を用いた事前学習により，モデルが化学構造の一般的な特徴をうまく抽出する方法を学習できると期待される．なお，ラベルなし SMILES 文字列は PubChem データベースや ChEMBL データベースなどから容易に取得できるため，多数のサンプルが必要になる点は特に問題にはならないことに注意する．

事前学習で利用するモデルは，再帰型ニューラル言語モデルである．より具体的には，与えられたトークン列に対して，単語埋め込みの後に 3 層の LSTM に通し，LSTM の出力をもとに次に来るトークンの確率分布を出力するモデルである．事前学習には ChEMBL データベースなどから取得したラベルなしの SMILES 文字列を利用し，部分文字列から次のトークンをうまく予測できるように訓練する．この事前学習の後，LSTM の最終層までのネットワークに 2 層の全結合層をつなげたネットワークに対し，予測タスクの訓練データセットでファインチューニングする．

複数のデータセットに対する検証では，MolPMoFiT で提案された転移学習手法を利用することで，利用しない場合よりも予測性能が向上することが確認された．また，論文 [146] では，TTA の実施による性能向上も確認している．

11　著者らによれば，P を読まずに "MOLMOFIT" と発音するそうだ．

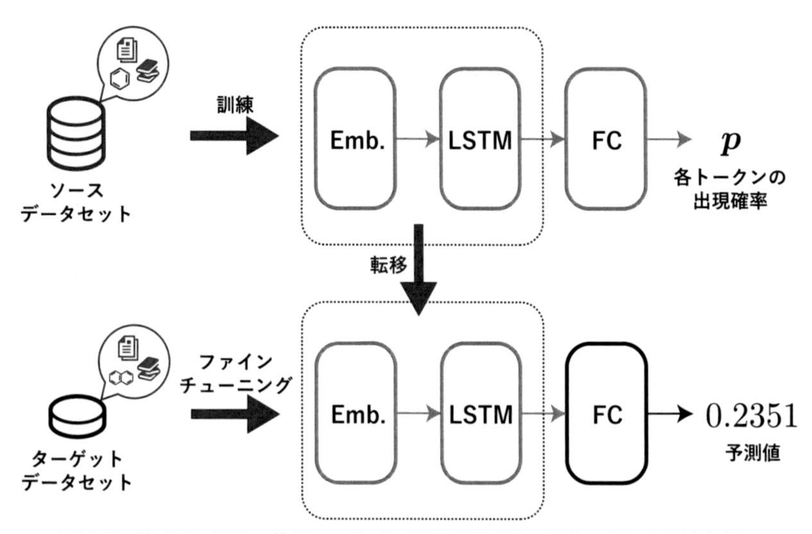

図 3.7　MolPMoFiT の枠組み．Emb. は単語埋め込み層を，FC は全結合層を示す．

(2) Seq2seq を利用した特徴抽出

AE としての利用　MolPMoFiT で提案されているように，多数のラベルなし SMILES 文字列を利用した転移学習は有効である．MolPMoFiT では再帰型ニューラル言語モデルを利用していたが，他にも Seq2seq も利用できる．具体的には，Seq2seq を AE として利用することで，教師なし学習により多数のラベルなし SMILES 文字列から特徴量を抽出できる．以上のように SMILES 文字列から特徴量を抽出する手法として **Seq2seq フィンガープリント** (Seq2seq fingerprint) [147] がある．

はじめに，大量の SMILES 文字列データを用いて，Seq2seq モデルを事前学習させる．Seq2seq モデルは複数個重ねた GRU と注意機構を用いて構成されている．訓練時には，Seq2seq の論文 [101] でも述べられているように，入力された SMILES 文字列を逆順に生成するように訓練する[12]．訓練済みのエンコーダは，パラメータを固定したうえで，SMILES

12　エンコーダが生成する文脈には入力の末尾の情報が最後に加わったのだから，生成も入力の末尾から行う方が文脈の情報を引き出しやすいだろう，というのが直観的な説明である．実際，このように訓練すると性能が向上することが論文 [101] で報告されている．

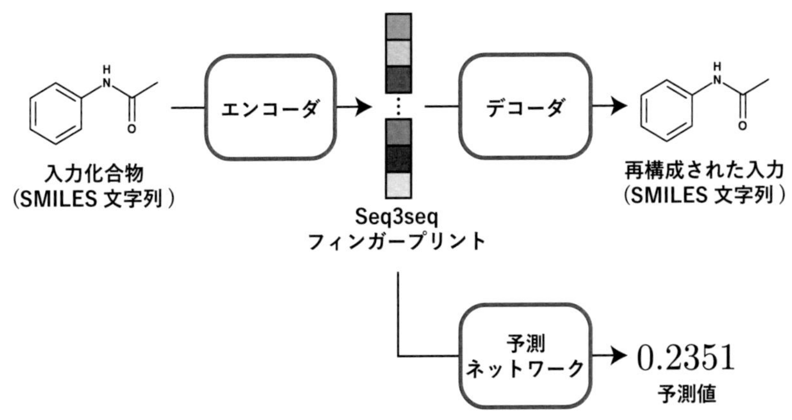

図 3.8 Seq3seq フィンガープリントの計算に利用するネットワークの構造．予測モデルの予測値は，ラベルのついたサンプルに対する損失の計算に利用される．

文字列からの特徴抽出に転移される．具体的には，エンコーダの各 GRU の最終状態を結合して得られる文脈ベクトルを SMILES 文字列から抽出された特徴とみなす．この特徴ベクトルを Seq2seq フィンガープリントと呼ぶ．得られた Seq2seq フィンガープリントは固定長のベクトルとなっているため，これを別の機械学習モデルの入力として利用できる．なお，このように最終状態のみを利用する代わりに，各ステップでの内部状態を全て利用する方法もある [148]．

半教師あり学習の利用　Seq2seq フィンガープリントを改良した手法として，**Seq3seq フィンガープリント** (Seq3seq fingerprint) [149] も提案された (図 3.8)．Seq2seq フィンガープリントでは教師なし学習により SMILES 文字列からの特徴抽出を行っていたが，Seq3seq フィンガープリントでは半教師あり学習により SMILES 文字列からの特徴抽出を行うことで，予測タスクに特化した分子のベクトル表現を得られるようになっている．

このモデルの基本的な構造は，Seq2seq フィンガープリントのモデルと同様の，複数個重ねた GRU による Seq2seq モデルである．この

Seq2seq に加え，エンコーダの出力する文脈ベクトルを入力にとって物性・活性を予測するネットワークが付随している．予測に利用するネットワークとしては，論文中では1層の全結合型ネットワークが利用されている．

訓練時には，大量のラベルなし SMILES 文字列データと，物性・活性のラベルありの SMILES 文字列データを同時に利用する．ラベルなしの SMILES 文字列データ $\boldsymbol{X}$ に対しては，Seq2seq フィンガープリントと同様に，デコーダで $\boldsymbol{X}$ をうまく復元できるように訓練する．一方，SMILES 文字列データ $\boldsymbol{X}$ に対してラベル y が付随している場合は，デコーダで $\boldsymbol{X}$ をうまく復元できるようにするだけでなく，予測ネットワークが y をうまく予測できるように訓練する．つまり，ネットワークのパラメータが $\boldsymbol{W}$ のときのサンプル $\boldsymbol{X}$ に対する損失を，再構成誤差による損失項 $\ell_{\mathrm{rec}}(\boldsymbol{X};\boldsymbol{W})$ と予測による損失項 $\ell_{\mathrm{sup}}(\boldsymbol{X};\boldsymbol{W})$ を用いて

$$\ell(\boldsymbol{X};\boldsymbol{W}) := \ell_{\mathrm{rec}}(\boldsymbol{X};\boldsymbol{W}) + \lambda \ell_{\mathrm{sup}}(\boldsymbol{X};\boldsymbol{W})$$

と定め，得られる損失関数 $\mathcal{L}(\boldsymbol{W})$ を最小化するように訓練する．ここで，$\lambda > 0$ はハイパーパラメータであり，ラベルなしデータについては $\ell_{\mathrm{sup}}(\boldsymbol{X};\boldsymbol{W}) = 0$ と定める．

論文 [149] では，Seq2seq フィンガープリントと Seq3seq フィンガープリントの性能をフィンガープリントの一種である ECFP [150] や 3.3.2 節で説明するニューラルフィンガープリント [151] と比較検討している．Seq3seq フィンガープリントは，他の手法よりも良い予測性能を示すことが確認された．また，Seq2seq フィンガープリントも Seq3seq フィンガープリントには劣るものの，ECFP やニューラルフィンガープリントよりよい性能が得られている．

2種類の文字列の利用　以上で紹介した Seq2seq を利用するモデルは，いずれも入力の SMILES 文字列自身を復元するようになっていた．これにより得られている特徴は，分子自体の特徴というよりも，SMILES 文字列の特徴となっていることに注意する．分子には複数の SMILES 文字列が対応しているが，これら全ての特徴ベクトルが類似したものになって

いる保証はない.

この問題に対処するため，同一の分子を表現する異なる表現の組を用意して，一方から他方を復元できるように訓練する手法が考案された [152, 153]. 例えば，同一の分子を表現する異なる SMILES 文字列の組や，InChI 文字列と正規化された SMILES 文字列の組などが利用できる．このようにすることで，モデルが両者に共通した分子自体の特徴を抽出できるようになると期待される．実際，論文 [152] では，同一の分子を表現する異なる SMILES 文字列の特徴量が互いに似ていることが確認されている．こうしたモデルは，自分自身を復元するオートエンコーダに対して**ヘテロエンコーダ** (hetero-encoder) と呼ばれている.

(3) Transformer を利用したモデル

AE としての利用　前節で紹介した Seq2seq による特徴抽出と同様に，Transformer も AE として利用することで，SMILES 文字列から特徴抽出できる．**SMILES Transformer** [154] では，大量のラベルなし SMILES 文字列データを利用して事前学習したエンコーダを，ネットワークのパラメータを固定したうえで特徴抽出器として転移する.

SMILES Transformer のエンコーダとデコーダでは，それぞれ四つの Transformer ブロックを利用している．入力された系列 $\boldsymbol{X}$ に対して，エンコーダの最終ブロックの出力 $\boldsymbol{Z}$ を平均プーリング・最大値プーリングしたベクトル $z_{\mathrm{mean}}, z_{\mathrm{max}}$ と $\boldsymbol{Z}$ の先頭のベクトル z_1，さらに最終ブロックへの入力 $\boldsymbol{H}$ の先頭のベクトル $\boldsymbol{h}_1$ を用いた $f_X := z_{\mathrm{mean}} \oplus z_{\mathrm{max}} \oplus z_1 \oplus \boldsymbol{h}_1$ を $\boldsymbol{X}$ の特徴ベクトルとして抽出する．論文では，このベクトル f_X を **ST フィンガープリント** (ST fingerprint) と呼んでいる.

SMILES Transformer の性能の検証では，特にラベルありサンプルの数が少ない状況での性能を評価している．MoleculeNet から取得した 10 のデータセットに対して，ST フィンガープリント・Seq2seq フィンガープリント・ECFP (いずれも 1,024 次元) を入力に取る全結合型ネットワークと，ニューラルフィンガープリントを比較した．利用した 10 個のデータセットのうちの 5 個で，ST フィンガープリントは他の手法と比べて，訓練データセットのサイズを変えても平均的に良い性能を示した.

これにより，大量のラベルなし SMILES 文字列データによる事前学習がうまく機能することが示唆された．

SMILES 文字列の正規化タスクによる事前学習　SMILES Transformer では SMILES 文字列から同一の SMILES 文字列を復元していたが，前項で述べたような，同一の分子を表現する異なる表現の組を用いて事前学習するのも効果的である．**Transformer-CNN** [155] では，入力された SMILES 文字列を正規化された SMILES 文字列に変換できるように Transformer を事前学習したエンコーダを，ネットワークのパラメータを固定したうえで特徴抽出器として転移した．転移されたエンコーダは 1 次元の CNN に接続され，CNN のパラメータは予測タスクのデータセットを用いて最適化される．この手法は，Seq2seq モデルで同様に訓練して得られるモデル [153] による特徴量と比べて同等，あるいはそれよりも良い性能を発揮した．訓練の際に入力の SMILES 文字列に対してデータ拡張を利用すると，予測精度が高くなることも確認されている．

マスク復元タスクによる事前学習　Seq2seq や Transformer などの系列変換モデルを利用して特徴量を計算する場合，デコーダは事前学習のみに利用される．物性・活性の予測時にはデコーダを利用しないにもかかわらずデコーダを訓練する必要があるため，こうした手法は計算効率が良くないといえる．そこで，**SMILES-BERT** [156] では Transformer のエンコーダのみを利用して，自己教師あり学習による事前学習を実施することで，大量のラベルなし SMILES 文字列データを効率よく活用した．

事前学習では，SMILES 文字列のマスク復元タスクを利用する．これは，入力された SMILES 文字列の一部をマスクして，マスクされた箇所を正しく復元できるように訓練するというものである．

具体的な操作は次のとおりである．まず，トークン化した SMILES 文字列 X の 15% をランダムに選択する．このとき，少なくとも一つのトークンは選択されるように設定する．選択されたトークンは，85% の確率でマスクされたことを表す特殊記号 ⟨`MASK`⟩ に，10% の確率で語彙に含まれる別のトークンに変更され，5% の確率でそのまま保持される

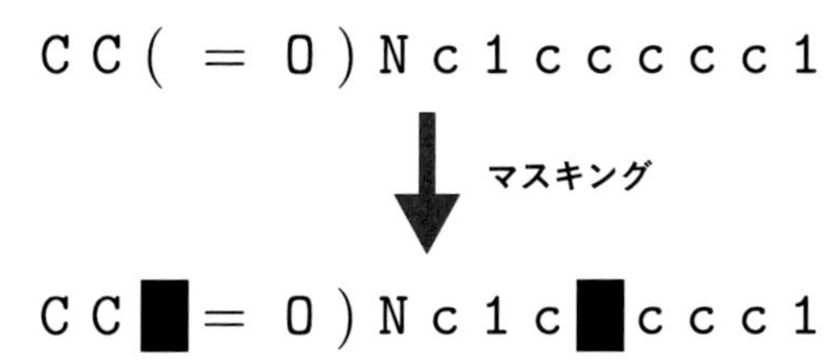

図 3.9 マスキング操作．黒の四角は ⟨MASK⟩ に変化したことを表す．トークンが別種のトークンに変化することもありうる．

(図 3.9)．この後，先頭に記号 ⟨BOS⟩ を追加し，得られた系列 X_{masked} を Transformer のエンコーダに入力することで出力の系列 Z を得る．最後に，X の先頭に ⟨BOS⟩ を追加した X' と，Z とを比較し，損失を計算する．大量のラベルなし SMILES 文字列データを用いて，この損失が小さくなるようにモデルを訓練することで，モデルが SMILES 文字列に関する知識を獲得すると期待される．

続く物性・活性の予測タスクでは，事前学習した Transformer のエンコーダを転移して，パラメータをファインチューニングする．モデルの入力には，トークン化した SMILES 文字列 X の先頭に ⟨BOS⟩ を追加した X' を利用する．モデルに X' を入力して出力された系列 Z' の先頭のベクトル (⟨BOS⟩ に対応するベクトル) z_X を X から抽出された特徴ベクトルとみなし，これを用いて分類・回帰タスクを実施する．

SMILES-BERT による物性・活性予測の性能は，データセットのサイズに依らず，ECFP・ニューラルフィンガープリント・Seq2seq フィンガープリント・Seq3seq フィンガープリントと比較して良くなったことが確認された．このことから，自己教師あり学習による知識の獲得がうまく働いたことが示唆される．

その他の事前学習の利用　MolBERT [157] も，自己教師あり学習を利用する SMILES-BERT と同様のモデルである．事前学習に利用するタスクとして，マスク復元タスク以外にも二つの事前学習タスクを提案し，これらの効果を検証している．

一つは，SMILES 文字列の同等性判定タスクである．このタスクでは，モデルに対して与えられた二つの SMILES 文字列 X_1, X_2 が等しい化合物を表すか否かを判別する．SMILES 文字列 X_1, X_2 のいずれも，先頭には ⟨BOS⟩ が追加されているものとする．二つ目の SMILES 文字列 X_2 は，X_1 と同じ化合物を表す SMILES 文字列か，訓練データセットからランダムにサンプリングした SMILES 文字列になっている．モデルは出力の ⟨BOS⟩ に対応するベクトルから X_1 と X_2 が等しい確率を計算し，クロスエントロピー損失により評価する．

もう一つは，記述子予測タスクである．このタスクでは，与えられた SMILES 文字列 X に対して，RDKit により計算された適当な記述子ベクトル y_X を予測する．同等性判定タスクと同様に，SMILES 文字列 X の先頭には ⟨BOS⟩ が追加されているものとする．モデルは出力の ⟨BOS⟩ に対応するベクトルから y_X の予測値を算出し，平均二乗損失で評価する．

利用する全タスクの損失を平均したものを利用して，モデルのパラメータを最適化する．物性・活性の予測タスクでは，SMILES-BERT と同様に事前学習したモデルを転移して，パラメータをファインチューニングする．

性能を検証した結果，事前学習としてマスク復元タスクと記述子予測タスクを併用した場合に，最も予測性能が良くなったと報告された．特に，VSA (Van der Waals Surface Area) 記述子の予測タスクの効果が強いことが確認されており，予測タスクに関連した事前学習タスクが効果的であることが示唆された．

3.3.2　分子グラフからの予測

SMILES 文字列とは異なり，分子グラフでは原子の隣接関係を明示的に扱える点が特長である．分子グラフを入力とする予測モデルでは，GNN により特徴抽出が行われる．以下では，GNN による特徴抽出手法と，転移学習・Few-shot 学習を活用した予測性能の改善に向けた取り組みをいくつか紹介する．

(1) GNN を用いた特徴抽出

この節では，いくつかの GNN モデルを取り上げ，それぞれのメッセージパッシング操作・リードアウト操作について比較する．GNN に入力されるグラフデータを $\mathcal{G} = ((V, E), X_V, \Xi_E)$ と書くことにする．

ニューラルフィンガープリント 分子の特徴抽出手法として利用される ECFP の計算手順操作を拡張した**ニューラルフィンガープリント** (neural fingerprint) [151] は，0 と 1 の 2 値ベクトルである ECFP とは異なり，実数値のベクトルを出力するようにした GNN である．ニューラルフィンガープリントでは分子グラフ内の各原子 v の r-ホップ近傍 ($r \in [R]$) による誘導部分グラフ，つまり v を中心とする半径 r の部分構造の情報を整数値にハッシュ化する代わりに，1 層の全結合層を利用してベクトルにまとめる．また，部分構造の有無を $0, 1$ の 2 値で判定する代わりに，活性化関数にソフトマックス関数を利用した 1 層の全結合層を用いる．ニューラルネットワークを利用することで，タスクに応じたニューラルフィンガープリントを計算できるようになっている．

グラフデータ $\mathcal{G}$ に対してニューラルフィンガープリントを計算する際の具体的な操作は次のとおりである[13]．まず，r 層目の頂点 v に対する集約操作として

$$\boldsymbol{m}_v^{(r)} = \sum_{w \in N(v)} \boldsymbol{W}_{\deg v}^{(r)} \left(\boldsymbol{h}_w^{(r-1)} \oplus \boldsymbol{\xi}_{vw} \right)$$

でメッセージベクトル $\boldsymbol{m}_v^{(r)}$ を作る ($\boldsymbol{h}_v^{(0)} = \boldsymbol{x}_v$ と定める)．ここで，パラメータ $\boldsymbol{W}_{\deg v}^{(r)}$ は v の次数 $\deg v$ に応じて異なっている．続いて，更新操作を

$$\boldsymbol{h}_v^{(r)} = \mathrm{ReLU} \left(\boldsymbol{W}_{\mathrm{self}}^{(r)} \boldsymbol{h}_v^{(r-1)} + \boldsymbol{m}_v^{(r)} \right)$$

で行う ($\boldsymbol{W}_{\mathrm{self}}^{(r)}$ はパラメータ)．こうして得られた $\boldsymbol{h}_v^{(r)}$ は，v を中心とする半径 r の部分構造の情報を集約したものになっている．なお，ニューラルフィンガープリントのメッセージパッシングでは，辺の情報は更新されていないことに注意する．

13 複数のニューラルフィンガープリントの実装があるが，ここでは元論文 [151] に準じて説明する．

そして R 回のメッセージパッシングの後，グラフデータ $\mathcal{G}$ のニューラルフィンガープリントは

$$z_{\mathcal{G}} = \sum_{v \in V} \sum_{r=0}^{R} \mathrm{softmax}(\boldsymbol{W}_{\mathrm{read}}^{(r)} \boldsymbol{h}_v^{(r)})$$

のリードアウト操作で計算される．ここで，$\boldsymbol{W}_{\mathrm{read}}^{(r)}$ はパラメータである．リードアウト操作は，$\boldsymbol{h}_v^{(r)}$ の表す部分構造の情報を確率ベクトルに変換して足し合わせている操作とみなせる．

Weave　辺の情報も更新する GNN に **Weave** [158] がある．ただし，Weave では辺でつながっていない頂点どうしの影響も考えるため，Weave ではグラフデータ $\mathcal{G}$ のグラフ構造 G を完全グラフとして扱い，辺の特徴ベクトル ξ_{uv} に辺の結合の有無の情報を記録するようになっている．

Weave でのグラフデータ $\mathcal{G}$ に対する具体的な操作は次のとおりである．まず，l 層目の頂点 v に対する集約操作として

$$\boldsymbol{m}_v^{(l)} = \sum_{w \in V} \mathrm{ReLU}(\boldsymbol{W}_1^{(l)} \boldsymbol{e}_{vw}^{(l-1)})$$

でメッセージベクトル $\boldsymbol{m}_v^{(l)}$ を作る ($\boldsymbol{W}_1^{(l)}$ はパラメータ，$\boldsymbol{e}_{vw}^{(0)} = \xi_{vw}$)．続いて，頂点の更新操作を

$$\boldsymbol{h}_v^{(l)} = \mathrm{ReLU}\left(\boldsymbol{W}_3^{(l)}(\mathrm{ReLU}(\boldsymbol{W}_2^{(l)} \boldsymbol{h}_v^{(l-1)}) \oplus \boldsymbol{m}_v^{(l)})\right)$$

で行う ($\boldsymbol{W}_2^{(l)}, \boldsymbol{W}_3^{(l)}$ はパラメータ，$\boldsymbol{h}_v^{(0)} = \boldsymbol{x}_v$)．同様に，辺の集約操作は，

$$\boldsymbol{\mu}_{vw}^{(l)} = \mathrm{ReLU}\left(\boldsymbol{W}_4^{(l)}(\boldsymbol{h}_v^{(l-1)} \oplus \boldsymbol{h}_w^{(l-1)})\right) + \mathrm{ReLU}\left(\boldsymbol{W}_5^{(l)}(\boldsymbol{h}_w^{(l-1)} \oplus \boldsymbol{h}_v^{(l-1)})\right)$$

で行い，更新操作は

$$\boldsymbol{e}_{vw}^{(l)} = \mathrm{ReLU}\left(\boldsymbol{W}_7^{(l)}(\mathrm{ReLU}(\boldsymbol{W}_6^{(l)} \boldsymbol{e}_{vw}^{(l-1)}) \oplus \boldsymbol{\mu}_{vw}^{(l)})\right)$$

で行う ($\boldsymbol{W}_4^{(l)}, \boldsymbol{W}_5^{(l)}, \boldsymbol{W}_6^{(l)}, \boldsymbol{W}_7^{(l)}$ はパラメータ)．このメッセージパッシングでは，頂点の情報が辺の情報に寄与し，逆に辺の情報も頂点の情報に寄与している．これにより，頂点と辺の関係性を捉えようとしている．

そして L 回のメッセージパッシングの後，グラフデータ $\mathcal{G}$ の特徴量は

$$z_{\mathcal{G}} = \sum_{v \in V} f(\boldsymbol{h}_v^{(L)})$$

のリードアウト操作で計算される．ここで，f は次の操作を行う関数である．まず，複数の 1 次元正規分布 $\mathcal{N}(x \mid \mu_i, \sigma_i^2)$ $(i = 1, \ldots, k)$ をあらかじめ用意しておき，ベクトルの各要素 h に対して

$$s_i(h) = \frac{\mathcal{N}(h \mid \mu_i, \sigma_i^2)}{\mathcal{N}(\mu_i \mid \mu_i, \sigma_i^2)}$$

を計算する[14]．続いて，$\boldsymbol{s}(h) = (s_1(h), \ldots, s_k(h))^\top$ として $\boldsymbol{\alpha}(h) = \mathrm{softmax}(\boldsymbol{s}(h))$ を計算する．最後に，$\boldsymbol{\alpha}(h)$ を全て結合したベクトルを f の出力とする．このリードアウト操作により，頂点の特徴量 $\boldsymbol{h}_v^{(L)}$ の各要素の分布を捉えようとしている．

グラフ畳み込みネットワーク　スペクトルグラフウェーブレット変換 [159] を元にして**グラフ畳み込みネットワーク**[15](Graph Convolutional Network, GCN) [60] が提案された．GCN でのグラフデータ $\mathcal{G}$ に対する具体的な操作は次のとおりである．まず，l 層目の頂点 v に対する集約操作では

$$\boldsymbol{m}_v^{(l)} = \sum_{w \in N[v]} \frac{1}{\sqrt{(\deg v + 1)(\deg w + 1)}} \boldsymbol{h}_w^{(l-1)}$$

でメッセージベクトル $\boldsymbol{m}_v^{(l)}$ を作る[16]($\boldsymbol{h}_v^{(0)} = \boldsymbol{x}_v$)．ここで，$N[v]$ は v の閉近傍である．続いて，更新操作は

$$\boldsymbol{h}_v^{(l)} = \mathrm{ReLU}(\boldsymbol{W}^{(l)} \boldsymbol{m}_v^{(l)})$$

で行う ($\boldsymbol{W}^{(l)}$ はパラメータ)．リードアウト操作は論文中では指定されていない[17]．GCN は計算が比較的軽量である代わりに，辺の情報が利用さ

14　$s_i(h)$ の分母は，$s_i(h)$ の値域を $[0, 1]$ にする役割を持つ．

15　GNN 一般を指して「グラフ畳み込みネットワーク」と呼称する文献もあるので注意しておく．

16　$\boldsymbol{h}_w^{(l-1)}$ の係数は正規化のための項である．グラフの各頂点には自己ループが存在すると見なしているため，分母に $\deg v + 1$ の項が現れている．

17　元論文 [60] の主題が頂点の分類問題であるため，リードアウト操作を必要としない．

れていないことに注意する．化学分野では辺（結合）の情報も重要になることが多いため，辺の情報を考慮した GCN ベースのモデルを使うこともある．

Message Passing Neural Network　密度汎関数理論 (Density Functional Theory, DFT) による量子化学計算の結果を予測するため，**Message Passing Neural Network** (MPNN) [160] が開発された．MPNN は，ゲート付き GNN (Gated Graph Neural Network, GGNN) [161] をベースにしたものになっている．

MPNN でのグラフデータ $\mathcal{G}$ に対する具体的な操作は次のとおりである[18]．はじめに，各頂点 v の特徴ベクトル $\boldsymbol{x}_v$ は，パディングや全結合型ニューラルネットワークにより d 次元の潜在ベクトル $\boldsymbol{h}_v^{(0)}$ に変換される．次に，l 層目の頂点 v に対する集約操作では

$$\boldsymbol{m}_v^{(l)} = \sum_{w \in N(v)} A(\xi_{vw}) \boldsymbol{h}_w^{(l-1)}$$

でメッセージベクトル $\boldsymbol{m}_v^{(l)}$ を作る．ここで，辺の特徴ベクトルの次元を k とすると，$A \colon \mathbb{R}^k \to \mathrm{Mat}_d(\mathbb{R})$ は全結合型ニューラルネットワークである．続いて，更新操作は GRU を用いて

$$\boldsymbol{h}_v^{(l)} = \mathrm{GRU}(\boldsymbol{m}_v^{(l)}; \boldsymbol{h}_v^{(l-1)})$$

で行う．なお，$\mathrm{GRU}(\cdot; \boldsymbol{h})$ の $\boldsymbol{h}$ は内部状態を表し，GRU のパラメータは頂点に依らず同じである．GRU を利用することで，各層での $\boldsymbol{h}_v^{(l)}$ の情報が保持されるようにしている．

メッセージパッシングを L 回経た後，グラフデータ $\mathcal{G}$ の特徴量を

$$z_{\mathcal{G}} = \mathrm{S2S}(\{\!\{ \boldsymbol{h}_v^{(L)} \mid v \in V \}\!\})$$

のリードアウト操作で計算する．ここで，S2S は Set2Set [63] と呼ばれるニューラルネットワークであり，内部で LSTM や注意機構を利用することで置換不変性を担保している．

18　ここでは，論文 [160] で最も性能が良くなったとされているものを紹介する．

Graph Isomorphism Network GNN モデルの表現力の理論的解析をもとに，**Graph Isomorphism Network** (GIN) [162] が設計された．GIN は，二つのグラフが異なることを検出する Weisfeiler–Lehman グラフ同型性テスト [163] と同じ表現力を持つことが理論的に示されている．

GIN でのグラフデータ $\mathcal{G}$ に対する具体的な操作は次のとおりである．まず，l 層目の頂点 v に対する集約操作では

$$\boldsymbol{m}_v^{(l)} = \sum_{w \in N[v]} \boldsymbol{h}_w^{(l-1)}$$

でメッセージベクトル $\boldsymbol{m}_v^{(l)}$ を作る ($\boldsymbol{h}_v^{(0)} = \boldsymbol{x}_v$)．続いて，更新操作は

$$\boldsymbol{h}_v^{(l)} = f_{\boldsymbol{W}^{(l)}}(\varepsilon^{(l)}\boldsymbol{h}_v^{(l-1)} + \boldsymbol{m}_v^{(l)})$$

で行う．ここで，$\varepsilon^{(l)}$ はパラメータで，$f_{\boldsymbol{W}^{(l)}}$ は $\boldsymbol{W}^{(l)}$ をパラメータに持つ 2 層以上の全結合型ニューラルネットワークである．

メッセージパッシングを L 回経た後，グラフデータ $\mathcal{G}$ の特徴量は，各層で得られた特徴ベクトルを全てまとめて

$$z_{\mathcal{G}} = g\left(\{\!\{\boldsymbol{h}_v^{(0)} \mid v \in V\}\!\}\right) \oplus \cdots \oplus g\left(\{\!\{\boldsymbol{h}_v^{(L)} \mid v \in V\}\!\}\right)$$

のリードアウト操作で計算する．ここで，g は総和や平均などの置換不変な操作を表す．

GIN では辺の特徴量は利用されないので，これを拡張したモデル (GIN-E) も提案されている [164]．これは，グラフの各頂点に自己ループ辺を追加したうえで，GIN での頂点 v に対するメッセージパッシング操作を

$$\boldsymbol{m}_v^{(l)} = \sum_{w \in N[v]} \left(\boldsymbol{h}_w^{(l-1)} + \textsc{Emb}^{(l)}(\xi_{vw}^{(l)})\right)$$

$$\boldsymbol{h}_v^{(l)} = \mathrm{ReLU}\left(f_{\boldsymbol{W}^{(l)}}\left(\boldsymbol{m}_v^{(l)}\right)\right)$$

と変更したモデルになっている．ここで，$\textsc{Emb}^{(l)}$ は辺の特徴ベクトル $\xi_{vw}^{(l)}$ を $\boldsymbol{h}_w^{(l-1)}$ と同じ次元に埋め込む単語埋め込みである．ただし，最終層におけるメッセージパッシングでは，負の値も取れるように更新時に ReLU は利用しない．また，メッセージパッシングを L 回経た後のリードアウ

ト操作も，頂点の潜在ベクトルの平均を取る操作

$$z_{\mathcal{G}} = \frac{1}{|V|}\sum_{v \in V} \boldsymbol{h}_v^{(L)}$$

に変更されている．

Directed Message Passing Neural Network　頂点の特徴量を更新する代わりに辺の特徴量を更新する GNN に **Directed Message Passing Neural Network** (D-MPNN) [165] がある．D-MPNN では，グラフ G の各辺 uv に対し，u から v に向かう辺と v から u に向かう辺を区別するようにする．このように，グラフ G を有向グラフとして扱うことで，情報の伝播の方向を明示的にモデリングしている．

D-MPNN でのグラフデータ $\mathcal{G}$ に対する具体的な操作は次のとおりである (図 3.10)．はじめに，各有向辺 vw の特徴ベクトル ξ_{vw} は，

$$\boldsymbol{e}_{vw}^{(0)} = \mathrm{ReLU}\left(\boldsymbol{W}_{\mathrm{init}}(\boldsymbol{x}_v \oplus \xi_{vw})\right)$$

で初期の潜在ベクトルに変換される ($\boldsymbol{W}_{\mathrm{init}}$ はパラメータ)．次に，l 層目の辺 vw に対する集約操作では，辺の始点 v に向かう wv 以外の辺の潜在ベクトルの和

$$\boldsymbol{\mu}_{vw}^{(l)} = \sum_{u \in N(v), u \neq w} \boldsymbol{e}_{uv}^{(l-1)}$$

でメッセージベクトル $\boldsymbol{\mu}_{vw}^{(l)}$ を作る．続いて，更新操作は

$$\boldsymbol{e}_{vw}^{(l)} = \mathrm{ReLU}\left(\boldsymbol{e}_{vw}^{(0)} + \boldsymbol{W}^{(l)}\boldsymbol{\mu}_{vw}^{(l)}\right)$$

で行う ($\boldsymbol{W}^{(l)}$ はパラメータ)．

メッセージパッシングを L 回経た後，各頂点 v の特徴量を

$$\boldsymbol{m}_v = \sum_{w \in N(v)} \boldsymbol{e}_{vw}^{(L)}$$

$$\boldsymbol{h}_v = \mathrm{ReLU}\left(\boldsymbol{W}_{\mathrm{read}}(\boldsymbol{x}_v \oplus \boldsymbol{m}_v)\right)$$

で計算し，グラフデータ $\mathcal{G}$ の特徴量を

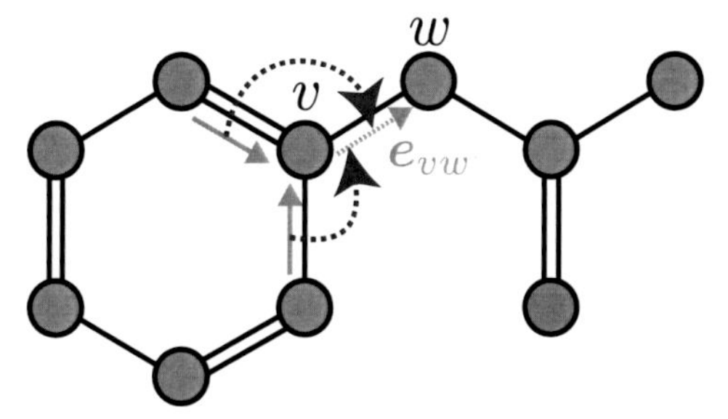

図 3.10 D-MPNN でのメッセージパッシング操作．ベクトル e_{vw} の更新には，辺の始点 v に向かう wv 以外の辺の潜在ベクトルの情報が利用される．

$$z_{\mathcal{G}} = \sum_{v \in V} \boldsymbol{h}_v$$

のリードアウト操作で計算する (W_{read} はパラメータ).

なお，論文 [165] ではグラフデータ $\mathcal{G}$ の特徴量 $z_{\mathcal{G}}$ と合わせて RDKit などによる記述子を併用することも検討している．実際，記述子が取り組むタスクに関連している場合やデータセットサイズが小さい場合に，記述子の併用により予測性能が向上したことが確認された．

Hierarchical Inter-Message Passing GNN 1 回のメッセージパッシング操作では各原子 v に対する開近傍 $N(v)$ の情報が取得できるが，離れた頂点の情報を捉えるには複数回のメッセージパッシング操作が必要になる．このような離れた頂点の情報を捉える仕組みを導入する試みも，これまでに多数なされている．

Hierarchical Inter-Message Passing GNN (HIMP-GNN) [166] では，分子の環構造のような部分構造どうしの繋がりを捉えるために，分子グラフを粗視化した木構造のグラフを補助的に用いる．メッセージパッシングの際に両方のグラフの情報を相互に利用することで，離れた頂点の情報も捉えられると期待される．

グラフの粗視化には，グラフの**木分解** (tree decomposition) を利用する．まずはこれを定義しておく．グラフ $G = (V, E)$ に対して $C = \{C_1, \ldots, C_m\}$ を G の部分グラフの集合とする．また，グラフ

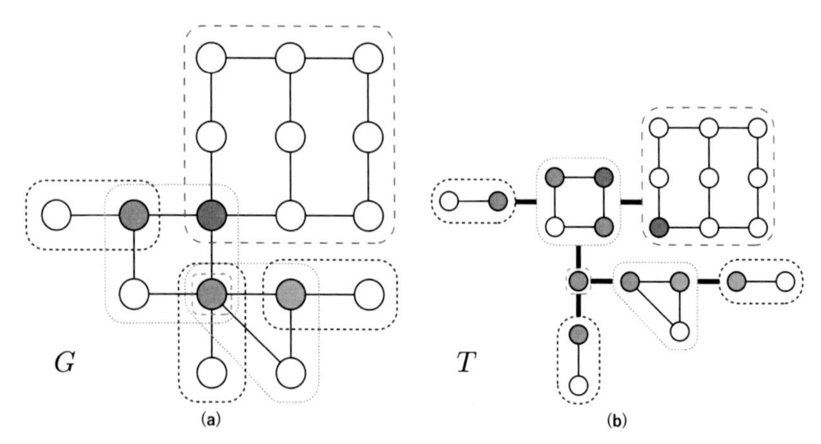

図 3.11　グラフの木分解．点線で囲まれている部分グラフがクラスタであり，木分解アルゴリズムでのクラスタ生成の手続きが点線の種類ごとに異なっている．色のついている頂点は，複数のクラスタに共有されている頂点であることを表す．(a) グラフ G．(b) グラフ G のジャンクション木 T．クラスタが T の頂点，太線が T の辺である．

$T = (\mathcal{C}, F)$ は木であるとする．このとき，組 $(T, \mathcal{C})$ が G の木分解であるとは，次の二つが成立することをいう．

(1) 全ての $C_i \in \mathcal{C}$ の和が G になる: $\bigcup_{i=1}^{m} C_i = G$.

(2) 任意の三つの $C_i, C_j, C_k \in \mathcal{C}$ に対し，T 上の C_i, C_j-パスに C_k が含まれているとき，$V(C_i) \cap V(C_j) \subseteq V(C_k)$ となる．

条件 (1) は，G のどの頂点 v もある C_i に含まれており，G のどの辺 e もある C_j に含まれていることを保証する条件である．条件 (2) は，$V(C_i)$ と $V(C_j)$ に共通して含まれる頂点 v は必ず $V(C_k)$ にも含まれることを述べており，T が元の G の隣接関係をきちんと反映していることを意味する．この意味で，G の木分解で得られる T は G の粗視化とみなせる．グラフ G の木分解で得られた木 T を**ジャンクション木** (junction tree) と呼び，$C \in \mathcal{C}$ を**クラスタ** (cluster) と呼ぶ．なお，一般に G の木分解は一意的でないことに注意する．図 3.11 にグラフの木分解の例を示す．

分子グラフ $G = (V, E)$ に対する具体的な木分解の一つを得る手続きとして，次のアルゴリズムが知られている [167].

1. $\mathcal{C}_1 \leftarrow \{ G[\{u,v\}] \mid uv$ は G の橋 $\}$;
2. $\mathcal{C}_2 \leftarrow \{ G[W] \mid W$ は G の極小サイクルに含まれる頂点 $\}$;
3. $\mathcal{C}_2$ に含まれる部分グラフ R_1, R_2 で，R_1 と R_2 の両方に含まれる頂点の数が 3 以上のものがあれば $\mathcal{C}_2 \leftarrow \mathcal{C}_2 \setminus \{ R_1, R_2 \} \cup \{ R_1 \cup R_2 \}$ と更新し，そのような組 R_1, R_2 がなくなるまで反復;
4. $\mathcal{C}_0 \leftarrow \{ G[\{v\}] \mid v$ は $\mathcal{C}_1 \cup \mathcal{C}_2$ の部分グラフ三つ以上に含まれる $\}$;
5. $\mathcal{C} \leftarrow \mathcal{C}_0 \cup \mathcal{C}_1 \cup \mathcal{C}_2$;
6. $F' \leftarrow \{ C_1C_2 \mid C_1, C_2 \in \mathcal{C}, |V(C_1) \cap V(C_2)| \geq 1 \}$;
7. 各辺 $f = C_1C_2 \in F'$ の重み w_f を，$C_1 \in \mathcal{C}_0$ または $C_2 \in \mathcal{C}_0$ のとき $w_f \leftarrow \infty$，そうでないとき $w_f \leftarrow 1$ と設定;
8. 辺重み w つきグラフ $G' = (\mathcal{C}, F')$ の最大全域木 $T = (\mathcal{C}, F)$ を出力;

手順 1 では，分子グラフ G の環構造に含まれない辺をクラスタの候補に設定している．手順 2 では，分子グラフ G の環構造をクラスタの候補に設定している．この操作は分子グラフに対しては RDKit の GetSymmSSSR 関数で実行できる．手順 3 では，分子グラフ内の架橋縮合環を構成する複数のクラスタ候補を一つにまとめる操作である．手順 4 では，三つ以上のクラスタ候補に含まれる 1 点をクラスタ候補に昇格させている．手順 5 で，クラスタの集合を確定させている．手順 6 では，頂点を一つでも共有するクラスタを辺で結んだグラフ $(\mathcal{C}, F')$ を作っている．手順 7 では，手順 4 で追加したクラスタを端点に持つ辺を，出力のジャンクション木に必ず含めるようにするための操作である．手順 8 では，手順 7 の重み付けによって，アルゴリズムが出力するジャンクション木が一意的になるようにしている[19]．図 3.11 (b) のジャンクション木は，以上のアルゴリズムを図 3.11 (a) のグラフに適用することで得られる．

19　手順 4 で追加したクラスタ C と C に隣接するクラスタたちは，手順 6 で作るグラフ $(\mathcal{C}, F')$ で完全グラフの構造 (クリーク) をなす．クリークに含まれる辺の重みが全て 1 では，最大全域木を一意的に確定できない．

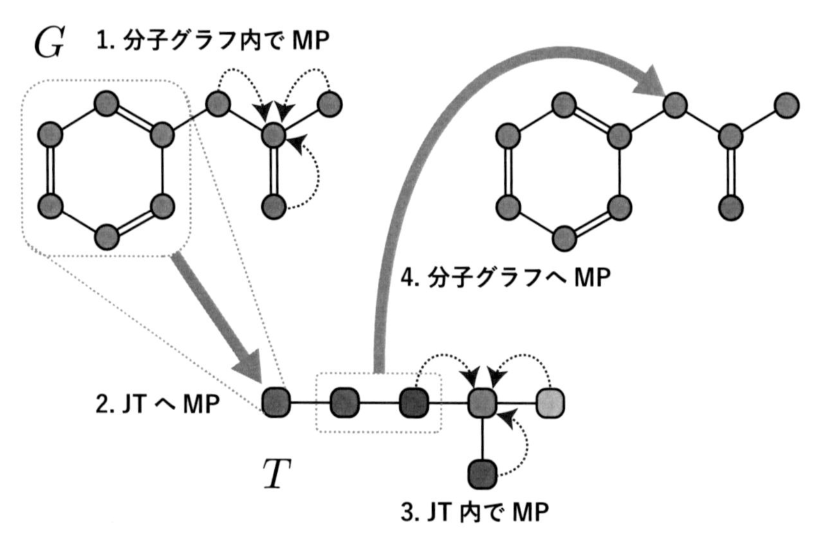

図 3.12　HIMP-GNN のメッセージパッシング操作．MP はメッセージパッシング，JT はジャンクション木を表す．

HIMP-GNN でのグラフデータ $\mathcal{G}$ に対する具体的な操作を説明する．まず，グラフ $G = (V, E)$ を上記のアルゴリズムで木分解し，ジャンクション木 $T = (\mathcal{C}, F)$ を得る．ジャンクション木の頂点 C の特徴ベクトル $\boldsymbol{y}_C$ は，C が単一頂点・辺・サイクル・サイクルをまとめたもののいずれに由来するかを表す 4 次元の one-hot ベクトルとする．頂点 $v \in V$ の初期の潜在ベクトル $\boldsymbol{h}_v^{(0)}$ と $C \in \mathcal{C}$ の初期の潜在ベクトル $\boldsymbol{\eta}_C^{(0)}$ は，単語埋め込みなどを利用して両者の次元が等しくなるように設定する．

メッセージパッシング l 層目では，まず G の中でメッセージパッシングを行う (図 3.12 の 1)．メッセージパッシングには，GIN-E[20]のメッセージパッシング操作を用いて

$$\boldsymbol{\phi}_v^{(l)} = \text{GIN-E}^{(l)}\left(\boldsymbol{h}_v^{(l-1)}; G, \boldsymbol{H}_V^{(l-1)}, \Xi_E\right)$$

と頂点の仮の潜在ベクトルを作る ($\boldsymbol{H}_V^{(l-1)}$ は $\boldsymbol{h}_v^{(l-1)}$ たちをまとめたもの)．

20　正確には，既に紹介した GIN-E の変種である．自己ループを利用せず，GIN-E の更新操作を GIN と同様に変更したものを利用している．

続いて，G から T へのメッセージパッシングを実施することで，G の仮の潜在ベクトルを T に伝播させる (図 3.12 の 2)．T の頂点 $C \in \mathcal{C}$ に対する集約操作は，C に属する全ての頂点 v の仮の潜在ベクトルの和

$$\boldsymbol{\mu}_C^{(l)} = \sum_{v \in V(C)} \boldsymbol{\phi}_v^{(l)}$$

で計算し，更新操作では

$$\boldsymbol{\psi}_C^{(l)} = \boldsymbol{\eta}_C^{(l-1)} + \mathrm{ReLU}(\boldsymbol{W}_{\mathrm{GT}}^{(l)} \boldsymbol{\mu}_C^{(l)})$$

とする ($\boldsymbol{W}_{\mathrm{GT}}^{(l)}$ はパラメータ)．

次に，T の中でメッセージパッシングを行う (図 3.12 の 3)．メッセージパッシングには，GIN のメッセージパッシング操作を用いて

$$\boldsymbol{\eta}_C^{(l)} = \mathrm{GIN}^{(l)} \left(\boldsymbol{\psi}_C^{(l)}; T, \boldsymbol{\Psi}_C^{(l)} \right)$$

と頂点の潜在ベクトルを更新する ($\boldsymbol{\Psi}_C^{(l)}$ は $\boldsymbol{\psi}_C^{(l)}$ たちをまとめたもの)．

最後に，T から G へのメッセージパッシングを実施することで，T の頂点の潜在ベクトルを G に伝播させる (図 3.12 の 4)．G の頂点 $v \in V$ に対する集約操作は，v を含む全てのクラスタ C の潜在ベクトルの和

$$\boldsymbol{m}_v^{(l)} = \sum_{C \in \mathcal{C}, V(C) \ni v} \boldsymbol{\eta}_C^{(l)}$$

で計算し，更新操作では

$$\boldsymbol{h}_v^{(l)} = \boldsymbol{\phi}_v^{(l)} + \mathrm{ReLU}(\boldsymbol{W}_{\mathrm{TG}}^{(l)} \boldsymbol{m}_v^{(l)})$$

とする ($\boldsymbol{W}_{\mathrm{TG}}^{(l)}$ はパラメータ)．以上のように，G と T の頂点の潜在ベクトルの情報が相互に受け渡されている．

メッセージパッシングを L 回経た後，グラフデータ $\mathcal{G}$ の特徴量を

$$\boldsymbol{z}_{\mathcal{G}} = \left(\sum_{v \in V} \boldsymbol{h}_v^{(L)} \right) \oplus \left(\sum_{C \in \mathcal{C}} \boldsymbol{\eta}_C^{(L)} \right)$$

のリードアウト操作で計算する．ジャンクション木でのメッセージパッシングを補助的に利用することで，少ない層数で高い予測性能を得たことが報告されている．

Path-Augmented Graph Transformer Network　離れた頂点の情報を捉える仕組みとして，**Path-Augmented Graph Transformer Network** (PAGTN) [168] では任意の 2 点間の特徴量を明示的に与えたグラフデータを作る．具体的には，頂点数 n のグラフ G の異なる 2 頂点 v, w 間で情報をやり取りできるように v, w-パスの特徴ベクトル $\boldsymbol{p}_{vw}$ を定めて，任意の 2 点間の特徴ベクトルをまとめた $\boldsymbol{P}_{\mathrm{path}}$ を利用して作った完全グラフデータ $\mathcal{K} = (K_n, \boldsymbol{X}_V, \boldsymbol{P}_{\mathrm{path}})$ に対してメッセージパッシングを適用した．PAGTN では，Graph Attention Network (GAT) [169] で提案されている自己注意機構のような集約操作と全結合層による更新操作を利用しており，メッセージパッシング層が Transformer ブロックのようになっている．

パス長に関するしきい値 T が定まっているものとし，異なる 2 頂点 v, w に対し，v, w-パスの特徴ベクトル $\boldsymbol{p}_{vw}$ を次のとおりに作る (図 3.13)．まず，最短の v, w-パス $P = (v_0, e_1, v_1, \ldots, e_d, v_d)$ $(v_0 = v, v_d = w)$ を任意に一つ選び，P を構成する辺の特徴量の列 $\xi_{e_1}, \ldots, \xi_{e_d}$ を取得する[21]．次に，$\boldsymbol{e}_{vw} = \boldsymbol{\xi}_{e_1} \oplus \cdots \oplus \boldsymbol{\xi}_{e_T}$ と定める．ただし，$d < T$ の場合は $\boldsymbol{\xi}_{e_t} = \boldsymbol{0}$ $(t = d+1, \ldots, T)$ と定める (ゼロパディング)．最後に，v, w-パスの長さを T 次元の one-hot ベクトルにした $\boldsymbol{d}_{vw}$ と，v, w が同一の環に含まれるか否かを表す one-hot ベクトル $\boldsymbol{r}_{vw}$ を結合して，$\boldsymbol{p}_{vw} = \boldsymbol{e}_{vw} \oplus \boldsymbol{d}_{vw} \oplus \boldsymbol{r}_{vw}$ を v, w-パスの特徴ベクトルとする．

PAGTN でのグラフデータ $\mathcal{K}$ に対する具体的な操作は次のとおりである．はじめに，各頂点 v の特徴ベクトル $\boldsymbol{x}_v$ は，バイアス項のない 1 層の全結合層で潜在ベクトル $\boldsymbol{h}_v^{(0)}$ に変換される．次に，l 層目の頂点 v に対する集約操作では注意機構[22]を利用する．頂点 v に対する w のスコアを

$$\sigma_{vw}^{(l)} = \boldsymbol{W}_{\mathrm{sc},2}^{(l)} \left(\text{L-ReLU} \left(\boldsymbol{W}_{\mathrm{sc},1}^{(l)} (\boldsymbol{h}_v^{(l-1)} \oplus \boldsymbol{h}_w^{(l-1)} \oplus \boldsymbol{p}_{vw}) \right) \right) \quad (w \neq v)$$

で計算する ($\boldsymbol{W}_{\mathrm{sc},1}^{(l)}, \boldsymbol{W}_{\mathrm{sc},2}^{(l)}$ はパラメータ)．ここで，$\text{L-ReLU}(x) := \max$

21　分子グラフには環構造があるため，最短パスが一つに定まらない場合がある．この場合，パスの選択はモデルの性能に影響する可能性がある．

22　ここで利用する注意機構は，自分自身の寄与率を計算しないようになっているため，正確には自己注意機構ではない．

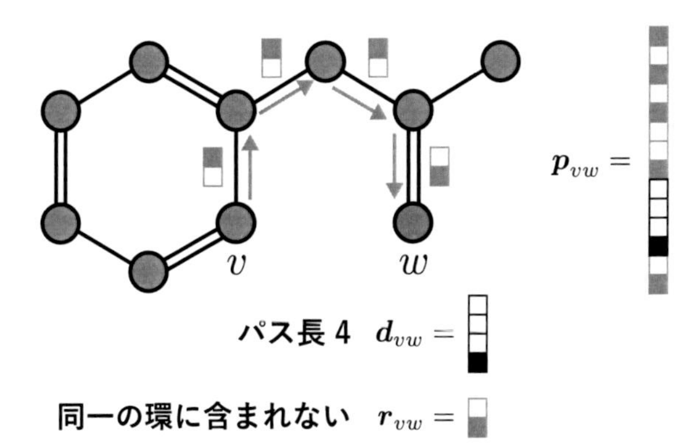

図 3.13　PAGTN でのパスの特徴ベクトルの作り方．$T = 4$ としている．

(x, ax) は **Leaky ReLU** [170] と呼ばれる活性化関数で，$a \in (0, 1)$ は小さく設定されるハイパーパラメータである．これをまとめたベクトル $\boldsymbol{\sigma}_v^{(l)}$ から寄与率 $\boldsymbol{\alpha}_v^{(l)} = \mathrm{softmax}(\boldsymbol{\sigma}_v^{(l)})$ を計算し，メッセージベクトルを

$$\boldsymbol{m}_v^{(l)} = \sum_{w \neq v} \alpha_{vw}^{(l)} \left(\boldsymbol{h}_w^{(l-1)} \oplus \boldsymbol{p}_{vw} \right)$$

とする．続いて，更新操作は

$$\boldsymbol{h}_v^{(l)} = \mathrm{ReLU}\left(\boldsymbol{W}_{\mathrm{self}}^{(l)} \boldsymbol{h}_v^{(l-1)} + \boldsymbol{W}_{\mathrm{msg}}^{(l)} \boldsymbol{m}_v^{(l)} \right)$$

で行う ($\boldsymbol{W}_{\mathrm{self}}^{(l)}, \boldsymbol{W}_{\mathrm{msg}}^{(l)}$ はパラメータ)．以上の操作ではヘッド数 1 の注意機構の場合を説明したが，マルチヘッドに拡張してもよい．

メッセージパッシングを L 回経た後，グラフデータ $\mathcal{G}$ の特徴量を

$$\boldsymbol{z}_{\mathcal{G}} = \sum_{v \in V} \mathrm{ReLU}\left(\boldsymbol{W}_{\mathrm{read}} (\boldsymbol{h}_v^{(L)} \oplus \boldsymbol{x}_v) \right)$$

のリードアウト操作で計算する ($\boldsymbol{W}_{\mathrm{read}}$ はパラメータ)．複数のデータセットでの予測による検証で，PAGTN は GCN よりも良い予測性能を発揮したことが報告されている．また，パスの長さが T より長い頂点については辺を張らないように変更すると予測性能が悪化したことから，完全グラフ上でメッセージパッシングを実施することでうまく分子全体の特徴量を抽出できることが示唆された．

Molecule Attention Transformer　Transformer の構造になっている GNN として，PAGTN の他には **Molecule Attention Transformer** (MAT) [171] もある．MAT では，Transformer でのマルチヘッド自己注意機構のサブレイヤーを分子グラフに特化させた**分子自己注意機構** (molecule self-attention) を利用している．なお，以下の説明では，煩雑さを避けるためにレイヤー正規化の操作を明示していないことに注意する．

まず，グラフ G に対してダミー頂点 δ を追加しておく．ダミー頂点 δ はどの頂点とも隣接していないものとし，どの原子とも異なる仮想的な原子として扱う．ダミー頂点を加えた後のグラフを改めて G と書くことにして，G の頂点数を n とする．

そして，G の隣接行列を $\boldsymbol{A}_G = (\boldsymbol{a}_1, \ldots, \boldsymbol{a}_n)$，各原子間の距離を計算した行列を $\boldsymbol{D}_G = (\boldsymbol{d}_1, \ldots, \boldsymbol{d}_n)$ とする．行列 $\boldsymbol{D}_G$ は，立体構造の情報がなかったとしても，`RDKit` などにより簡易的に計算できることに注意する．なお，ダミー頂点は全ての原子から距離 10^6 の位置にあり，他の原子と全く関係のない原子として扱われる．このような設定により，注意機構で寄与率が高い原子が分子内に無いとみなされたときにダミー原子に寄与率が集中するようにできると期待される．

MAT では分子自己注意機構を利用するため，グラフデータ $\mathcal{K} = (K, X_V, \Xi_E)$ に対するメッセージパッシング操作になる．ここで，K は K_n に自己ループを加えたグラフである．

はじめに，l 層目の頂点 v に対する集約操作では H 個のヘッドでの分子自己注意機構を利用する．頂点の潜在ベクトルの次元を d とする．まず，ヘッド h に対する各頂点 v のキー・バリュー・クエリを

$$
\begin{aligned}
\boldsymbol{k}_v^{(h,l)} &= \boldsymbol{W}_{\mathrm{K}}^{(h,l)} \boldsymbol{h}_v^{(l-1)} \in \mathbb{R}^k \\
\boldsymbol{v}_v^{(h,l)} &= \boldsymbol{W}_{\mathrm{V}}^{(h,l)} \boldsymbol{h}_v^{(l-1)} \in \mathbb{R}^m \\
\boldsymbol{q}_v^{(h,l)} &= \boldsymbol{W}_{\mathrm{Q}}^{(h,l)} \boldsymbol{h}_v^{(l-1)} \in \mathbb{R}^k
\end{aligned}
$$

で計算する ($\boldsymbol{W}_{\mathrm{K}}^{(h,l)}, \boldsymbol{W}_{\mathrm{V}}^{(h,l)}, \boldsymbol{W}_{\mathrm{Q}}^{(h,l)}$ はパラメータ)．頂点 v に対する w のスコアは，スケール化内積スコアにより

$$\sigma_{vw}^{(l)} = \frac{1}{\sqrt{k}} \boldsymbol{q}_v^{(h,l)} \cdot \boldsymbol{k}_v^{(h,l)}$$

とする．これをまとめたベクトル $\boldsymbol{\sigma}_v^{(h,l)} \in \mathbb{R}^n$ から寄与率 $\boldsymbol{\alpha}_v^{(h,l)} = (\alpha_{v,1}^{(h,l)}, \ldots, \alpha_{v,n}^{(h,l)})^\top = \mathrm{softmax}(\boldsymbol{\sigma}_v^{(h,l)})$ を計算する．ここまでは通常の Transformer と同じであるが，分子自己注意機構では，この寄与率に頂点の隣接関係と頂点間の距離の情報を加味して新たな寄与率 $\boldsymbol{\beta}_v^{(h,l)}$ を

$$\boldsymbol{\beta}_v^{(h,l)} = \begin{pmatrix} \beta_{v1}^{(h,l)} \\ \vdots \\ \beta_{vn}^{(h,l)} \end{pmatrix} = \lambda_{\mathrm{att}} \boldsymbol{\alpha}_v^{(h,l)} + \lambda_{\mathrm{adj}} \boldsymbol{a}_v + \lambda_{\mathrm{dis}} g(\boldsymbol{d}_v)$$

により更新する[23]．ここで，$\lambda_{\mathrm{att}}, \lambda_{\mathrm{adj}}, \lambda_{\mathrm{dis}} > 0$ はハイパーパラメータであり，g はソフトマックス関数か各要素を $d \mapsto \exp(-d)$ と変換する関数のいずれかである．そして，ヘッド h の出力を

$$\boldsymbol{c}_v^{(h,l)} = \sum_{w \in V} \beta_{vw}^{(h,l)} \boldsymbol{v}_w^{(h,l)}$$

とし，

$$\boldsymbol{m}_v^{(l)} = \boldsymbol{h}_v^{(l-1)} + \boldsymbol{W}_{\mathrm{out}}^{(l)} \left(\boldsymbol{c}_v^{(1,l)} \oplus \cdots \oplus \boldsymbol{c}_v^{(H,l)} \right)$$

でメッセージベクトル $\boldsymbol{m}_v^{(l)}$ を作る ($\boldsymbol{W}_{\mathrm{out}}^{(l)}$ はパラメータ)．続いて，更新操作は

$$\boldsymbol{h}_v^{(l)} = \boldsymbol{m}_v^{(l)} + f(\boldsymbol{m}_v^{(l)})$$

で行う．ここで，f は全結合型ニューラルネットワークである．

メッセージパッシングを L 回経た後，グラフデータ $\mathcal{G}$ の特徴量を

$$z_{\mathcal{G}} = \frac{1}{n} \sum_{v \in V} \boldsymbol{h}_v^{(L)}$$

23 寄与率をまとめた行列 $\boldsymbol{A}_{\mathrm{att}}^{(h,l)} = (\boldsymbol{\alpha}_1^{(h,l)}, \ldots, \boldsymbol{\alpha}_n^{(h,l)})$ は隣接行列のようなものとして捉えられる．これを実際の隣接行列 $\boldsymbol{A}_G$ と距離行列由来の行列 $g(\boldsymbol{D})$ で拡張したものが，寄与率の更新操作である．

のリードアウト操作 (平均化) で計算する．この特徴量を利用したいくつかのタスクにおける性能検証では，GCN や Weave などの手法を超える予測性能を発揮することに成功している．また，ダミー頂点 δ は予測性能の向上に寄与していたことも確認された．分子自己注意機構での多くのヘッドが，予測に寄与するとされる一部の部分構造に注目する結果も得られている．

GNN の選択について　ここまで，いくつかの GNN をメッセージパッシング操作やリードアウト操作の違いに注目しながら説明してきた．以上で紹介したような GNN の他にも，GraphSAGE [172]・Multi-View GNN [173]・Edge Memory Neural Network [173]・Spectral Graph Network [174]・Autobahn [175] など多種多様な GNN が提案され続けている．このような GNN の中から，業務などで実際に利用するモデルを選択するのは難しい．

選択の指針としては，論文 [176] で示されているような各種モデルの比較検証結果が参考になるだろう．この論文では，例えば，以下のことが実験により確認されている．

- 回帰タスクにおいて，頂点・辺の特徴ベクトルに結合水素数や頂点の次数といった原子・結合の種類以外の情報を含めると，予測性能が向上した．
- 集約操作で辺の情報を利用するモデルは，特に訓練サンプル数が多い状況で予測性能が良い傾向にあった．
- 回帰タスクにおいて，異なるグラフを異なる特徴ベクトルに変換できるような集約操作・リードアウト操作 (和による集約) を利用するモデルは予測性能が良い傾向にあった．一方で，分類タスクでは最大値プーリングによる集約操作が予測性能が良い傾向にあった．

(2) 転移学習の利用

GNN に対しても転移学習，特にモデルパラメータによる間接的な転移学習を利用することで予測性能の向上が見込める．以下では，これまでに提案されたグラフデータに対する事前学習の方法から，いくつかを取り上げて説明する．なお，事前学習する GNN は L 層のメッセージパッシング層をもつものとして説明する．

頂点レベルの事前学習　論文 [164] では，頂点とグラフの特徴抽出がともにうまく行くような事前学習の方法が提案された．頂点レベルの事前学習として**文脈予測** (context prediction) と**属性マスキング** (attribute masking) の二つが提案されている．

文脈予測は自己教師あり学習のタスクであり，訓練によって周囲の構造が似た頂点の特徴ベクトルが似た値を持つように促す (図 3.14)．グラフ G の頂点 v の周囲の構造を表すのに，**文脈グラフ** (context graph) を用いる．頂点 v の r_1, r_2-文脈グラフ $C_G(v; r_1, r_2)$ を，$N = N^{r_2}(v) \setminus N^{r_1}(v)$ として $C_G(v; r_1, r_2) = G[N]$ で定める．ここで，$0 \leq r_1 < r_2$ は非負整数で，$r_1 < L$ を満たすハイパーパラメータである．つまり，v からの最短パスの長さが $\ell \in (r_1, r_2]$ を満たす頂点集合による誘導部分グラフを考えている．

頂点 v の r_1, r_2-文脈グラフ $C_G(v; r_1, r_2)$ の頂点で，v の L-ホップ近傍 $N^L(v)$ にも含まれる頂点を**文脈アンカー頂点** (context anchor vertex) と呼ぶ．文脈アンカー頂点の情報は，L 回のメッセージパッシングが終わった後の v の潜在ベクトル $\boldsymbol{h}_v^{(L)}$ にも含まれていると考えられる．

頂点 v の周囲の情報をまとめるため，**文脈 GNN** (context GNN) と呼ばれる補助的な GNN を用意して $C_G(v; r_1, r_2)$ の各頂点の潜在ベクトルを計算する．その後，$C_G(v; r_1, r_2)$ の文脈アンカー頂点の潜在ベクトルの平均を，$\boldsymbol{c}_v^G$ を v に対する**文脈** (context) とする．

文脈予測タスクの訓練では，**ネガティブサンプリング** (negative sampling) を用いて予測に使うメインの GNN と文脈 GNN を同時に訓練する．訓練サンプル G の頂点 v を一つ選ぶごとに，訓練データセットからランダムにグラフ G' と頂点 $v' \in V(G')$ を選択する．頂点 v に対してメインの GNN で潜在ベクトル $\boldsymbol{h}_v^{(L)}$ を，v, v' に対しては文脈 GNN で $\boldsymbol{c}_v^G, \boldsymbol{c}_{v'}^{G'}$ を計算する．そして，シグモイド関数 σ を使って 2 頂点が一致している確率 $\sigma(\boldsymbol{h}_v^{(L)} \cdot \boldsymbol{c}_v^G), \sigma(\boldsymbol{h}_v^{(L)} \cdot \boldsymbol{c}_{v'}^{G'})$ を計算し，前者は 1 に近づくように，

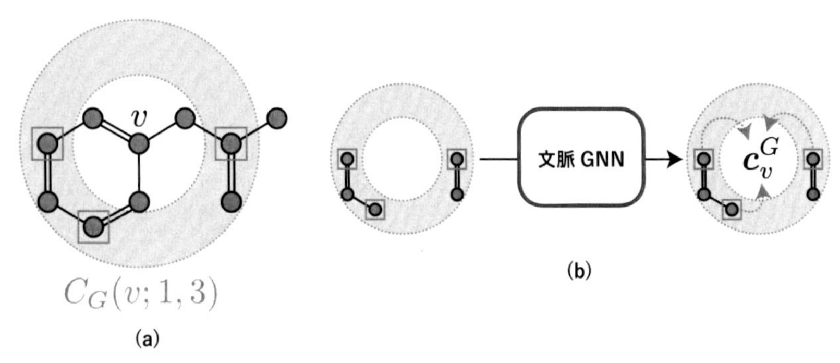

図 3.14　文脈予測タスク．$L = 2$ とする．(a) 頂点 v の $1,3$-文脈グラフ $C_G(v;1,3)$．四角で囲んだ頂点は文脈アンカー頂点である．(b) 文脈 GNN での文脈 c_v^G の計算．

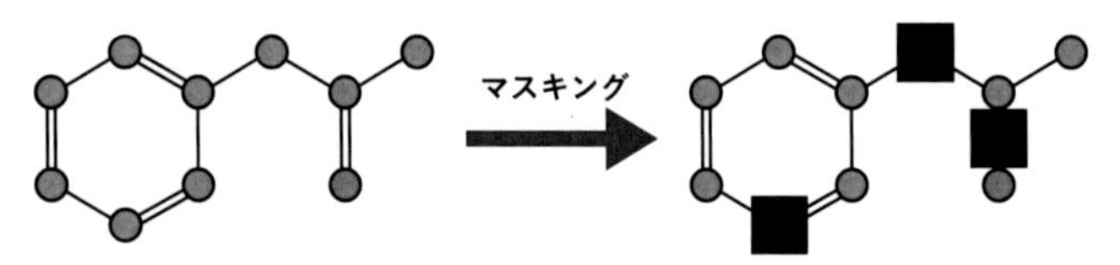

図 3.15　属性マスキングタスク．黒い四角で塗りつぶされた部分はマスクされたことを表す．

後者は 0 に近づくように二つの GNN を訓練する．文脈予測タスクにより，各頂点の特徴ベクトルが周囲の構造の情報をうまく反映できるようになると期待される．

属性マスキングも自己教師あり学習のタスクであり，訓練によって価数のようなグラフの局所的な特徴をうまく捉えられるように促す (図 3.15)．まず，与えられたグラフ内の頂点や辺をランダムにいくつか選択し，そのラベルをマスクする．続いて，このグラフデータを GNN に入力し，マスクされた頂点 v の潜在ベクトル $\boldsymbol{h}_v^{(L)}$ を得る．また，マスクされた辺 ab の潜在ベクトルも $\boldsymbol{e}_{ab} = \boldsymbol{h}_a^{(L)} + \boldsymbol{h}_b^{(L)}$ などで計算する．得られた潜在ベクトルをもとにマスク前の属性を判別し，この予測がうまく行くように訓練する．属性マスキングタスクにより，各頂点の特徴ベクトルが自身の情報を十分含むようになると期待される．

以上のような頂点レベルの事前学習タスクを行うことで頂点の潜在ベク

トルの抽出はうまくできるようになるが，グラフ全体に対する予測は不十分な可能性がある．このため，引き続いてマルチタスク教師あり学習により事前学習を実施することが提案されている．このグラフレベルの事前学習では，頂点の特徴ベクトルをグラフの特徴ベクトルの計算に役立つようなものに調整することを目的としている．こうして事前学習した GNN を目的のタスクでファインチューニングすることで，良好な予測性能を達成できると期待される．

これらの事前学習の影響の検証では，頂点レベルの事前学習に ZINC データベースから取得した約 200 万件の化合物を，グラフレベルの事前学習に ChEMBL データベースから取得した約 46 万件の化合物を利用している．MoleculeNet のデータセットに対する回帰・分類タスクでの検証の結果，頂点レベルの事前学習とグラフレベルの事前学習を併用した場合に，最も予測性能が高くなった．特に，このタスクでは頂点レベルの事前学習に文脈予測を利用する方が，属性マスキングよりも良い性能が得られることが確認されている．しかし，文脈予測と属性マスキングの両方を利用する場合の性能改善は確認されなかった．

さらに，事前学習を実施した場合は，ターゲットの予測タスクでの訓練時に損失が収束するまでにかかるエポック数が少なくなったことから，事前学習により効率的に訓練が進んだことが示唆される．訓練が早く終了する傾向は，既に紹介した MAT [171] の属性マスキングによる事前学習でも確認されている．

グラフレベルの事前学習　論文 [164] で提案されているグラフレベルの事前学習は，ラベルありのサンプルを多数必要としていた．ターゲットタスクによっては，転移するのに向いているデータセットのサイズが小さいこともあるため，グラフレベルの事前学習も自己教師あり学習で実施できるのが望ましい．これを受けて論文 [177] では，属性マスキングに加えて**ペアワイズ部分グラフ判別** (Pairwise Subgraph Discrimination, PSD) というグラフレベルの自己教師あり学習タスクを利用することを提案している．

PSD では，訓練サンプルのグラフから作った部分グラフのペアが与え

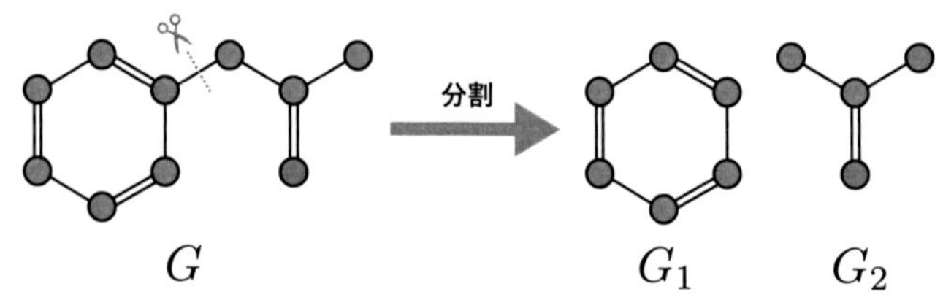

図 3.16　グラフの分割.

られたときに，ペアが同一のサンプルに由来するものか否かを判定する．具体的には，次の手順で行う．

まず，入力のグラフ $G = (V, E)$ に対して，頂点集合を $V = V_1 \cup V_2$ $(V_1 \cap V_2 = \varnothing)$ と二つにランダム分割する．この際，二つの集合 V_1, V_2 の大きさが同程度になるように設定している．得られた二つの集合について誘導部分グラフ $G_1 = G[V_1], G_2 = G[V_2]$ をつくることで，G から作った部分グラフのペアを得る (図 3.16)．なお，各部分グラフは，必ずしも連結である必要はない．

負例を作るため，ネガティブサンプリングを実施する．入力のグラフ G に対して部分グラフのペア (G_1, G_2) を作った後，訓練データセットからランダムに取得したグラフ G' に対しても部分グラフのペア (G'_1, G'_2) を作る．次に，モデルに入力する部分グラフのペア P_{in} を

$$P_{\text{in}} := \begin{cases} (G_1, G_2) & (\text{確率 } 1/2) \\ (G_1, G'_2) & (\text{確率 } 1/2) \end{cases}$$

と確率的に選択する．そして，入力されるペアが $P_{\text{in}} = (G_1, G_2)$ のときは同一のグラフ由来の部分グラフ，$P_{\text{in}} = (G_1, G'_2)$ のときは異なるグラフ由来の部分グラフと分類できるように，クロスエントロピー損失を用いて訓練する．

ペア $P = (H_1, H_2)$ を GNN に入力する際はダミー頂点 δ を追加し，H_1, H_2 の頂点から δ に向かう有向辺を付け足しておく (図 3.17)．有向辺で δ と接続することで，δ には全ての頂点からの情報が集まるが，δ からは他の頂点に情報が伝播しないようになっている．

頂点と辺の特徴ベクトルには，各頂点・辺のラベルによって定まる単語

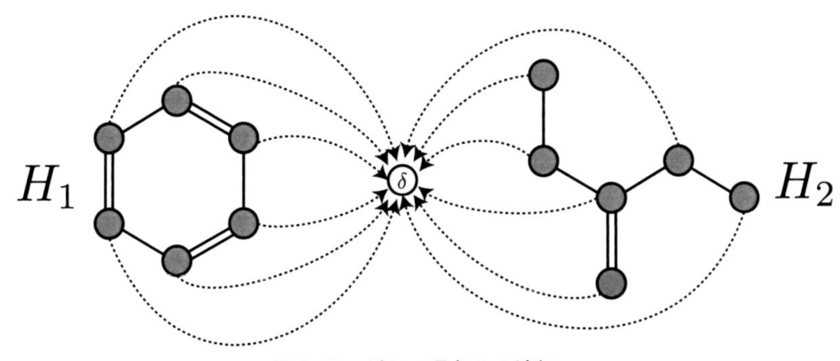

図 3.17　ダミー頂点 δ の追加．

埋め込みと，部分グラフ H_1, H_2 およびダミー頂点 δ のいずれに属しているかで定まる単語埋め込みの 2 種類の単語埋め込みを結合したものを利用する．所属する部分グラフの情報を利用することで，モデルが部分グラフのペアを扱うことを明示的に指定していることになる．

GNN で頂点の潜在ベクトルを計算した後はダミー頂点の潜在ベクトル $\boldsymbol{h}_\delta^{(L)}$ を全結合層に通して，入力のペア H_1, H_2 が同一のグラフ由来の部分グラフである確率を算出する．以上の PSD タスクにより，グラフの部分構造の情報を考慮できるような頂点の特徴が抽出できるようになると期待される．

以上の事前学習を利用するモデルとして，論文 [177] では Transformer のネットワーク構造をもつ **MolGNet** を提案している．MolGNet に入力するグラフでも，PSD タスクと同様にダミー頂点を追加している．

MolGNet の l 層目のメッセージパッシングにおける集約操作は，MAT のメッセージパッシング操作と同様の操作になっている．ただし，MAT の分子自己注意機構の代わりに次の**近傍注意機構** (neighbor attention) を利用している．これは，各頂点 v に対して，v に接続する辺の情報も利用したスケール化内積注意機構である．より正確には，グラフ $G = (V, E)$ の頂点 v に接続する辺の情報を取り込んだベクトルを

$$\boldsymbol{n}_w^{(l)} := \boldsymbol{h}_w^{(l-1)} + \boldsymbol{\xi}_{vw} \quad (w \in N(v))$$

と定め，$\boldsymbol{n}_w^{(l)}$ を集めた $\boldsymbol{N}_v^{(l)}$ と頂点の潜在ベクトル $\boldsymbol{h}_v^{(l-1)}$ により，

$\boldsymbol{c}_v^{(l)} = \mathrm{Att}(\boldsymbol{N}_v^{(l)}, \boldsymbol{h}_v^{(l-1)})$ と計算するものである．ここで，辺の特徴ベクトルと頂点の潜在ベクトルの次元は合わせておくことに注意する．なお，利用する注意機構はマルチヘッドに拡張してもよい．そして，更新操作はGRUを用いて $\boldsymbol{h}_v^{(l)} = \mathrm{GRU}(\boldsymbol{m}_v^{(l)}; \boldsymbol{h}_v^{(l-1)})$ とする．また，グラフの特徴ベクトルには，ダミー頂点の潜在ベクトルを利用する．

属性マスキングとPSDによる事前学習の影響の検証では，ZINCデータベースとChEMBLデータベースから取得した約1,100万件の化合物を利用している．回帰・分類タスクでの検証の結果，提案された事前学習を利用することで，事前学習を利用しないときよりも予測性能が高くなった．特に，訓練データセットが少量の場合に予測性能が大きく改善した．また，GROVER [178] などの他の事前学習手法を上回る性能も確認されている．さらに，分子骨格の情報をうまく捉えた特徴ベクトルが得られたことや，ダミー頂点に対する注意機構の寄与率の分布がHOMO・LUMOの傾向を捉えたものを含んでいたことから，事前学習により化学的な知見がうまく抽出できていることが示唆された．

対照学習による事前学習　論文 [179] では，事前学習に化学のドメイン知識を明示的に組み込んだ対照学習を用いる **Contrastive Knowledge-aware GNN** (CKGNN) という枠組みを提案している．具体的な化学のドメイン知識としては，置換基の情報を利用する．モデルに入力する全ての分子に対してその分子が有する置換基の情報を取得し，この情報をもとに訓練する．

モデルに入力する分子グラフに対して，頂点の特徴ベクトルは次の手順で作る (図3.18)．まず，分子の置換基の情報を取得し，各頂点がどの置換基に所属するか (あるいはどれにも所属しないか) を判定する．頂点 v が置換基 s に属するなら s を単語埋め込みしたベクトルを，どれにも属さないならゼロベクトルを v の置換基埋め込みと設定する．これと v の原子種の単語埋め込みを結合したベクトルが v の初期の特徴ベクトル $\boldsymbol{x}_v$ である．利用するGNNモデルの指定はないが，論文 [179] 中ではGCN・GraphSAGE・GINが利用されている．

提案された対照学習の手法は次の手順で行われる (図3.19)．まず，分

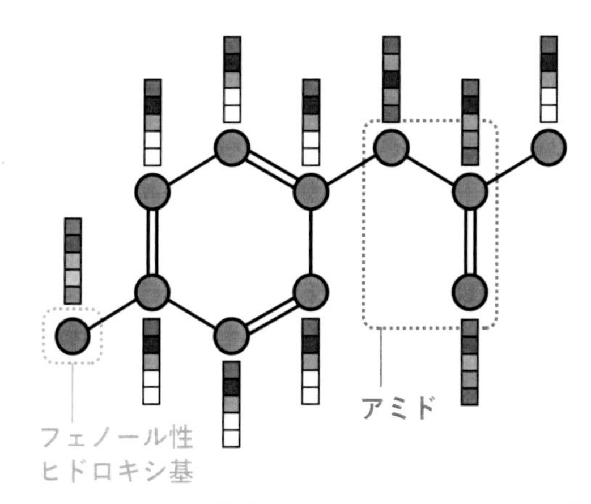

図 3.18 CKGNN での頂点の特徴ベクトルの作り方．原子種の単語埋め込みと置換基の単語埋め込みを結合させて，特徴ベクトルを作る．

子のもつ最大の置換基の種類によって訓練データセットをいくつかのサブデータセット $\mathscr{D}_1,\ldots,\mathscr{D}_K$ に分割しておく．次に，サブデータセット $\mathscr{D}_k$ を一つ選び，$\mathscr{D}_k$ から $N\ (\geq 2)$ 個のサンプル $G_1,\ldots,G_N$ をランダムにサンプリングしてミニバッチ $\mathscr{B}$ を作る．得られた N 個のサンプルのフィンガープリントを計算し，類似度が最も高い二つのサンプルを見つける．ここでは，G_1, G_2 が最も類似度が高いものとし，G_1 に対して G_2 を正例，残りの $G_3,\ldots,G_N$ を負例とみなす．各分子グラフ G_i に対して GNN で G_i の特徴ベクトル z_i を計算し，このミニバッチ $\mathscr{B}$ の損失を

$$\mathcal{L}(\mathscr{B};\boldsymbol{W}) = -\log \frac{\exp(z_1 \cdot z_2/\tau)}{\sum_{i=2}^{N}\exp(z_1 \cdot z_i/\tau)}$$

と定める．ここで，$\boldsymbol{W}$ は GNN のパラメータであり，$\tau > 0$ は温度と呼ばれるハイパーパラメータである．$z_1 \cdot z_2$ が大きく $z_1 \cdot z_i\ (i = 3,\ldots,N)$ が小さいほど，損失 $\mathcal{L}(\mathscr{B};\boldsymbol{W})$ は小さくなる．つまり，正例どうしは類似し，正例と負例は類似しないような特徴ベクトルが出力されるように，GNN の訓練が進む．

提案された対照学習の影響の検証では，ZINC データベースと ChEMBL データベースから取得した約 240 万件の化合物を利用している．MoleculeNet に含まれる回帰・分類タスクでの検証の結果，提案さ

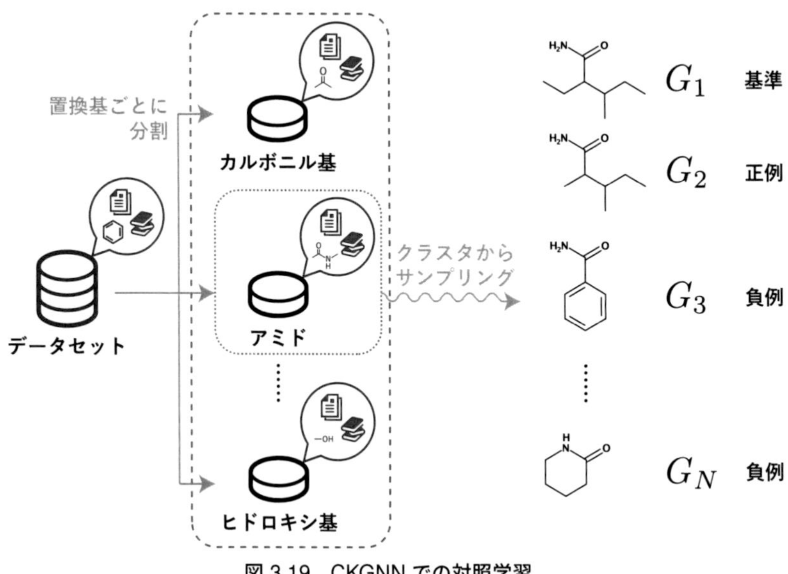

図 3.19　CKGNN での対照学習．

れた事前学習を利用することで，事前学習を利用しないときよりも予測性能が高くなった．置換基の情報を頂点の特徴ベクトルに組み込む手法や，置換基ごとに対照学習を実施する手法の有効性も確認されている．

また，サンプリングした分子のペアについて CKGNN による特徴ベクトルの類似度の分布を確認すると，他の手法による特徴ベクトルの類似度の分布よりも分散が大きくなっていた．このことから，CKGNN によって判別力の高い特徴ベクトルが抽出できると考えられる．さらに，CKGNN の特徴ベクトルで化学構造の類似性がうまく捉えられていることも定性的・定量的に確認されており，化学のドメイン知識を明示的に事前学習させたことの有効性が示唆された．

以上で取り上げた事前学習手法の他にも様々な手法が提案されている．GNN に対する自己教師あり学習については，サーベイ論文 [180] なども参考になる．

(3) メタ学習・Few-shot 学習の利用

近年では深層学習モデルをメタ学習や Few-shot 学習で訓練する手法もいくつか提案されており，従来手法を超える性能を発揮できると期待されている．ここでは論文 [181] で提案されている Few-shot 学習の手法を中心に紹介する．

問題設定 まずは，論文 [181] で扱われている Few-shot 学習での 2 値分類問題の設定について，メタ学習の枠組みと照らし合わせながら説明する．T 個の異なるタスクに対するエピソード $\mathscr{D}_t = \{(G_i^{(t)}, y_i^{(t)})\}_{i=1}^{M_t}$ $(t \in [T])$ が与えられているとする．ここでは，$G_i^{(t)}$ が分子グラフ，$y_i^{(t)}$ が $0, 1$ の 2 値ラベル，M_t がエピソード $\mathscr{D}_t$ のサンプル数である．訓練するネットワーク f_W は，少ないサンプルからなるサポート $\mathscr{S}$ と入力の分子 G が与えられたときに，G のラベルが 1 である条件付き確率を返すモデル $f_W(G \mid \mathscr{S})$ である．ここではモデルパラメータ $\mathbf{W}$ を，メタ訓練により最適化されるメタパラメータとして扱う．このため，サポート $\mathscr{S}$ に応じて最適化されるモデルパラメータは無い．

訓練では，どんなタスク $\mathscr{T}$ のどんなサポート $\mathscr{S}$・クエリ $\mathscr{Q}$ が与えられても，クエリに対するクロスエントロピー損失が小さくなるモデルが得られるようにする．すなわち，Few-shot 学習のメタ訓練で最適化する損失関数を，サポート $\mathscr{S}$・パラメータ $\mathbf{W}$ のときのクロスエントロピー損失を $\ell(G, y; \mathscr{S}, \mathbf{W})$ として

$$\mathcal{L}(\mathbf{W}) = \mathbb{E}_{\mathscr{T}}\left[\mathbb{E}_{\mathscr{S},\mathscr{Q}}\left[\sum_{(G,y)\in\mathscr{Q}} \ell(G, y; \mathscr{S}, \mathbf{W})\right]\right]$$

と設定する．

メタ訓練の流れ 具体的なメタ訓練の流れを示す．まず，エピソード $\mathscr{D}$ をランダムにサンプリングする．続いて，サンプリングされたエピソードから，サポート $\mathscr{S}$ を正例と負例がそれぞれ n_+, n_- 個含まれるようにサンプリングし，クエリ $\mathscr{Q}$ をサポートとサンプルが重複しないようにサンプリングする．このとき，サポートのサイズ $|\mathscr{S}| = N = n_+ + n_-$ は十分小

さい数 (few-shot) に設定する．このサポート $\mathscr{S}$ を利用したときのクエリ $\mathscr{Q}$ に対する損失関数

$$\mathcal{L}_{\mathscr{Q}}(W) = \sum_{(G,y)\in\mathscr{Q}} \ell(G, y; \mathscr{S}, \boldsymbol{W})$$

を用いて，勾配降下法などを利用して最適化する．

モデルの構造　次に，モデル $f_W(G \mid \mathscr{S})$ について説明する．クエリサンプル G に対するモデルの予測は，G の特徴ベクトル z_G とサポートに含まれるサンプル G_i $(i \in [N])$ の特徴ベクトル z_i との類似度 $k(z_G, z_i)$ に応じて決定される．具体的には，類似度 $k(z_G, z_i)$ を用いて，G に対する G_i の寄与率 $\alpha_{G,i}$ を

$$\alpha_{G,i} = \frac{k(z_G, z_i)}{\sum_{j=1}^{N} k(z_G, z_j)} \quad (i \in [N])$$

により計算し，G のラベルが 1 である確率を

$$f_W(G \mid \mathscr{S}) = \sum_{i=1}^{N} \alpha_{G,i} y_i$$

で算出する．類似度を計算する関数 k には，コサイン類似度を利用する．

クエリサンプルとサポートサンプルに対する特徴ベクトルは，単純には，GNN などで独立に計算できる．しかし，この方法では与えられているサポートサンプルの情報を十分に利用できていない．そこで，提案された手法では，クエリサンプルとサポートサンプルの特徴ベクトルを，サポートサンプルの情報を活用しながら計算する．具体的には，二つの LSTM を利用した **Iterative Refinement LSTM** (IR-LSTM) と呼ばれるモデルを提案し，これを活用して GNN で計算した特徴ベクトルを修正する手法をとった (図 3.20).

まず，クエリサンプル G とサポートサンプル G_i $(i \in [N])$ をそれぞれ別の GNN に入力して，それぞれの特徴ベクトル $\boldsymbol{h}_G, \boldsymbol{h}_i$ $(i \in [N])$ を計算する．これらのベクトルを IR-LSTM に入力して特徴ベクトルの更新量 $\boldsymbol{\delta}_G, \boldsymbol{\delta}_i$ $(i \in [N])$ を計算し，

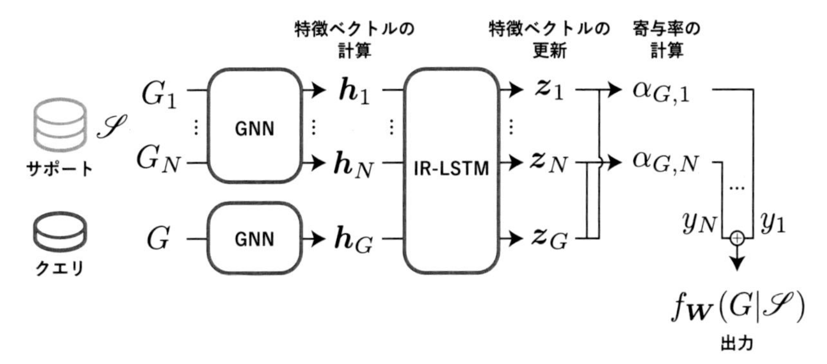

図 3.20　論文 [181] の Few-shot 学習モデルの概要．

$$z_G = \boldsymbol{h}_G + \boldsymbol{\delta}_G, \quad z_i = \boldsymbol{h}_i + \boldsymbol{\delta}_i \quad (i \in [N])$$

を最終的なクエリサンプル G とサポートサンプル G_i $(i \in [N])$ の特徴ベクトルとして出力する．

サポートサンプル G_i の仮の特徴ベクトルを表すベクトルを $\boldsymbol{r}_i^{(l)}$，IR-LSTM の l 回目の反復での特徴ベクトル更新量を $\boldsymbol{\delta}_G^{(l)}, \boldsymbol{\delta}_i^{(l)}$ と書く．ただし，仮の特徴ベクトルは $\boldsymbol{r}_i^{(0)} = \boldsymbol{h}_i$ で，特徴ベクトル更新量は $\boldsymbol{\delta}_G^{(0)} = \boldsymbol{\delta}_i^{(0)} = \boldsymbol{0}$ で初期化しておく．

IR-LSTM による l 回目のクエリサンプル更新量の更新は，次の手順で行う．まず，クエリサンプルの特徴ベクトルを前回の更新量で更新したベクトル $\boldsymbol{f}_G^{(l)} = \boldsymbol{h}_G + \boldsymbol{\delta}_G^{(l-1)}$ と，サポートサンプルの仮の特徴ベクトル $\boldsymbol{r}_i^{(l-1)}$ のコサイン類似度

$$s_{G,i}^{(l)} = k\left(\boldsymbol{f}_G^{(l)}, \boldsymbol{r}_i^{(l-1)}\right) \quad (i \in [N])$$

を計算する．続いて，$\boldsymbol{f}_G^{(l)}$ に対する $\boldsymbol{r}_i^{(l-1)}$ の寄与率を

$$\alpha_{C,i}^{(l)} = \frac{s_{G,i}^{(l)}}{\sum_{j=1}^{N} s_{G,j}^{(l)}}$$

で計算し，クエリサンプルの仮の特徴ベクトルを

$$\boldsymbol{r}_G^{(l)} = \sum_{i=1}^{N} \alpha_{G,i}^{(l)} \boldsymbol{r}_i^{(l-1)}$$

とする．最後に，クエリサンプル更新量をLSTMを用いて

$$\boldsymbol{\delta}_G^{(l)} = \mathrm{LSTM}_1\left(\boldsymbol{\delta}_G^{(l-1)} \oplus \boldsymbol{r}_G^{(l)}; \boldsymbol{\delta}_G^{(l-1)}\right)$$

により計算する．ここで，$\mathrm{LSTM}_1(\cdot; \boldsymbol{\delta})$ の $\boldsymbol{\delta}$ は内部状態を表す．

一方，IR-LSTMによる l 回目のサポートサンプル更新量の更新も同様の手順で行われる．まず，サポートサンプルの仮の特徴ベクトルを前回の更新量で更新したベクトル $\boldsymbol{f}_i^{(l)} = \boldsymbol{r}_i^{(l-1)} + \boldsymbol{\delta}_i^{(l-1)}$ と元の特徴ベクトル $\boldsymbol{h}_j$ のコサイン類似度

$$s_{i,j}^{(l)} = k\left(\boldsymbol{f}_i^{(l)}, \boldsymbol{h}_j\right) \quad (i, j \in [N])$$

を計算する．続いて，$\boldsymbol{f}_i^{(l)}$ に対する $\boldsymbol{h}_j$ の寄与率 $\alpha_{i,j}^{(l)}$ を上と同様に計算し，サポートサンプルの仮の特徴ベクトルを

$$\boldsymbol{r}_i^{(l)} = \sum_{j=1}^{N} \alpha_{i,j}^{(l)} \boldsymbol{h}_j$$

とする．最後にサポートサンプル更新量を，クエリサンプル更新量の計算時とは異なるLSTMを用いて

$$\boldsymbol{\delta}_i^{(l)} = \mathrm{LSTM}_2\left(\boldsymbol{\delta}_i^{(l-1)} \oplus \boldsymbol{r}_i^{(l)}; \boldsymbol{\delta}_i^{(l-1)}\right)$$

で計算する．ここで，$\mathrm{LSTM}_2(\cdot; \boldsymbol{\delta})$ の $\boldsymbol{\delta}$ も内部状態を表し，パラメータは i に依らず同じである．以上の手続きを L 回繰り返して，$\boldsymbol{\delta}_G^{(L)}, \boldsymbol{\delta}_i^{(L)}$ $(i \in [N])$ をIR-LSTMの出力とする．

検証結果　このFew-shot学習を利用してTox21などの分類データセットで検証したところ，サポートサンプルの正例・負例が1件ずつという極端に少ない状況でも，Random Forestでの予測性能よりも良い予測性能が発揮できることが確認された．ただし，メタ訓練に利用したエピソードとはタスクが全く異なる状況での予測や，サポートサンプルの分子とは全く異なる分子に対する予測では，予測がうまく行かない可能性があることも指摘されている．

その他のメタ学習手法 ここで紹介した手法の他にも，論文 [113] では訓練サンプル数が 1,024 件以下の状況でのメタ学習の効果を検討している．メタ学習の手法としては Model-Agnostic Meta-Learning (MAML) や First Order MAML (FO-MAML) [182] を用いており，これらのメタ学習手法を利用することで，マルチタスク事前学習による転移学習やフィンガープリントを用いた場合よりも高い予測性能を得たことが確認されている．

3.3.3 立体構造からの予測

分子の立体構造の情報は，実際の分子構造を最も忠実に表現したものである．既に述べたような SMILES 文字列や分子グラフによる手法でも十分な予測性能が得られることはあるが，例えばタンパク質に対する活性判定タスクのように，分子の立体構造が鍵となるタスクでは立体構造の情報を活用できるのが望ましい．立体構造の情報を入力にとるネットワークは，3 次元 CNN を利用するものと GNN を利用するものが主流である．これらについて，いくつか例を取り上げて紹介する．

(1) 3 次元 CNN を利用するモデル

AtomNet 3.1.3 節で述べたように，分子の存在する空間をボクセルに区切って適当な数値化を施すことで配列データを作成できた．**AtomNet** [183] では，こうして得られる配列データを 3 次元 CNN に入力することで分子の特徴量を得るモデルである．モデル自体は，4 層の 3 次元 CNN の後に 2 層の全結合層をつなげたシンプルなモデルである．

DUD-E [184] データセットなどを利用したタンパク質に対する活性の分類タスクでの検証では，Smina [185] でのドッキングシミュレーション結果による予測よりも高性能な予測ができたことが報告された．また，3 次元 CNN のフィルタの適用結果も確認している．フィルタの中には，スルホニル基・スルホンアミドの構造に着目しているようなものも確認されており，モデルが化学的な性質をうまく捉えられていることが示唆された．

ボクセルデータのスムージング　論文 [186] では，AE を利用した特徴抽出が提案された．AE のエンコーダは 5 層の 3 次元 CNN の後に 2 層の全結合層をつなげたモデル，デコーダは層の全結合層の後に 5 層の 3 次元 CNN をつなげたモデルになっている．

分子を表す配列データ $\boldsymbol{X} = (X_{i,j,k,c})$ は 4 次元配列であり，位置 (i, j, k) のボクセルの数値化にはその位置に存在する原子種を表す one-hot ベクトル $\boldsymbol{x}_{i,j,k}$ を利用している．ここで，空間内の原子は局在しているため，配列データのほとんどがゼロベクトルになっていることに注意する．このようなスパースな配列データでは，逆伝播される勾配が 0 になって過少適合しやすい傾向にあり，望ましくない．また，原子間の結合のような原子どうしの相互作用も表現されていない．

これを受けて，配列データ $\boldsymbol{X}$ の代わりに，信号処理の手法で $\boldsymbol{X}$ を変換して得られる配列データ $\boldsymbol{\Xi} = (\xi_{i,j,k,c})$ をモデルへ入力するようにする．具体的には，カーネル関数

$$k(x, y, z) = \exp\left(-\frac{r^2}{2\sigma^2}\right)\cos(2\pi\omega r) \quad (r = \sqrt{x^2 + y^2 + z^2})$$

を利用して

$$\begin{aligned}\boldsymbol{\xi}_{i,j,k} = (\boldsymbol{X} * k)_{i,j,k} &:= \sum_{x=-h}^{h}\sum_{y=-h}^{h}\sum_{z=-h}^{h} \boldsymbol{x}_{i+x,j+y,k+z}\, k(x, y, z) \\ &= \sum_{x'=i-h}^{i+h}\sum_{y'=j-h}^{j+h}\sum_{z'=k-h}^{k+h} \boldsymbol{x}_{x',y',z'}\, k(x'-i, y'-j, z'-k)\end{aligned}$$

という畳み込み演算でスムージング処理を施す．ここで，$*$ は畳み込み演算を表し，$h \in \mathbb{Z}_{>0}$ と $\sigma, \omega > 0$ はハイパーパラメータである．

カーネル関数 $k(x, y, z)$ は距離 r が大きくなるにつれて減衰する原点を発信源とした正弦波であり，$k(x'-i, y'-j, z'-k) = k(i-x', j-y', k-z')$ は位置 (x', y', z') が波の発信源になるように平行移動したものであることに注意する．つまり $\boldsymbol{\xi}_{i,j,k}$ は，位置 (i, j, k) を中心とする長さ $2h$ の立方体状領域に含まれる原子から発されたすべての波の重ね合わせを (i, j, k) で観測した結果と考えられる．この処理を適用することで，同一種類の原子

どうしの相互作用をモデリングできるだけでなく，配列がスパースにならないようになっている．また，この段階では異なる原子間の相互作用が考慮されていないが，3 次元 CNN の畳み込み操作を適用することで考慮されるようになると期待される．

以上で得られた Ξ を AE に入力して訓練する．訓練時は，出現頻度の低い原子の再構成をしやすくするために，原子の出現頻度に応じて損失を重み付けする．なお，Ξ を AE に入力して再構成された $\hat{\Xi}$ には再構成によるノイズが乗って

$$\hat{\Xi} = \Xi + \boldsymbol{n} = \boldsymbol{X} * k + \boldsymbol{n}$$

となっているが，Wiener 逆畳み込み[24]を利用することで元の配列データの推定値 $\hat{\boldsymbol{X}}$ が得られる．このため，Ξ に対する AE の訓練で得られた潜在ベクトルは，元の $\boldsymbol{X}$ の情報を十分保持しているものと期待される．

論文 [186] では，ZINC データベースから取得した約 450 万件のサンプルを利用して AE を訓練し，得られた特徴ベクトルの性質を検証している．得られたモデルでは，どの原子種に対してもうまく再構成できるような特徴ベクトルが抽出されたことが確認された．また，得られた特徴ベクトルを利用した MACCS フィンガープリントの予測も精度良くできていることからも，分子の構造に関する情報がうまく抽出できていることが示唆された．

その他の 3 次元 CNN モデル　3 次元 CNN を利用するモデルとして，ここでは二つの手法を紹介した．他にも，Pafnucy [187] や RosENet [188] といったモデルも提案されている．

(2) GNN を利用するモデル

立体構造の情報から適当なグラフを作成することで，GNN に入力できるようになる．ただし，ここで利用する GNN は，入力された座標に

24　Wiener 逆畳み込み (Wiener deconvolution) では，$\hat{\Xi}$ と関数 g を畳み込んだときに $\boldsymbol{X}$ との平均二乗誤差が最小になるような関数 g^* を決定し，$\hat{\boldsymbol{X}} = \hat{\Xi} * g^*$ で元の配列データの推定値 $\hat{\boldsymbol{X}}$ を計算する．最適な関数 g^* は解析的に求まることが知られている．

よって予測結果が変わることのないように，並進不変性 (平行移動しても同じ結果になる)・回転不変性 (座標を回転しても同じ結果になる) などの適切な不変性を持っている必要がある．ここで紹介するモデルでは，各頂点の 3 次元座標から計算される原子間距離を利用することで，これらの不変性を担保している．以下では分子の立体構造として，n 個の頂点 (原子) の集合 V と，各頂点 $v \in V$ の 3 次元座標 $\boldsymbol{r}_v \in \mathbb{R}^3$ が与えられたとして説明する．

SchNet　3 次元座標を利用した GNN の代表例として，**SchNet** [189] が挙げられる．これは，Deep Tensor Neural Network (DTNN) [190] をベースにして設計されたモデルであり，原子間距離をもとに入力するグラフデータを設定する．また，SchNet では頂点の特徴量のみを更新するが，辺の特徴量も更新する改良版 [191] も提案されている．ここでは，SchNet の改良版について説明する．

グラフの辺の張り方については三つの方法があり，論文中で検討されている．一つ目は，頂点 v には，v を中心とする半径 r の球に含まれる全ての頂点から辺が張られるとするものである．この方法は，半径 r の選び方によって，モデルの表現力や計算コストが変わってくることに注意する．半径 r が小さすぎると，作ったグラフが連結でなくなり，メッセージパッシングがうまく働かなくなってしまう．一方，r が大きすぎると辺の数が増えるため，その分計算コストがかかる．

二つ目は，頂点 v には，v から最も近い k 個の頂点 (k-最近傍の頂点) から辺が張られるとするものである．この方法では，各頂点は必ず k 個の頂点と隣接するようになるが，張られる辺が有向辺になることに注意する．つまり，v から w に辺が張られていたとしても，v が w から k 番目以内に近い頂点でなければ w から v への辺は張られない．このため，辺の張り方が対称的でなくなる．

三つ目は，**Voronoi 分割** (Voronoi tessellation) を利用する方法である．Voronoi 分割では空間全体 $\mathbb{R}^3$ を，各頂点 $v_i \in V$ の **Voronoi 領域** (Voronoi region) と呼ばれる集合

$$V(v_i) = \left\{ \boldsymbol{x} \in \mathbb{R}^3 \,\middle|\, \|\boldsymbol{x} - \boldsymbol{r}_i\| \leq \|\boldsymbol{x} - \boldsymbol{r}_j\| \quad (i \neq j) \right\}$$

により区分けする．つまり，$V(v_i)$ に含まれている点 $\boldsymbol{x}$ は，V の頂点のうち最も v_i の座標 $\boldsymbol{r}_i$ と近くなっている点である．頂点 v と w の Voronoi 領域が共通部分をもつ場合に，v, w 間に辺を張るようにする．

以下の説明では，以上のいずれかの方法で辺を張ったグラフ $G = (V, E)$ が得られているものとして説明する．なお，これらの三つの方法を比較した実験では，k-最近傍の頂点を利用した方法の予測性能が良くなったことが報告されている．

頂点の特徴ベクトル $\boldsymbol{X}_V$ は原子の単語埋め込みで定める．頂点 v, w 間の辺の特徴ベクトル $\boldsymbol{\xi}_{vw} \in \mathbb{R}^{K+1}$ の第 k 要素は，次で定める．

$$(\boldsymbol{\xi}_{vw})_k = \exp\left(-\frac{(\|\boldsymbol{r}_v - \boldsymbol{r}_w\| - (-\mu_{\min} + k\Delta))^2}{\Delta} \right) \quad (k = 0, 1, \ldots, K)$$

ここで，$\mu_{\min}, \Delta$ はハイパーパラメータである．これは，原子間の相互作用がそれらの距離に依存するという Coulomb の法則を考慮した特徴ベクトルになっている．以上により定まるグラフデータ $\mathcal{G} = (G, \boldsymbol{X}_V, \Xi_E)$ を SchNet へ入力する．

SchNet でのグラフデータ $\mathcal{G}$ に対する具体的な操作は次のとおりである．はじめに，各頂点の初期潜在ベクトルを $\boldsymbol{h}_v^{(0)} = \boldsymbol{x}_v$ とし，各 (有向) 辺 wv の初期潜在ベクトルを

$$\boldsymbol{e}_{wv}^{(0)} = g\left(\boldsymbol{W}_{\mathrm{E2}}^{(0)} g\left(\boldsymbol{W}_{\mathrm{E1}}^{(0)} (\boldsymbol{x}_w \oplus \boldsymbol{x}_v \oplus \boldsymbol{\xi}_{wv}) \right) \right)$$

で定める ($\boldsymbol{W}_{\mathrm{E1}}^{(0)}, \boldsymbol{W}_{\mathrm{E2}}^{(0)}$ はパラメータ)．ここで，関数 g は**ソフトプラス関数** (softplus function) $\mathrm{softplus}(x) = \log(\mathrm{e}^x + 1)$ をシフトした関数 $g(x) = \mathrm{softplus}(x) - \log 2$ であり，ReLU とは異なり $x = 0$ でも微分可能になっている．

まず，l 層目の頂点 v に対する集約操作では，頂点のメッセージベクトルを

$$\boldsymbol{m}_v^{(l)} = \sum_{w \in N(v)} \left(\boldsymbol{W}_1^{(l)} \boldsymbol{h}_w^{(l-1)} \right) \odot g\left(\boldsymbol{W}_3^{(l)} g\left(\boldsymbol{W}_2^{(l)} (\boldsymbol{e}_{wv}^{(l-1)}) \right) \right)$$

で作る ($\boldsymbol{W}_1^{(l)}, \boldsymbol{W}_2^{(l)}, \boldsymbol{W}_3^{(l)}$ はパラメータ)．続いて頂点に対する更新操作は

$$\boldsymbol{h}_v^{(l)} = \boldsymbol{h}_v^{(l-1)} + \boldsymbol{W}_5^{(l)} g\left(\boldsymbol{W}_4^{(l)} \boldsymbol{m}_v^{(l)}\right)$$

で行う ($\boldsymbol{W}_4^{(l)}, \boldsymbol{W}_5^{(l)}$ はパラメータ). 最後に，辺に対する更新操作を，初期潜在ベクトルを作るのと同様の操作で

$$\boldsymbol{e}_{wv}^{(l)} = g\left(\boldsymbol{W}_{\mathrm{E2}}^{(l)} g\left(\boldsymbol{W}_{\mathrm{E1}}^{(l)} (\boldsymbol{h}_w^{(l)} \oplus \boldsymbol{h}_v^{(l)} \oplus \boldsymbol{e}_{wv}^{(l)})\right)\right)$$

とする[25]($\boldsymbol{W}_{\mathrm{E1}}^{(l)}, \boldsymbol{W}_{\mathrm{E2}}^{(l)}$ はパラメータ).

メッセージパッシングを L 回経た後，グラフデータ $\mathcal{G}$ の特徴量を

$$\boldsymbol{z}_{\mathcal{G}} = \sum_{v \in V} \boldsymbol{W}_7 g\left(\boldsymbol{W}_6 \boldsymbol{h}_v^{(L)}\right)$$

のリードアウト操作で計算する ($\boldsymbol{W}_6, \boldsymbol{W}_7$ はパラメータ).

QM9 データセットに対する物性回帰タスクでの検証では，オリジナルの SchNet や MPNN よりも予測性能が良くなった．なお，この手法は有機分子だけでなく，無機化合物に対しても利用できる手法になっている．

GGRNet　原子間距離のほかに原子数を利用する **Gated Graph Recursive Neural Network** (GGRNet) [192] というモデルもある．GGRNet では，完全グラフ K_n を利用してグラフデータを作る．このため，各頂点 v に対して $N(v) = \{ w \in V \mid w \neq v \}$ となり，v は他の頂点全てと隣接していることに注意する．

頂点の特徴ベクトル X_V は原子の単語埋め込みで定める．辺 vw の特徴量には，原子間の距離の逆数を要素に持つ $\xi_{vw} = (1/\|\boldsymbol{r}_v - \boldsymbol{r}_w\|)$ という 1 次元のベクトルで定める．そして，グラフデータ $\mathcal{G} = (K_n, X_V, \Xi_E)$ を GGRNet へ入力する．

GGRNet でのグラフデータ $\mathcal{G}$ に対する具体的な操作は次のとおりである．まず，l 層目の頂点 v に対する集約操作では，辺 vw に対するメッセージ $\boldsymbol{\mu}_{vw}^{(l)}$ を

$$\boldsymbol{e}_{vw}^{(l)} = \boldsymbol{x}_v \oplus \boldsymbol{h}_v^{(l-1)} \oplus \boldsymbol{x}_w \oplus \boldsymbol{h}_w^{(l-1)} \oplus \boldsymbol{x}_{\mathrm{count}} \oplus \boldsymbol{\xi}_{vw}$$

25　オリジナルの SchNet では，ここで行っている辺の更新操作がない．

$$\boldsymbol{\mu}_{vw}^{(l)} = \sigma\left(\boldsymbol{W}_1\boldsymbol{e}_{vw}^{(l)} + \boldsymbol{b}_1\right) \odot \tanh\left(\boldsymbol{W}_2\boldsymbol{e}_{vw}^{(l)} + \boldsymbol{b}_2\right)$$

で作る ($\boldsymbol{W}_1, \boldsymbol{b}_1, \boldsymbol{W}_2, \boldsymbol{b}_2$ はパラメータ，$\boldsymbol{h}_v^{(0)} = \boldsymbol{0}$)．ここで，$\boldsymbol{x}_{\mathrm{count}}$ は分子内の原子数 n から単語埋め込みで定まるベクトルであり，σ はシグモイド関数である．パラメータ $\boldsymbol{W}_1, \boldsymbol{b}_1, \boldsymbol{W}_2, \boldsymbol{b}_2$ が層 l に依存していないことに注意する．これらのパラメータは，全ての層で共通して利用される．シグモイド関数 σ は $(0, 1)$ の値を返しており，ベクトルの各要素の情報をどの程度保持するかを制御する役割を持つ．一方，tanh は $(-1, 1)$ の値を返しており，ベクトルの各要素が正の寄与をするか負の寄与をするかを決定する役割を持つ．その後，頂点のメッセージベクトルを

$$\boldsymbol{m}_v^{(l)} = \sum_{w \in N(v)} \boldsymbol{\mu}_{vw}^{(l)}$$

で作り，周囲の情報を集約する．そして更新操作は，

$$\boldsymbol{h}_v^{(l)} = \frac{1}{n}\boldsymbol{m}_v^{(l)}$$

で行う．

メッセージパッシングを L 回経た後，グラフデータ $\mathcal{G}$ の特徴量を

$$\boldsymbol{z}_{\mathcal{G}} = f\left(\frac{1}{n}\sum_{v \in V} \boldsymbol{h}_v^{(L)}\right)$$

のリードアウト操作で計算する．ここで，f は活性化関数に ReLU を用いた 3 層の全結合型ネットワークである．

QM7b・QM8・QM9 データセットに対する回帰タスクにおける検証では，GGRNet を用いて HOMO や LUMO などを精度良く予測することに成功している．ただし，QM9 データセットに対する結果では，MPNN などと比較して大きく予測が外れている物性値も存在していた．

MEGNet　SchNet では頂点と辺の潜在ベクトルを更新していた．ここで紹介する **Materials Graph Network** (MEGNet) [193] では，頂点・辺の潜在ベクトル以外にもグラフ全体の状態を表す潜在ベクトルが準備されており，頂点・辺の潜在ベクトルと状態の潜在ベクトルを更新するように

なっている．MEGNet も SchNet と同様に，無機化合物に対しても利用できるモデルになっており，入力のグラフの作り方と初期の特徴ベクトルの作り方が，有機分子と無機化合物のどちらを扱うかによって異なっている．ここでは，有機分子の入力を扱う．

入力のグラフ構造は分子グラフ G である．頂点の特徴ベクトル $\boldsymbol{X}_V$ は，原子種や混成軌道の種類など，適当な特徴量を利用して定める．辺の特徴ベクトル Ξ_E には，SchNet と同様な原子間距離に依存する要素だけでなく，結合の種類・端点が同一の環に含まれるか否かなどの特徴量も利用する．また，グラフ全体の状態ベクトル $\boldsymbol{s}$ としては，平均の原子量や平均次数といった量を用いる．そして，グラフデータ $\mathcal{G} = (G, \boldsymbol{X}_V, \Xi_E)$ と $\boldsymbol{s}$ を MEGNet へ入力する．

MEGNet でのグラフデータ $\mathcal{G}$ に対する具体的な操作は次のとおりである．まず，l 層目に入力された頂点・辺・状態の潜在ベクトル $\boldsymbol{h}_v^{(l-1)}, \boldsymbol{e}_{vw}^{(l-1)}, \boldsymbol{u}^{(l-1)}$ を，2 層の全結合層 $f_{\mathrm{vertex}}^{(l)}, f_{\mathrm{edge}}^{(l)}, f_{\mathrm{state}}^{(l)}$ で変換する．つまり，

$$
\begin{aligned}
\boldsymbol{\eta}_v^{(l)} &= f_{\mathrm{vertex}}^{(l)}\left(\boldsymbol{h}_v^{(l-1)}\right) \\
\boldsymbol{\varepsilon}_{vw}^{(l)} &= f_{\mathrm{edge}}^{(l)}\left(\boldsymbol{e}_{vw}^{(l-1)}\right) \\
\boldsymbol{\sigma}^{(l)} &= f_{\mathrm{state}}^{(l)}\left(\boldsymbol{u}^{(l-1)}\right)
\end{aligned}
$$

とする ($\boldsymbol{h}_v^{(0)} = \boldsymbol{x}_v, \boldsymbol{e}_{vw}^{(0)} = \boldsymbol{\xi}_{vw}, \boldsymbol{u}^{(0)} = \boldsymbol{s}$)．続いて辺 vw の集約・更新は，辺に接続する頂点 v, w・辺 vw・状態の (変換された) 潜在ベクトルを用いて

$$
\begin{aligned}
\boldsymbol{\mu}_{vw}^{(l)} &= \boldsymbol{\eta}_v^{(l)} \oplus \boldsymbol{\eta}_w^{(l)} \oplus \boldsymbol{\varepsilon}_{vw}^{(l)} \oplus \boldsymbol{\sigma}^{(l)} \\
\boldsymbol{e}_{vw}^{(l)} &= \phi_{\mathrm{edge}}^{(l)}\left(\boldsymbol{\mu}_{vw}^{(l)}\right)
\end{aligned}
$$

で行う．ここで，$\phi_{\mathrm{edge}}^{(l)}$ は 3 層の全結合型ネットワークであり，活性化関数には SchNet のものと同一の g を利用している．ただし，ネットワーク $\phi_{\mathrm{edge}}^{(l)}$ の最終層の活性化関数は恒等写像になっている．その後，更新された辺の潜在ベクトルを利用して，頂点の集約・更新を

$$\boldsymbol{m}_v^{(l)} = \frac{1}{|N(v)|} \sum_{w \in N(v)} \boldsymbol{e}_{vw}^{(l)}$$

$$\boldsymbol{h}_v^{(l)} = \phi_{\text{vertex}}^{(l)} \left(\boldsymbol{m}_v^{(l)} \oplus \boldsymbol{\eta}_v^{(l)} \oplus \boldsymbol{\sigma}^{(l)} \right)$$

で計算する．ここで，$\phi_{\text{vertex}}^{(l)}$ も $\phi_{\text{edge}}^{(l)}$ と同一の構造を持つネットワークである．最後に，更新された辺・頂点の潜在ベクトルを利用して，状態の集約・更新を

$$\boldsymbol{\nu}_{\text{vertex}}^{(l)} = \frac{1}{n} \sum_{v \in V} \boldsymbol{h}_v^{(l)}$$

$$\boldsymbol{\nu}_{\text{edge}}^{(l)} = \frac{1}{|E|} \sum_{f \in E} \boldsymbol{e}_f^{(l)}$$

$$\boldsymbol{u}^{(l)} = \phi_{\text{state}}^{(l)} \left(\boldsymbol{\nu}_{\text{edge}}^{(l)} \oplus \boldsymbol{\nu}_{\text{vertex}}^{(l)} \oplus \boldsymbol{\sigma}^{(l)} \right)$$

とする．やはり，$\phi_{\text{state}}^{(l)}$ も $\phi_{\text{edge}}^{(l)}$ と同一の構造を持つネットワークである．

メッセージパッシングを L 回経た後，グラフデータ $\mathcal{G}$ の特徴量を

$$z_{\mathcal{G}} = \text{S2S}_{\text{vertex}}(\{\!\{ \boldsymbol{h}_v^{(L)} \mid v \in V \}\!\}) \oplus \text{S2S}_{\text{edge}}(\{\!\{ \boldsymbol{e}_f^{(L)} \mid f \in E \}\!\}) \oplus \boldsymbol{u}^{(L)}$$

のリードアウト操作で計算する ($\text{S2S}_{\text{vertex}}$, S2S_{edge} はそれぞれ異なるパラメータの Set2Set)．

QM9 データセットに対する物性回帰タスクでの検証では，(改良前の) SchNet や MPNN よりも予測性能が良くなった．検証では，頂点・辺の特徴量を原子番号・原子間距離のみに設定したシンプルなモデルでも性能を評価している．シンプルなモデルでも，完全な MEGNet と同程度の予測性能は得られたものの，いくつかの物性の予測では学習の収束が遅くなっていたことが確認されている．

立体情報を扱うその他の GNN モデルについて　ここまでで，立体構造を利用する三つの GNN を，入力のグラフの作り方やメッセージパッシング操作，リードアウト操作の違いに着目して説明した．以上で紹介した三つのモデルの他にも，立体構造を取り扱う GNN として 3D Embedded Graph Convolutional Network (3DGCN) [194]・

Multilevel Graph Convolutional neural Network (MGCN) [195]・Heterogenious Molecular Graph Neural Network [196]・Tensor Field Network (TFN) [197]・Cormorant [198]・DimeNet [199]・ForceNet [200] といった多数のモデルが提案されている．

3.4　有機反応の予測

化学反応は，**反応物** (reactant) と呼ばれる反応の中核をなす物質と**試薬** (reagent) と呼ばれる反応を進行させる物質を，適当な反応条件のもとで組み合わせて新たな物質 (**生成物**, product) を得る手続きである．反応物は生成物に組み込まれる物質を指し，試薬は触媒のように生成物に組み込まれない物質を指す．バーチャルスクリーニングなどにより見つかった有望な有機化合物を実用化するには，化学反応を用いて実際にこれを合成する方法を考えなければならない．

このようなターゲット化合物を合成するために，化学者たちは知識や経験をもとにしながら，容易に入手できる化合物からの合成経路を考案する．この際，ターゲット化合物の構造を単純な構造の前駆体へと切り分けていく**逆合成解析** (retrosynthetic analysis) [201] を実施したり，考えた合成経路の反応条件や収率が望ましいものかを検討したりするなど，試行錯誤を要する．このプロセスを効率化するため，ケモインフォマティクスの分野では，有機反応の生成物や化合物の合成経路を予測するための手法がこれまでにも多数開発されてきた．従来はルールベースの手法，すなわち，明示的に与えた反応ルールのうちどれが適用できそうかを予測するといったものが多かった．近年は有機反応の予測に関連した深層学習モデルの開発も進んでおり，ルールを明示的に与えることなく化学反応を予測するデータ駆動型のアプローチが着目されている．

深層学習モデルが注目された背景には，USPTO データセット [202] と呼ばれる化学反応を集めた大規模なデータセットが公開されたことがある．このデータセットは 1976 年から 2016 年 9 月までのアメリカの登録特許からテキストマイニングされた化学反応のデータセットで，約 180

万件の反応が **Reaction SMILES 文字列** (Reaction SMILES string) により記録されている[26]．この Reaction SMILES 文字列では，化学反応が「反応物>試薬>生成物」あるいは「反応物・試薬>>生成物」の形式で表現されており，複数の分子が関与する場合にはピリオドで区切られている．また，収録されている SMILES 文字列には，反応前後の各原子の対応関係を示す番号 (**原子対原子マッピング**, atom-to-atom mapping) が振られている場合が多い[27]．

有機反応の予測には二つのタイプがある．一つは，反応物と試薬が与えられた場合に生成物として得られる物質を予測する順方向の予測であり，これには生成物予測・反応収率予測・反応条件予測などが含まれる．もう一つは，与えられた生成物を合成するための反応物・試薬を予測する逆方向の予測であり，逆合成経路の予測がこれにあたる．以下ではこの二つの方向の反応予測について，深層学習モデルの具体例を挙げながら説明する．

3.4.1　順方向の反応予測: 生成物予測

生成物の予測では，Reaction SMILES 文字列を直接利用するアプローチと，GNN を利用するアプローチが主流である．文字列ベースのアプローチでは生成物の予測タスクを，反応物と試薬を表す文字列から生成物を表す文字列へ変換するタスクと見なして，自然言語処理の機械翻訳タスクの手法を利用することが多い．一方で，グラフベースのアプローチでは，反応前後での反応物と生成物の差分に着目することが多い．

(1) 文字列ベースの手法

Reaction SMILES 文字列を利用する手法では，自然言語処理の分野で開発されてきた様々な手法が活用されている．また，Reaction SMILES

26　不完全なもの・誤っているもの・重複したものなども含んでいるため，適当な前処理が必要である．以降で紹介する論文のいくつかは，USPTO データセットを整理したデータセットを公開している．

27　ただし，USPTO データセットの原子対原子マッピングは自動生成のため，間違った対応になっていることもある．

文字列には分子の立体に関する情報も記述できるため，分子グラフを利用するよりも分子の立体情報を扱いやすいという利点がある．一方で，**無効な SMILES 文字列** (invalid SMILES string)，すなわち，化合物の構造に対応しない SMILES 文字列がモデルから出力される場合もある．一般には，化合物の構造に正しく対応する**有効な SMILES 文字列** (valid SMILES string) をモデルが出力するのを保証するには，何らかの工夫が必要になる．これについては，3.5.1 節で再度触れる．

Seq2seq による反応予測　機械翻訳タスクでは Seq2seq のような系列変換モデルが利用されており，生成物の予測でもこれらのモデルが有効である．Schwaller らは，注意機構付きの Seq2seq を利用した反応予測モデルを構築した [203]．Seq2seq では，エンコーダに双方向 LSTM を，デコーダに注意機構付きの LSTM を利用している．

前処理として，USPTO データセットに含まれる反応で生成物が単一の化合物であるものを対象に，原子対原子マッピングにより反応物と試薬を判定したうえで，Reaction SMILES 文字列を「反応物>試薬>生成物」の形式に整形している．続いて，得られた Reaction SMILES 文字列から原子対原子マッピングの情報を落とし，文字列を反応物・試薬の部分と生成物に分ける．この後，それぞれの SMILES 文字列を正規化して，得られた文字列を原子ごとにトークン化して利用する．なお，試薬のトークン化では，頻出の試薬の情報だけを残して試薬ごとにトークン化している．トークン化された文字列は，one-hot エンコーディングにより数値系列データに変換される．こうして反応物・試薬を表す系列データ $\boldsymbol{X}$ と生成物を表す系列データ $\boldsymbol{Y}$ が得られるので，あとは $\boldsymbol{X}$ から $\boldsymbol{Y}$ が生成されるように Seq2seq を訓練する．

生成物の予測では，ビーム幅 10 のビームサーチを利用して生成している．テストデータセットの 80 %程度で，生成確率トップの化合物が実際の生成物と完全一致する結果が得られた．出力された SMILES 文字列が有効な SMILES 文字列である保証はないが，生成確率トップの化合物として生成された SMILES 文字列のほとんどが有効であったことが確認されている．なお，SMILES 文字列の生成確率は予測の信頼度とみなせ，予測結果のフィルタリングや反応経路のランク付けにも利用できる．

Transformer による反応予測　Molecular Transformer [204] は，系列変換モデルとして Transformer を利用した反応予測モデルである．Schwaller らの Seq2seq モデルと同様に，反応物と試薬を表す SMILES 文字列をエンコーダに入力すると，生成物を表す SMILES 文字列がデコーダから出力されるように訓練されている．

前処理では，Schwaller らの方法とは異なり，反応物と試薬を事前に区別するのが一般には難しいことを考慮して「反応物・試薬>>生成物」の形式に整形している．この形式だと，どの部分が反応するかをモデルが認識する必要があるため，反応物と試薬が区別された形式よりも予測が難しくなることに注意する．また，Schwaller らの Seq2seq モデルと同様に，トークン化では原子ごとのトークン化が利用されている．

SMILES 文字列に対するデータ拡張や，訓練終盤でのモデルのパラメータを平均したパラメータでの予測を利用することで，テストデータセットの 90 %程度で，生成確率トップの化合物が実際の生成物と完全一致する結果が得られた．特に，反応物と試薬を区別しなかったにもかかわらず高い予測性能を得た点は注目に値する．これは，Transformer のマルチヘッド注意機構で離れた位置の関係性をうまく捉えられていることによるものと考えられる．

また，Molecular Transformer の予測を定性的に評価するため，特定の官能基が優先的に反応する化学選択的反応・特定の部位に対して優先的に反応する位置選択的反応・特定の立体異性体を優先的に生じる立体選択的反応のそれぞれでうまく予測ができるかを検証している．訓練データセットに含まれていない反応であるにもかかわらず，いずれの反応に対してもうまく予測できた例が複数個確認された．芳香環の位置選択的な求電子置換反応では，量子化学計算による反応予測モデルを上回る結果も得られている．このことから，Molecular Transformer の訓練では単純にデータセットの内容を記憶しているわけではなく，物理化学的な知見も含めて反応のルールを抽出できていると推測される．

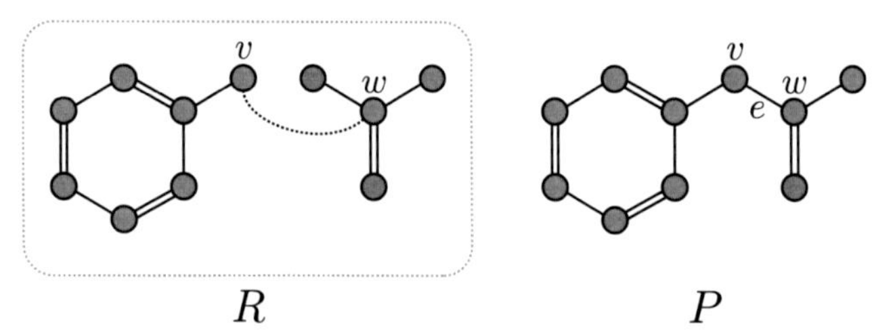

図3.21　化学反応 $\mathcal{R} = (R, P)$ とその反応中心．グラフ P の辺 e の二つの端点 v, w は，R では隣接していないため，この部分が反応中心になる．

(2) グラフベースの手法

反応物・試薬・生成物の分子グラフは，Reaction SMILES 文字列から構成できる．ここでは，反応物・試薬の分子グラフの和 $R = (V, E)$ と生成物の分子グラフ $P = (W, F)$ の組 $\mathcal{R} = (R, P)$ を化学反応と呼ぶことにする．グラフ R の各連結成分は，それぞれ反応物・試薬の化合物に対応している．化学反応では，生成物に含まれる原子が全て反応物に由来するものであるから，$W \subseteq V$ であることに注意する．特に，Reaction SMILES 文字列に原子対原子マッピングが定められていれば，反応物の分子グラフにおいて W に含まれる頂点を特定できる．

化学反応において，生成物中の結合 $e \in F$ に接続する二つの原子を $v, w \in W$ $(v \neq w)$ とする．反応物における原子 v, w 間の結合の種類 (結合が存在しない状況も含む) b が，生成物では b とは違う種類 $\beta \neq b$ であるとき，対 (vw, β) を**反応中心** (reaction center) と呼ぶ[28]．特に，$v \neq w$ であることに注意する．反応中心も，原子対原子マッピングから特定できる．化学反応と反応中心の例を図3.21に示す．

グラフベースの手法では，生成物の構造を作る際に有効な分子グラフができるか否かを逐一チェックすることで，予測された生成物が必ず化合物に対応することを保証できる．一方で，化合物の立体情報を完全に反映するのは難しいため，例えば，立体選択的な反応を扱うのには向かない．

28　反応中心では，グラフの辺と同様の記法 vw を利用した．これは，v, w が順序に依らないことを表している．なお，vw は必ずしも反応物のグラフの辺に含まれているわけではない．

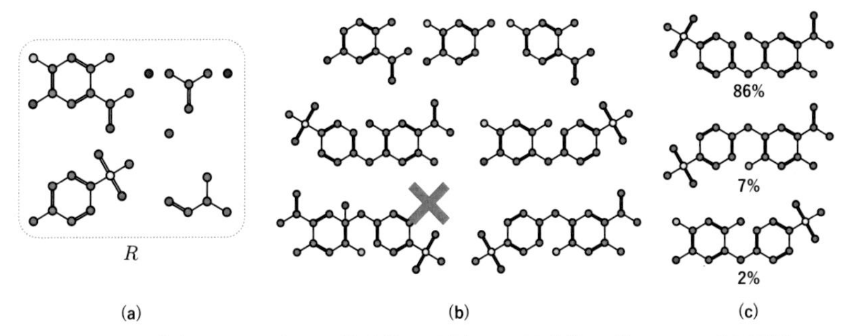

図 3.22 論文 [206] における生成物の予測．(a) 反応物のグラフ R．(b) 予測した反応中心で反応させた候補生成物．バツ印をつけた構造は無効な構造であることを表す．(c) 候補生成物のランク付け．

論文 [205, 206] では，化学反応における反応中心の数が少ないことに着目して生成物を予測した．ここでは，論文 [205] の改良版を提示している論文 [206] に従って説明する．

生成物の予測は，反応中心の予測・候補生成物の列挙・候補生成物のランク付けの 3 段階からなる (図 3.22)．反応中心の予測では，反応物・試薬のグラフ R の任意の 2 頂点 v, w と結合の種類 β に対して，(vw, β) が反応中心になる確率を計算する．続いて，反応中心である確率が最も高い K 個を反応中心の候補とする．そして，反応中心の候補から選ばれた $k \leq K$ 個の反応中心を反応させた結果のうち，分子グラフとして有効なもの全てを候補生成物とする．ここで，K はハイパーパラメータである[29]．つまり，生成される候補生成物の数 n は最大で $\sum_{k=1}^{K} \binom{K}{k} = 2^K$ 個となる ($\binom{K}{k}$ は二項係数)．この数は K が大きくなるにつれて指数的に増えるため，K が大きい場合は全列挙するのが困難になる．しかし，利用するデータセットに含まれる化学反応の反応中心の数の大部分が 5 以下であることから，選択する反応中心の数を $k \in [5]$ と制限することで試すべき組合せの数を減らしている．最後に，n 個の候補生成物 $C_1, \ldots, C_n$ のそれぞれをスコア付けし，スコアの高いものを生成物の予測として出力する．

反応中心の予測には，**Weisfeiler–Lehman Network** (WLN) という

29 論文では $K = 16$ と設定されている．

GNN を利用して得られる反応物・試薬のグラフ R の頂点の特徴ベクトルを用いる．まずは，WLN による頂点の特徴抽出について説明する．

グラフデータ $\mathcal{G} = (G, \boldsymbol{X}_V, \Xi_E)$ を WLN に入力する．WLN の l 層目の頂点 v に対するメッセージパッシングは次の手順で行われる．

$$
\begin{aligned}
\boldsymbol{m}_v^{(l)} &= \sum_{w \in N(v)} \mathrm{ReLU}\left(\boldsymbol{W}_1(\boldsymbol{h}_w^{(l-1)} \oplus \boldsymbol{\xi}_{vw})\right) \\
\boldsymbol{h}_v^{(l)} &= \mathrm{ReLU}\left(\boldsymbol{W}_2\boldsymbol{h}_v^{(l-1)} + \boldsymbol{W}_3\boldsymbol{m}_v^{(l)}\right)
\end{aligned}
$$

ここで，$\boldsymbol{W}_1, \boldsymbol{W}_2, \boldsymbol{W}_3$ は層に依らないパラメータであり，$\boldsymbol{h}_v^{(0)} = \boldsymbol{x}_v$ である．そして，L 回のメッセージパッシングを行った後，最終的な頂点の特徴ベクトルを

$$
\boldsymbol{z}_v = \sum_{w \in N(v)} \left(\boldsymbol{W}_4\boldsymbol{h}_w^{(L)} \odot \boldsymbol{W}_5\boldsymbol{\xi}_{vw} \odot \boldsymbol{W}_6\boldsymbol{h}_v^{(L)}\right)
$$

で計算する ($\boldsymbol{W}_4, \boldsymbol{W}_5, \boldsymbol{W}_6$ はパラメータ)．以上が WLN による特徴抽出操作である．

反応物・試薬のグラフ $R = (V, E)$ を反応中心予測モデルに入力するため，初期の特徴ベクトルを作る．頂点の初期の特徴ベクトル $\boldsymbol{x}_v$ には，原子番号・形式電荷・頂点の次数・価数・芳香族性を利用する．また，辺の特徴ベクトル $\boldsymbol{\xi}_{vw}$ は，結合次数と環に含まれているか否かの情報を利用する．

反応中心予測モデルでは，まずこれらの特徴ベクトルを用いて，WLN により R の各頂点 v の特徴ベクトル $\boldsymbol{z}_v$ を計算する．得られた特徴ベクトル $\boldsymbol{z}_v$ は，同一の連結成分 (分子) に含まれる頂点の影響は加味されているものの，別の連結成分に含まれる頂点の影響は加味されていない．化学反応では異なる分子同士の相互作用が重要な場合が多いため，他の連結成分の情報も加味できるようにしたい．そこで，特徴ベクトル $\boldsymbol{z}_v$ を用いて，頂点 v に対する別の特徴ベクトル $\boldsymbol{c}_v$ を

$$
\begin{aligned}
\alpha_{vw} &= \sigma\left(\boldsymbol{w}^\top \mathrm{ReLU}\left(\boldsymbol{U}_\mathrm{a}\boldsymbol{z}_v + \boldsymbol{U}_\mathrm{a}\boldsymbol{z}_w + \boldsymbol{U}_\mathrm{p}\boldsymbol{b}_{vw}\right)\right) \quad (w \in V) \\
\boldsymbol{c}_v &= \sum_{w \in V} \alpha_{vw}\boldsymbol{z}_w
\end{aligned}
$$

で計算する ($\boldsymbol{U}_\mathrm{a}, \boldsymbol{U}_\mathrm{p}, \boldsymbol{w}$ はパラメータ)．ここで，$\boldsymbol{b}_{vw}$ は頂点 v, w が異なる連結成分 (分子) に属するか否か・R での結合の種類を指定する特徴ベクトルである．上式で，α_{vw} は頂点 v に対する頂点 w の重要度[30]を表しており，$\boldsymbol{c}_v$ は各頂点 w の重要度を加味した頂点 v の特徴ベクトルと考えられる．これにより，別の連結成分に含まれる頂点の影響も加味できるようになった．そして，組 (vw, β) $(v \neq w)$ が反応中心になる確率を

$$\pi_{vw,\beta} = \sigma\left(\boldsymbol{w}_\beta^\top \mathrm{ReLU}\left(\boldsymbol{V}_\mathrm{a}\boldsymbol{c}_v + \boldsymbol{V}_\mathrm{a}\boldsymbol{c}_w + \boldsymbol{U}_\mathrm{a}\boldsymbol{z}_v + \boldsymbol{U}_\mathrm{a}\boldsymbol{z}_w + \boldsymbol{V}_\mathrm{p}\boldsymbol{\xi}_{vw}\right)\right)$$

とする ($\boldsymbol{V}_\mathrm{a}, \boldsymbol{V}_\mathrm{p}, \boldsymbol{w}_\beta$ はパラメータ)．

反応中心予測モデルの訓練では，次で定まる損失関数を最小化する．まず，訓練サンプル $\mathcal{R} = (R, P)$ に対して (vw, β) が反応中心であるとき $y_{vw,\beta} = 1$，そうでないとき $y_{vw,\beta} = 0$ と定める．ネットワークのパラメータをまとめて $\boldsymbol{W}$ と書き，組 (vw, β) $(v \neq w)$ の集合を C で表す．化学反応 $\mathcal{R}$ に対するサンプル損失を，全ての (vw, β) の組に対するクロスエントロピー損失の和

$$\ell(\mathcal{R}; \boldsymbol{W}) = -\sum_{(vw,\beta)\in C}\left(y_{vw,\beta}\log \pi_{vw,\beta} + (1 - y_{vw,\beta})\log(1 - \pi_{vw,\beta})\right)$$

で定め，これから決まる損失関数を最小化する．

一方，候補生成物のランク付けには，**Weisfeiler–Lehman Difference Network** (WLDN) というネットワークを利用する．WLDN には，化学反応 $\mathcal{R} = (R, P)$ が与えられる．ここで入力される生成物 P としては，訓練サンプルに含まれる正解の生成物か，反応中心予測の結果から生成された候補生成物を想定している．まず，各グラフ R, P は (反応中心予測モデルとは別の) 同一の WLN に入力され，各頂点の特徴ベクトルが抽出される．グラフ R の頂点 v の特徴ベクトルを $\boldsymbol{z}_v^{(R)}$，グラフ P の頂点 w の特徴ベクトルを $\boldsymbol{z}_w^{(P)}$ と書くことにする．続いて，生成物 $P = (W, F)$ の各頂点 $v \in W$ に対して，差分ベクトルを

$$\boldsymbol{\delta}_v^{(P)} = \boldsymbol{z}_v^{(P)} - \boldsymbol{z}_v^{(R)}$$

30　注意機構における寄与率とは異なり，全頂点に対する重要度の総和は 1 にならなくても良い．

で定め，これらをまとめて $\boldsymbol{\Delta}_W^{(P)}$ と書く．なお，(R,P) が化学反応であることから，$v \in W$ ならば必ず $v \in V(R)$ を満たすことに注意する．そして，P の辺の特徴ベクトルをまとめて Ξ_F として，グラフデータ $\mathcal{P} = (P, \boldsymbol{\Delta}_W^{(P)}, \Xi_F)$ をさらに別の WLN に入力する．この WLN が出力する頂点 v の特徴ベクトルを $\boldsymbol{\zeta}_v^{(P)}$ と書く．入力に用いた差分ベクトル $\boldsymbol{\delta}_v^{(P)}$ は，v が反応中心の原子に近いほどゼロベクトルからの乖離度が大きくなっており，$\zeta_v^{(P)}$ はこれらの影響を加味したベクトルになる．最後に，化学反応 $\mathcal{R}$ における反応中心の集合を $C(\mathcal{R})$ として

$$\sigma(P) = \boldsymbol{u}^\top \mathrm{ReLU}\left(\boldsymbol{M} \sum_{v \in W} \boldsymbol{\zeta}_v^{(P)}\right) + \sum_{(vw,\beta) \in C(\mathcal{R})} \pi_{vw,\beta}$$

を生成物 P のスコアとする ($\boldsymbol{M}, \boldsymbol{u}$ はパラメータ，$\pi_{vw,\beta}$ は反応中心予測で算出した確率値)．

WLDN の訓練では，次で定まる損失関数を最小化する．まず，訓練サンプルの化学反応 $\mathcal{R} = (R, P_1)$ に対して，$n-1$ 個の (P_1 と異なる) 候補生成物 $\mathscr{P} = \{P_2, \ldots, P_n\}$ が得られているとする．各生成物 P_i に対してスコア σ_i を計算し，$\boldsymbol{p} = (p_1, \ldots, p_n)^\top = \mathrm{softmax}((\sigma_1, \ldots, \sigma_n)^\top)$ を求める．WLDN のパラメータをまとめて $\boldsymbol{W}$ と書き，化学反応と候補生成物の組 $\mathscr{T} = (\mathcal{R}, \mathscr{P})$ に対するサンプル損失を，クロスエントロピー損失

$$\ell(\mathscr{T}; \boldsymbol{W}) = -\log p_1 - \sum_{i=2}^{n} \log(1 - p_i)$$

で定め，これから決まる損失関数を最小化する．

以上で説明したモデルの性能を，USPTO データセットにより検証したところ，ランクが1位の候補生成物では 85.6%，ランク5位までの候補生成物では 93.4% の反応の生成物をうまく予測できたことが確認された．また，反応生成物を予測する課題 80 問を化学者 11 人[31]に対して出題したところ，化学者の平均を上回る性能を発揮できたと報告された．

なお，ここで説明したモデルの他にも，反応機構を予測する ELECTRO

31　化学系・化学工学系の大学院生・博士研究員・教授．

[207] や強化学習を利用する Graph Transformation Policy Network (GTPN) [208] などのモデルも提案されている．

3.4.2 順方向の反応予測: 反応収率・反応条件の予測

複数の化学反応を検討する際には，目標の生成物が得られるか否かだけでなく，その他の事項も検討する必要がある．例えば，化学反応の**収率** (yield) の検討は，特に複数ステップの反応においては重要になる．収率は，生成物の理論上得られる最大量に対する，実際に得られた量の割合を指す．ターゲット化合物を合成する際に収率の低い反応を複数回利用すると，最終的に得られるターゲット化合物の量が極端に少なくなってしまうため，十分な量のターゲット化合物を得るには合成経路の各ステップでの収率を検討する必要がある．

また，化学反応の**反応条件** (reaction condition) も，実際に化学反応を利用する際には重要な事項である．反応条件には，温度・濃度・圧力・光・触媒などの因子が関わっており，これらの影響で反応にかかる時間や成否が左右される．実際に化学反応を利用するときには，実験室の環境で十分実現可能なものを利用する必要がある．

反応の収率や反応条件が事前に予測できれば，予測結果を合成経路を選択する際の指針として利用することで，ターゲット化合物の合成に至る過程を効率化できる．このような背景から，順方向の反応予測タスクとして，反応収率や反応条件を予測する試みもある．ただし，生成物予測タスクと比べると，反応収率や反応条件の予測を扱っている論文は少ない．

論文 [209] では，Transformer のエンコーダを利用して化学反応のフィンガープリントを算出するモデル [210] をファインチューニングすることで収率を予測する **Yield-BERT** が提案された．Yield-BERT は，Buchwald–Hartwig 反応や鈴木–宮浦カップリング反応に対するハイスループット実験のデータセットに対する回帰では，決定係数 R^2 がそれぞれ 0.95, 0.81 と良好な結果を示した．一方で USPTO データセットに対する回帰では，同一の機器を利用して測定するハイスループット実験のデータセットと比べるとデータセットの品質が悪いために，$R^2 = 0.388$ と予測性能が低くなっていた．また，同著者らは，SMILES に対するデータ拡張による Yield-BERT の予測性能の向上も確認している [211].

論文 [212] では，反応物と生成物の ECFP から，全結合型ニューラルネットワークを利用して逐次的に触媒・溶媒・試薬・反応温度を予測した．Reaxys [213] データベースから取得した約 1,000 万件の化学反応データを利用した検証では，報告されている反応条件 (触媒・溶媒 2 種・試薬 2 種の組み合わせ) が尤度の高い上位 10 個の候補の中に含まれている割合は 57.3% であった．また，60〜70% のテストサンプルで，反応温度の予測値が ±20 °C の範囲に収まっていることも確認されている．

3.4.3　逆方向の反応予測: 逆合成予測

逆合成解析では，ターゲット化合物に対して結合を仮想的に**切断** (disconnect) したり，酸化・還元反応などにより官能基を別の官能基に変換する**官能基相互変換** (Functional Group Interconversion, FGI) を利用したりすることで，ターゲット化合物の構造を単純化していく．ターゲット化合物の切断により生成される仮想的な分子の断片を**シントン** (synthon) と呼ぶ．ターゲット化合物の単純化は，容易に手に入る化合物に到達するまで繰り返し行われる．

異なる反応物から同一の生成物が得られることがあるため，逆合成解析により得られる合成経路は一つとは限らない．このため，化学者は複数の合成経路の中から最も合理的なものを選ぶ．当然であるが，単純化して得られた反応物から，実現可能な反応でターゲット化合物が生成できる必要がある．また，ターゲット化合物の全収率を高めるためには，短い合成経路になる方が良い．さらに，ターゲット化合物だけが選択的に得られる化学反応の方が，化合物の単離の手間が省けるため望ましい．このように，様々な要因を検討して適切な合成経路を選択するプロセスが必要になる．

逆合成予測には，反応物を提案するタスクと，望ましい合成経路を提案するタスクの二つがある．反応物提案タスクは，生成物の情報からあり得る反応物を複数提示するタスクである．なお，生成物の情報以外にも，適用される反応タイプなどの付加的な情報を利用することがある．一方で合成経路提案タスクは，逆合成予測を繰り返し適用して得られる合成経路から，望ましいものを発見し提示するタスクである．合成経路を提案する際は，反応物提案で得られたモデルを利用して，適当な評価指標を最適化する合成経路を探索するアプローチが取られることが多い[32]．以下では，主に反応物提案タスクについて説明する．

(1) 文字列ベースの反応物提案

Seq2seq によるモデル Liu らは，Seq2seq を利用することで与えられたターゲット化合物と反応の種類から反応物を予測した [215]．モデル自体は，エンコーダに双方向 LSTM を，デコーダに注意機構付きの LSTM を用いた基本的なものになっている．反応物の予測では，ビームサーチを利用することで複数の反応物の候補を提示するようにしている．

USPTO データセットに含まれる反応の前処理は，以下の手順で行われている．まずは，アシル化・炭素間結合の生成などの反応タイプが分類されているものに対し，試薬と原子対原子マッピングの情報を削除して，生成物と反応物の組を作る．ここで，生成物と反応物の SMILES 文字列は正規化しておく．次に，生成物が単一の化合物になるようにするため，生成物として含まれる溶媒分子や無機元素のイオンを取り除く．この操作の後も複数の化合物が含まれている場合は，別のサンプルに分割する．最後に，得られた生成物と反応物の SMILES 文字列と反応タイプをトークン化する．

Seq2seq の入力には利用される系列データ X は，先頭が反応タイプを，残りが生成物を表す．出力すべき系列データ Y は，反応物を表す．こうして系列データの組 X, Y が得られるので，あとは X から Y が生成されるように Seq2seq を訓練する．

論文 [215] では，5 万件程度のサンプルを用いてモデルの性能を評価している．テストデータセットに対する性能評価では，ルールベースの逆合成予測システムと同等の性能が得られた．また，モデルが予測結果を誤るパターンとして，生成される SMILES 文字列が有効でない・現実には起こり得ない反応である・起こり得る反応だが正解の反応とは異なる，の三

32 例えば，AlphaChem [214] と呼ばれる手法では，現在の化合物に適用されうる反応テンプレートを提案するネットワーク・反応の妥当性を評価するネットワーク・モンテカルロ木探索 (MCTS) を組み合わせることで，ターゲット化合物の合成経路を提案する．

つのパターンが確認されている．

Transformer によるモデル 一方，Lin らは Transformer を利用することで，与えられたターゲット化合物と反応の種類から反応物を予測した [216]．Liu らが実施した検証と同じ設定での検証では，Liu らのモデルよりも良い予測性能が得られた．また，無効な SMILES 文字列が生成される割合も減少していることも確認されている．さらに，このモデルとモンテカルロ木探索[33]を組み合わせることで，反応経路を提案するシステム (AutoSynRoute) も提案している．

以上で紹介したモデルの他には，順方向の生成物予測と組み合わせたモデル [217] や，試薬も予測できるモデル [218] なども提案されている．また，Transformer での反応物提案タスクにおける転移学習の効果を調べた研究 [219] も報告されている．

(2) グラフベースの反応物提案

生成物のグラフの頂点や辺を一つずつ修正していくことで，生成物のグラフから反応物のグラフが得られる．これを Seq2seq のようにエンコーダとデコーダの二つのネットワークで実現したものが **Molecule Edit Graph Attention Network** (MEGAN) [220] である (図 3.23)．

MEGAN では，ターゲット化合物をエンコーダに入力してターゲット化合物の情報をとらえる．続いて，デコーダは得られた情報をもとに，ターゲット化合物に適用するグラフ編集操作を提示する．グラフ編集操作としては，次の 5 種類を利用する．

- `EditAtom`: 指定された原子の性質 (形式電荷など) の変更．
- `EditBond`: 指定された原子間の結合の変更 (結合の追加・切断も含む)．
- `AddAtom`: 新たな原子と結合を指定された原子に付加．
- `AddBenzene`: ベンゼン環を指定された原子に付加．

33 モンテカルロ木探索については 3.5.1 節に解説がある．

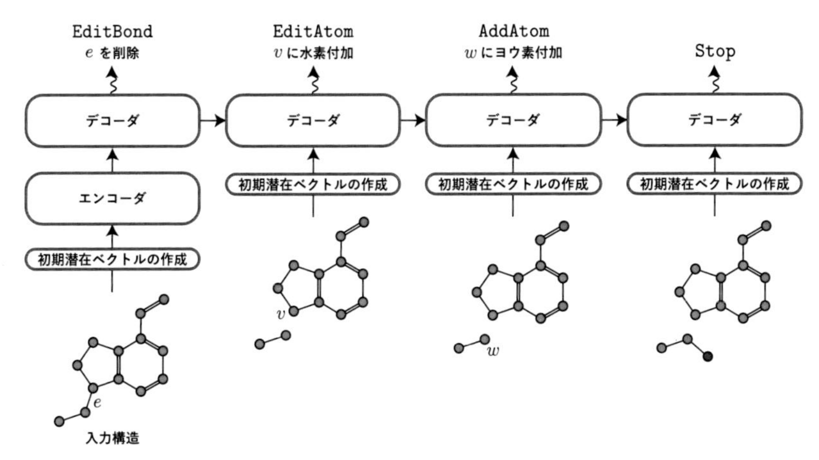

図 3.23 MEGAN の概要.

- Stop: 生成の停止.

提示された操作に従ってターゲット化合物を編集したものを再度デコーダに入力することで，デコーダは自己回帰的にグラフ編集操作を提示する．デコーダが Stop を提示した段階で生成を終了し，これを反応物のグラフとして出力する．MEGAN は逆合成予測だけでなく，生成物予測にも利用できるのが特長である．

MEGAN のエンコーダとデコーダに利用するのは，マルチヘッドの GAT [169] を辺の情報を利用するように変更した GNN である．また，モデルに入力するグラフにはダミー頂点を追加することで，離れた位置の頂点の情報を GAT の注意機構で集められるようにしている．エンコーダに入力するグラフ $P = (W, F)$ の頂点・辺の特徴ベクトル $\boldsymbol{X}_W, \Xi_F$ は，原子・結合の種類や芳香族性の有無といった特徴量を利用する．

MEGAN では，生成物のグラフデータ $\mathcal{P} = (P, \boldsymbol{X}_W, \Xi_F)$ がエンコーダに入力される．入力された特徴ベクトルは全結合層 f_1, f_2 により初期の潜在ベクトル

$$\boldsymbol{h}_v^{(0)} = f_1(\boldsymbol{x}_v)$$
$$\boldsymbol{e}_{vw} = f_2(\boldsymbol{\xi}_{vw})$$

へと変換される．エンコーダでは，$\mathcal{P}$ に対してメッセージパッシングを L_{e} 回適用し，各頂点の潜在ベクトル $\boldsymbol{h}_v^{(L_{\mathrm{e}})}$ を計算する．この特徴ベクトルをまとめて $\boldsymbol{X}_1$ と書く．また，変換後の辺の潜在ベクトルもまとめて Ξ_1 と書く．

時刻 $t \in \mathbb{Z}_{>0}$ でのデコーダへの入力は，グラフデータ $\mathcal{P}_t = (P_t, \boldsymbol{X}_t, \Xi_t)$ である．ここで，$P_t = (W_t, F_t)$ は，$t = 1$ のときは $P_1 = P$，$t \geq 2$ のときは時刻 $t-1$ のデコーダの出力により P_{t-1} を編集して得られるグラフである[34]．また，$vw \notin F_t$ のときは $\xi_{t,vw} = \mathbf{0}$ と定めておく．頂点・辺の初期の潜在ベクトルは

$$\boldsymbol{h}_{t,v}^{(0)} = \begin{cases} \boldsymbol{h}_v^{(L_{\mathrm{e}})} & (t = 1) \\ f_1(\boldsymbol{x}_{t,v}) & (t \geq 2) \end{cases}$$

$$\boldsymbol{e}_{t,vw} = \begin{cases} \boldsymbol{e}_{vw} & (t = 1) \\ f_2(\xi_{t,vw}) & (t \geq 2) \end{cases}$$

と定める．特に，時刻 1 のときはエンコーダに直接デコーダのメッセージパッシング層が接続されている状況になっている．

グラフデータ $\mathcal{P}_t$ に対して L 回のメッセージパッシングを適用した後の各頂点の潜在ベクトルを $\boldsymbol{h}_{t,v}^{(L)}$ と書く．そして，P_t の各頂点 v に対して，次の手順でスコア $\sigma_{t,v}$ を計算する．

$$\boldsymbol{z}_{t,v} = \sigma\left(g_1(\boldsymbol{h}_{t,v}^{(L)})\right)$$

$$\boldsymbol{\sigma}_{t,v} = g_2(\boldsymbol{z}_{t,v})$$

ここで，g_1, g_2 は全結合層を表す．スコア $\sigma_{t,v}$ の各要素は，頂点 v に対して適用できる各操作[35]がどの程度好ましいかを表す．また，P_t の各頂点対 vw $(v \neq w)$ に対しても同様に，スコア $\sigma_{t,vw}$ を計算する．

$$\zeta_{t,v} = \sigma\left(g_3(\boldsymbol{h}_{t,v}^{(L)})\right)$$

34　生成途中の時刻 t における P_t は，いわば「遷移状態」にあるグラフであり，分子グラフである保証はないことに注意する．

35　ダミー頂点に対しては Stop のみが適用でき，その他の頂点は EditAtom, AddAtom などの操作が適用できるものと設定されている．

$$\boldsymbol{\sigma}_{t,vw} = g_4\left(\sigma\left((\boldsymbol{\zeta}_{t,v} + \boldsymbol{\zeta}_{t,w}) \oplus \boldsymbol{e}_{t,vw}\right)\right)$$

ここで，g_3, g_4 は全結合層を表す．スコア $\boldsymbol{\sigma}_{t,vw}$ の各要素も，辺 vw に対して適用できる各操作がどの程度好ましいかを表す．最後に，

$$\boldsymbol{\sigma}_t = \left(\bigoplus_{v \in W_t} \boldsymbol{\sigma}_{t,v}\right) \oplus \left(\bigoplus_{vw: v \neq w} \boldsymbol{\sigma}_{t,vw}\right)$$
$$\boldsymbol{p}_t = \mathrm{softmax}(\boldsymbol{\sigma}_t)$$

とし，$\boldsymbol{p}_t$ の指定する確率に従って時刻 t での操作を決定する．Stop 以外の操作が選択された場合は，時刻 t での生成に関する情報を活用するため，時刻 $t+1$ での頂点の初期の潜在ベクトルを計算した後に

$$\boldsymbol{h}_{t+1,v}^{(0)} \leftarrow \begin{cases} \max\left(\boldsymbol{h}_{t+1,v}^{(0)}, \boldsymbol{h}_{t,v}^{(L)}\right) & (v \in W_{t+1} \cap W_t) \\ \mathrm{ReLU}\left(\boldsymbol{h}_{t+1,v}^{(0)}\right) & (v \in W_{t+1} \setminus W_t) \end{cases}$$

と更新してメッセージパッシングを適用する．

訓練サンプルは生成物と反応物のペアの情報しか持たないため，MEGAN を訓練するために，生成物から反応物へ至る「正解」のグラフ編集操作を適当な方法で与える．逆合成予測では，次の優先順位でグラフ編集操作の列を作る．

1. 頂点間の結合を切断する操作．
2. 頂点間に結合を生成する操作．
3. 頂点間の結合を変更する操作 (切断・生成以外の操作)．
4. EditAtom 操作．
5. AddBenzene 操作．
6. AddAtom 操作．

こうして得られる正解の操作列で訓練することで，反応物を予測する際に，優先順位の高いものが適用されやすくなると期待される．なお，生成物予測に利用する場合は，上記の 1 と 2 の優先順位を逆にして操作列を生成している．

USPTO データセットに対する予測性能の検証では，ビーム幅 K のビームサーチを利用して尤度の高い上位 K 個の反応物を提示した．ビーム幅 K が 10 以上のときに，MEGAN の提示する反応物の中に報告された反応物が含まれる割合が 90% を超えた．また，生成物の予測では，Molecular Transformer にはわずかに及ばないものの，Seq2seq や WLDN を利用する手法よりも良い性能が得られている．

MEGAN の他にも，グラフベースのモデルとして RetroXpert [221]・GraphRetro [222]・G2G [223] などが提案されている．また，反応物提案タスクを購入可能な化合物リストから反応物を選択するタスクと捉え，対照学習を利用して解く RetCL [224] という枠組みも報告されている．

3.5　有機分子の構造生成

バーチャルスクリーニングを利用することで，既知の化合物に対して有用な機能を持つものを発見できる．一方で，これまでに見つかっていない新規の化合物で，有用な機能を持つものを発見したい場面も多い．しかし，そのような新規構造を発見するには，化学者の経験や直感をもとに構造を設計し，合成・試験によって検証するプロセスを踏む必要がある．少ない試行でそのような構造が見つかるのは稀で，大抵の場合はかなりの試行錯誤を要する．実験にかかるコストを削減するためにも，この構造設計プロセスを効率化できるのが望ましい．

こうした背景から，コンピュータ上で分子構造を生成する**構造生成器** (structure generator) に関する研究が，ケモインフォマティクスの分野でこれまで盛んに研究されてきた．近年では，深層生成モデルなどを利用した**深層構造生成器** (deep structure generator) も多数提案されている．構造生成器により生成させた多数の分子構造に対してバーチャルスクリーニングを適用したり，構造生成器で目的の物性・活性を満たすと期待できる分子構造を直接発生させたりすることで，有望な候補構造を選定できる．こうした候補構造を化学者の意思決定に役立てることで，機能性有機分子の構造設計プロセスが効率化できると期待される．

深層構造生成器は，モデルが生成する分子構造の表現方法により分類できる．以下では，分子構造を表現する文字列を生成する深層構造生成器・分子グラフを生成する深層構造生成器・立体構造を生成する深層構造生成器を中心に，具体的な手法を挙げながら説明する[36]．

3.5.1 分子構造を表現する文字列の生成

分子構造を生成するには，SMILES 文字列のように分子構造を表現する文字列が生成できれば良い．ただし，SMILES 文字列は少し文字が変化しただけで無効になることがあるため，何らかの工夫が必要になることが多い．

SMILES 文字列の代わりに，SMILES 文字列に変換可能であって文字列の変化に対してより頑健な文字列を利用することもある．**DeepSMILES 文字列** (DeepSMILES string) [226] は，カッコや環の対応を表す数字といった，SMILES 文字列ではペアで存在する必要があるトークンを一つの記号で代替することにより構文エラーを防ぐようにしている．ただし，DeepSMILES 文字列から生成される SMILES 文字列が必ず有効になることは保証しない．

Self-referencing embedded string (SELFIES) [227] は，SMILES 文字列の生成方法を指定する文字列[37]である．SELFIES による SMILES 文字列の生成では，トークンを生成するごとに現在の生成モードが移り変わるようになっている．また，現在の生成モードに応じて次に生成するトークンの種類と，その操作を行った後の生成モードの遷移先が，SMILES 文字列の文法に違反しないように定められている．このためランダムな SELFIES でも，実験的には[38]，生成される SMILES 文字列が常に有効になると確認されている．なお，SELFIES の導出規則は，SMILES 文字列のデータから自動的に抽出できるようになっている．

36 この他には，分子の MACCS フィンガープリントを生成する druGAN [225] などの手法がある．

37 より正確には，適用すべき文脈自由文法の生成規則を指定する文字列である．

38 あらゆる SELFIES 文字列が SMILES 文字列に対応することの厳密な証明はない．

分子構造を表現する文字列の生成手法としては，主に，RNN を利用した再帰型ニューラル言語モデルを利用するもの・VAE を利用するもの・GAN を利用するものなどがある．以下では，これらについて説明する．

(1) RNN による生成

再帰型ニューラル言語モデルの利用　再帰型ニューラル言語モデルを利用することで，SMILES 文字列を生成できる．複数の論文 [228, 229, 230] で，このアプローチによる SMILES 文字列の生成を実施している．ここに挙げた論文ではいずれも LSTM による再帰型ニューラル言語モデルが利用されており，ChEMBL データベースや ZINC データベースなどから取得した多数の SMILES 文字列を利用してモデルを訓練し，訓練済みモデルからサンプリングすることで SMILES 文字列を生成している．

論文 [229, 230] では転移学習の効果も検証している．大規模なデータセットでの訓練の後，小規模なターゲットデータセットでのファインチューニングを行ったところ，小規模データセットに含まれる化合物と似た性質を持つ分子が生成されやすくなったことが確認された．また，生成された構造には訓練データセットと分子骨格が異なるものも含まれていたことから，訓練したモデルによって新規構造が発見できることが期待される．

論文 [229] では他にも，実際の分子設計の手順を模した次の手順による訓練も実施している．

1. 大規模な訓練データセットで再帰型ニューラル言語モデルを訓練する．
2. 訓練したモデルからサンプリングして得られた分子に対して，別途用意したモデルで物性・活性を予測し，所望の物性・活性を持つと予測された分子の集合を $\mathscr{A}$ とする．
3. $\mathscr{A}$ を利用してモデルをファインチューニングする．
4. 手順 2 と同様に，モデルからサンプリングして得られる分子から，所望の物性・活性を持つと予測された分子を $\mathscr{A}$ に追加する．
5. 終了条件が達成されたら終了する．そうでなければ，手順 3 に戻る．

手順1で事前学習したモデルを，これまでに発見された所望の活性を持つと予測される分子からなるデータセット $\mathscr{A}$ で繰り返しファインチューニングしていくことで，実際に活性があると報告されている分子の生成に成功している．なお，ここでは単一の物性・活性に関して最適化しているが，満たすべき性質が多数ある多目的最適化でもファインチューニング用の集合 $\mathscr{A}$ を非優越ソートにより選択することで，全ての性質を平均的に最適化できたという報告もある [231].

論文 [230] では，特定の部分構造をもつ構造の生成も試みている．これはモデルからサンプリングを行う際に，開始トークンを与えて生成を開始する代わりに，所望の部分構造に対応する SMILES 文字列を与えて生成を開始するというものである．実際にこの方法で，所定の部分構造をもつ多様な構造を得ることに成功している．ただしこの方法では，与えられた SMILES 文字列を伸長しているだけなので，分子を修飾できる位置が限られてしまう．特定の部分構造をもつ多様な構造が生成できるように，トークンのサンプリング手法を工夫した Scaffold Constrained Molecular Generation (SAMOA) [232] というアルゴリズムも提案されている．

強化学習との組み合わせによる構造生成　上記で紹介したモデルは，所望の物性・活性を示す構造群で再帰型ニューラル言語モデルを訓練することで，目的の物性・活性を持ち得る構造を生成した．ただし，この方法を利用するには，所望の物性・活性を示す構造群がある程度得られている必要がある．一方で，強化学習の手法を利用することで，所望の物性・活性を示す構造群がなくても物性・活性を最適化できる．以下では，訓練済みの再帰型ニューラル言語モデルが得られているものとして，目的関数を最大化する構造を発見する手法を紹介する．

ChemTS [233] は，探索中の SMILES 文字列の情報を根付き木で管理することで，ゲーム AI などにも利用されている**モンテカルロ木探索** (Monte Carlo Tree Search, MCTS) により目的関数を最大化する化合物を効率的に発見する手法である．文字列を管理する根付き木 T の各頂点 v

は，開始トークン ⟨BOS⟩ 以外の語彙に含まれるトークン $\mathtt{t}(v) \in \mathcal{V}$ に対応しているものとする ($\mathcal{V}$ は語彙)．木 T の根 r は開始トークン ⟨BOS⟩ に対応しており，r からの長さ s のパス $P = (r, v_1, \ldots, v_s)$ が，ある SMILES 文字列の長さ $s+1$ の**接頭辞** (prefix) "$\langle\mathtt{BOS}\rangle\mathtt{t}(v_1)\cdots\mathtt{t}(v_s)$" に対応する．また，$T$ の各頂点 v には，**訪問回数** (number of visits) N_v と**累積報酬** (cumulative reward) R_v が記録されているものとする．各頂点の訪問回数と累積報酬は，いずれも 0 で初期化される．

はじめは，根付き木 T は根 r のみからなるものとする．MCTS では，次の四つの手順を繰り返すことで，根付き木を拡大しながら良い解 (SMILES 文字列) を探索する (図 3.24)．

1. 選択 (selection) 操作．根 r から訪問回数と累積報酬を利用しながら T の葉 l までたどり，目的関数が大きくなりそうな部分解を決定する．
2. 展開 (expansion) 操作．葉 l の子を追加し，根付き木 T を拡大する．
3. ロールアウト (rollout) 操作．葉 l の子 c それぞれに対し，r, c-パスに対応する部分解をもとにモデルからサンプリングして，解を完成させる．
4. 逆伝播 (backpropagation) 操作．得られた解から報酬を計算し，l の子 c の先祖の訪問回数と累積報酬を更新する．

手順 1 では，根 r から子を辿って葉 l まで降りることで，有望な接頭辞を見つける．頂点 v の子を選ぶ際には，**信頼上界** (upper confidence bound, UCB)

$$\mathrm{UCB}(c) := \frac{R_c}{N_c} + C\sqrt{\frac{2\log N_v}{N_c}} \quad (c \in \mathrm{Ch}(v))$$

が最大になる子 $c^* \in \mathrm{Ch}(v)$ を選択する[39]($C > 0$ はハイパーパラメータ)．

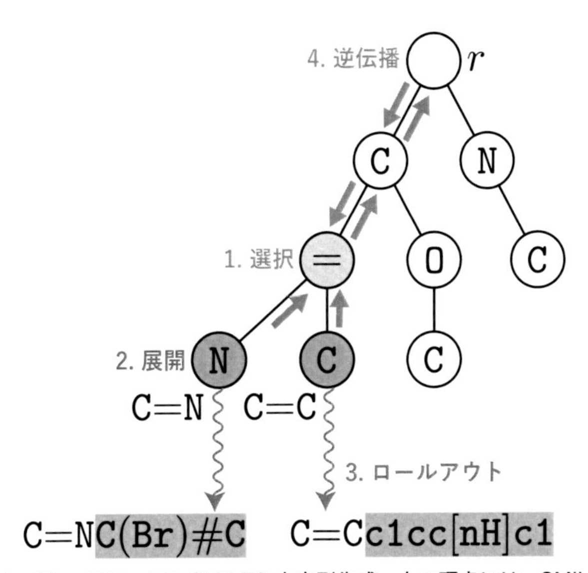

図 3.24 ChemTS による SMILES 文字列生成．木の頂点には，SMILES 文字列のトークンが格納されている (根 r には ⟨BOS⟩ が格納されている)．手順 1 では記号 = の頂点が選択され，手順 2 では色のついた N, C の頂点が新たに追加されている．手順 3 では根 r からのパスに対応する SMILES 文字列を再帰型ニューラル言語モデルで伸長し，手順 4 で生成された文字列に応じて頂点の訪問回数と累積報酬を更新する．

UCB(c) の第 1 項は，現在までの累積報酬が大きく，c の訪問回数が少ないほど大きい．一方，UCB(c) の第 2 項は，c の訪問回数が少ないほど大きい．つまり，大きな報酬が得られそうであり，かつ，あまり探索されていない v の子が選ばれる傾向にある．選ばれた葉 l が終了トークン ⟨EOS⟩ に対応している場合は，手順 4 に進む．

手順 2 では，葉 l に対して子を追加する．ここでは，r, l-パスに対応する接頭辞 $\boldsymbol{X}_{r,l}$ を再帰型ニューラル言語モデルに入力して，次に来るトークンをいくつかサンプリングする．サンプリングで得られたトークンが重複を除いて $\mathtt{t}_1, \ldots, \mathtt{t}_k$ であるとき，これらそれぞれに対応する k 個の頂

39 UCB(c) を計算する際には必ず $N_c > 0$ となっていることに注意する．手順 2 で頂点 c が新たに生成された時点では $N_c = 0$ となっているが，この後，手順 4 で N_c の値が更新される．

点を l の子に設定する．

手順3では，l の子 c それぞれに対して，r, c-パスに対応する接頭辞 $\boldsymbol{X}_{r,c}$ を再帰型ニューラル言語モデルに入力してサンプリングを繰り返すことで $\boldsymbol{X}_{r,c}$ を伸長する．子 c からのロールアウト操作で得られた SMILES 文字列を $\boldsymbol{Y}_c$ とする．もちろん，この文字列 $\boldsymbol{Y}_c$ は無効な SMILES 文字列になっていることもあり得る．

手順4では，生成結果を評価する．もし，手順2・3を行っていない場合，つまり頂点 l が終了トークンに対応していた場合は，l に $R = -1$ の報酬を与える．手順2・3を行った場合は，l の子 c それぞれに

$$R = \begin{cases} \frac{f(\boldsymbol{Y}_c)}{1+|f(\boldsymbol{Y}_c)|} & (\boldsymbol{Y}_c \text{ は有効な SMILES 文字列}) \\ -1 & (\boldsymbol{Y}_c \text{ は無効な SMILES 文字列}) \end{cases}$$

で定まる報酬を与える．ここで，f は最大化したい目的関数であり，例えば物性値・活性値の予測結果などが利用できる．報酬 R は右半開区間[40] $[-1, 1)$ に収まっており，大きいほど良い結果が得られたことを表す．このあと，報酬 R を与えられた頂点 v に対して，v の全ての祖先 a の訪問回数と累積報酬を

$$N_a \leftarrow N_a + 1$$
$$R_a \leftarrow R_a + R$$

と更新する．

ChemTS の論文では，罰則項つきのオクタノール–水分配係数の最適化実験により性能を検証している．実験の結果，再帰型ニューラル言語モデルでのランダム生成による最適化や Bayes 最適化などの最適化手法と比べて，同じ探索時間でより良い物性値を持つ構造を発見するのに成功した．

REINVENT [234] は，SMILES 文字列をエージェントの行動の列とみて強化学習を適用した手法である．訓練済みの再帰型ニューラル言語モデ

40　右半開区間 $[a, b)$ は，左端 a は含むが右端 b を含まない区間を指す．すなわち，$[a, b) := \{ x \in \mathbb{R} \mid a \leq x < b \}$ である．

ルは，初期の方策 $\pi_{\theta_0}(a \mid S)$ として利用されることになる (θ_0 は訓練で得られたモデルのパラメータを表す)．つまり，状態 S として SMILES 文字列の接頭辞を受け取り，これをもとにして行動 (次に生成するトークン) a を決定していく．一つの SMILES 文字列 $A = (a^0, \ldots, a^T)$ が生成された段階で，一つのエピソードが完了する．

以下では，モデル $\pi_\theta(a \mid S)$ により SMILES 文字列 $A = (a^0, \ldots, a^T)$ が生成される尤度を

$$\pi_\theta(A) = \pi_\theta(a^0) \prod_{t=0}^{T-1} \pi_\theta(a^{t+1} \mid S_t) = \prod_{t=0}^{T-1} \pi_\theta(a^{t+1} \mid S_t)$$

と書く[41]．ただし，$S_t = A^{0:t} = (a^0, \ldots, a^t)$ である．ここでの目標は，再帰型ニューラル言語モデルのパラメータを θ_0 から調整することで，生成された SMILES 文字列 A に対する目的関数の値 $f(A) \in [-1, 1]$ を最大化するパラメータ θ を発見することである．一方で，訓練データセットで訓練した際の情報もある程度保持するようにしたい．このため，ここでは SMILES 文字列 A に対するリターン[42]を

$$C(A; \theta) = -\left(\log \pi_{\theta_0}(A) + \sigma f(A) - \log \pi_\theta(A)\right)^2$$

と定め，これを θ に関して最大化する ($\sigma > 0$ はハイパーパラメータ)．つまり，事前訓練の結果と似ていながらも，目的関数 f の値を大きくするような SMILES 文字列を生成できるようにリターンを設定している．

論文では，REINVENT を利用して硫黄原子を含まない構造の生成・クエリ構造に似た構造の生成・活性を持つ構造の生成の三つのタスクを実施している．硫黄原子を含まない構造の生成実験では，設定したリターンの関数形で好ましい構造が生成できることを確認している．クエリ構造に似た構造の生成実験では非ステロイド性消炎・鎮痛薬のセレコキシブに似た構造を生成しており，訓練データセットにセレコキシブと似た構造がない

41 a^0 は必ず開始トークンとしているから，$\pi_\theta(a^0) = 1$ である．

42 2.5 節の記述に合わせるなら，割引率が $\gamma = 1$ で，時刻 T の報酬のみが $-\left(\log \pi_{\theta_0}(A) + \sigma f(A) - \log \pi_\theta(A)\right)^2$ の値をもち，他の時刻の報酬は 0 となるような時刻 0 からのリターンが $C_0 = C(A)$ である．

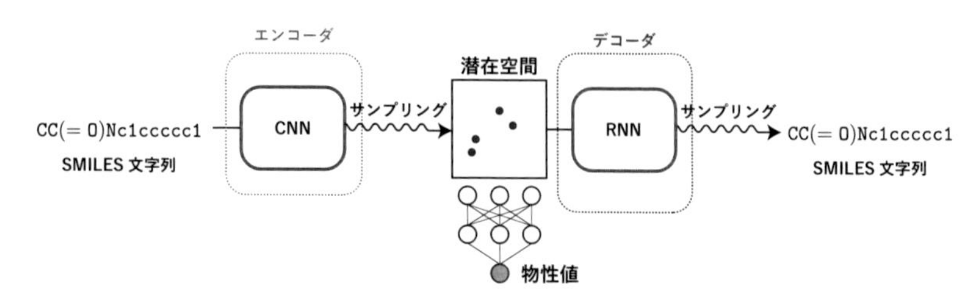

図 3.25　Chemical VAE の概要.

状況でも，セレコキシブに似た構造を生成することに成功した．同様に，活性を持つ構造の生成実験ではドーパミン D_2 受容体 (DRD_2) に対する活性化合物を生成している．こちらも，訓練データセットに活性化合物が存在しない状況で，報告されている活性化合物を発見するのに成功した．

他にも REINVENT に関連する手法として，再帰型ニューラル言語モデルと物性・活性予測モデルを事前に訓練し，再帰型ニューラル言語モデルを REINFORCE アルゴリズム[43] [235] により最適化する **Reinforcement Learning for Structural Evolution** (ReLeaSE) [236] という手法もある．ReLeaSE では，SMILES 文字列の文法を学習しやすくするために，再帰型ニューラル言語モデルをスタック拡張 RNN (stack-augmented RNN) [237] により構成している．

(2) VAE による生成

Chemical VAE　SMILES 文字列から同じ SMILES 文字列を出力するように VAE を訓練することで，VAE の潜在空間からのサンプリングにより SMILES 文字列を出力できる[44]．このような VAE を用いた深層構造生成器として，**Chemical VAE** [238] と呼ばれるモデルが提案された (図 3.25).

43　REINFORCE アルゴリズムは方策勾配法と呼ばれる強化学習手法の一種である．方策勾配法に関しては，ORGANIC の項で概説している．

44　VAE の代わりに AE を利用しても良いように思える．しかし，有効な SMILES 文字列を生成しやすくするには，エンコード結果にノイズが添加されてもうまくデコードできるような潜在ベクトルになっているほうが望ましいだろう．

Chemical VAE のエンコーダは，複数層からなる 1 次元 CNN に全結合層が接続された構造をしている．一方，デコーダは全結合層に GRU 層が複数個接続された構造を利用しており，SMILES 文字列のサンプリングが終了するまで，潜在変数が繰り返し入力される．最後の GRU 層のみ，前時刻で出力された確率ベクトルに応じたサンプリング結果が入力できるように修正されている．このため，訓練時には教師強制を利用できる．つまり，デコーダによる t 番目のトークン $\boldsymbol{y}^t$ のサンプリング手順は次のとおりである．まず，入力の潜在変数 z を全結合層，最終層までの GRU 層に通して z^t を得る．続いて，最終層の GRU に前時刻でのサンプリング結果 (訓練時は正解トークン) $\boldsymbol{y}^{t-1}$ と z^t を入力し，出力された確率ベクトル $\boldsymbol{p}^t$ を用いてトークン $\boldsymbol{y}^t$ をサンプリングする．

また，VAE の訓練で得られる潜在ベクトルに関して，興味のある物性・活性値がなめらかに変化するようになっていると，物性・活性値の最適化の際に便利である．そこで，潜在変数から物性・活性値を予測する全結合型ネットワークを用意しておき，VAE のエンコーダ・デコーダの訓練の際に一緒に訓練するモデルも検討している．この場合の損失関数は，VAE の損失と予測モデルの損失の重み付け和になる．

QM9 データセットから取得した 10 万 8,000 件の化合物からなるデータセットと，ZINC データベースから取得した 25 万件の化合物からなるデータセットそれぞれを訓練データセットに利用して，Chemical VAE の性能を検証している．予測モデルを利用しない場合でも，生成された化合物の水溶解度 (オクタノール–水分配係数, $\log P$ 値) や合成可能性の指標である SA スコア[45] [239] などの分布が訓練データセットと類似していることが確認された．また，データセットに含まれていない化合物も多数生成できている．

物性・活性予測モデルとともに Chemical VAE を訓練したところ，得られた潜在変数に関して物性値がなめらかに変化していることが確認された．得られた潜在変数を入力に利用した予測モデルでは，ECFP よりも良い予測性能を発揮した．このことから，Chemical VAE は構造生成

45　SA は Synthetic Accessibility の頭字語である．

だけでなく，化合物の特徴抽出器としても利用できることが示唆された．さらに，得られた潜在空間を利用して，Gauss 過程回帰によりドラッグライクネスの指標 (Quantitative Estimation of Drug-likeness, QED) [240] と SA スコアに関して化合物の最適化を実施した．結果として，ランダムサンプリングや遺伝的アルゴリズムを利用した最適化手法よりも評価値の高い化合物を生成できたことが報告されている．

SMILES 文字列の文法の利用　Chemical VAE では，SMILES 文字列の文法を特に考慮していないため，潜在変数から生成した SMILES 文字列が無効である可能性がある．そこで **Grammar VAE** [241] では，SMILES 文字列の文法を明示的に取り扱うことで，有効な SMILES 文字列が生成されやすくした．

SMILES 文字列は，**文脈自由文法** (context-free grammar) を利用して生成できる．文脈自由文法は，次の四つの構成要素をもつ．

- 非終端記号 (non-terminal symbol) の有限集合 V.
- 終端記号 (terminal symbol) の有限集合 Σ ($\Sigma \cap V = \varnothing$).
- 開始記号 (initial symbol) $S \in V$.
- $A \to w$ の形の導出規則 (production rule) の有限集合 R．ただし，$A \in V$ で，w は空の列 ε か $V \cup \Sigma$ の記号を組み合わせて得られる列.

例えば，$V = \{S, A, B\}, \Sigma = \{\mathtt{C}, \mathtt{N}\}$ として

$$R = \left\{ \begin{array}{l} S \to A, S \to B, \\ A \to \mathtt{C}, A \to \mathtt{C}A, A \to \mathtt{C}B, \\ B \to \mathtt{N}, B \to \mathtt{N}A, B \to \mathtt{N}B \end{array} \right\}$$

と設定すると，開始記号 S を R に含まれる導出規則により終端記号へと書き換えていくことで CCNCNC や NNCCCCCCN のような SMILES 文字列が導出できる．実際の SMILES 文字列の導出規則はより複雑であるが，同様に定式化できる．

エンコーダは，次の手順で SMILES 文字列を潜在変数に変換する．利用する SMILES 文字列の導出規則は K 個であるとする．まず，入力され

た SMILES 文字列を導出する生成規則の列を作る．一般にはそのような列は複数個考えられるが，記号列の最も左の非終端記号から終端記号へと書き換えていく**最左導出** (leftmost derivation) の列を利用することで，同じ SMILES 文字列が同一の生成規則列に対応するようにしている．このことは，SMILES 文字列が従う文法に関しては導出規則の適用方法を示した**構文木** (parse tree) と呼ばれる順序木が唯一に定まり，一つの構文木に対する最左導出の列が唯一であることから従う．得られた長さ S の導出規則の列を K 次元の one-hot ベクトルに変換し，行列 $\boldsymbol{X} = (\boldsymbol{x}^1, \ldots, \boldsymbol{x}^S)$ へと変換し，これを Chemical VAE のエンコーダに入力する．

デコーダでは，導出規則の列を生成することで SMILES 文字列を導出する．デコーダでの t 番目の導出規則のサンプリング手順は次のとおりである．最終的に SMILES 文字列になる現段階での記号列を σ^{t-1} と書くことにする．なお，$\sigma^0 = S$ (開始記号) である．まず，入力された潜在変数 z を Chemical VAE と同様のデコーダに入力し，K 次元ベクトル $\boldsymbol{f}^t = (f_1^t, \ldots, f_K^t)^\top$ を得る．Chemical VAE のデコーダとは異なり，出力のベクトル $\boldsymbol{f}^t$ はソフトマックス関数を適用する前のベクトルになっている．次に，σ^{t-1} で最も左にある非終端記号を $\alpha \in V$ とし，α を書き換える導出規則を見つける．非終端記号 α に関する，k 番目の導出規則 r_k に対するマスク変数を

$$m_{\alpha,k} = \begin{cases} 1 & (r_k \text{ が } \alpha \to w \text{ の形の導出規則のとき}) \\ 0 & (\text{そうでないとき}) \end{cases}$$

と定め，r_k がサンプリングされる確率 p_k^t を

$$p_k^t = \frac{m_{\alpha,k} \exp\left(f_k^t\right)}{\sum_{k'=1}^{K} m_{\alpha,k'} \exp\left(f_{k'}^t\right)}$$

とする．つまり，最も左にある非終端記号 α が書き換わる導出規則のみがサンプリングされるように設定している．そして，サンプリングされた導出規則を α に適用した記号列を σ^t とする．この手続きを σ^t に非終

端記号がなくなるまで行うことで，SMILES 文字列を得る．こうして得られる SMILES 文字列は構文としては正しいものの，価数制約や環を表す数字の対応といった文字列の意味を考慮できていないため，無効な SMILES 文字列になる可能性がある．

論文では，Grammar VAE を用いた水溶解度 ($\log P$ 値) に関する最適化により性能を検証している．Chemical VAE で利用していた ZINC データベースからの 25 万件の化合物を訓練データセットに利用して，Chemical VAE と比較した．Grammar VAE で得られた潜在空間は，Chemical VAE のものと比べてなめらかになっている，すなわち，潜在空間のある方向に移動していくと少しずつ化合物の構造が変化していくことが確認された．また，有効な SMILES 文字列の生成割合も，Chemical VAE より改善していた．さらに，Chemical VAE の検証と同様に Gauss 過程回帰モデルを利用した Bayes 最適化も実施している．結果として，Chemical VAE よりも良い評価値を持つ化合物の発見に成功した．

Grammar VAE のデコーダでは，SMILES 文字列の意味を考慮できていなかったために，無効な SMILES 文字列が生成されていた．これを解決するため，属性文法 (attribute grammar) の手法を応用した **Syntax-Directed VAE** (SD-VAE) [242] も提案されている．これは Grammar VAE のデコーダ部分を修正したものであり，導出規則で記号列の最左の非終端記号を書き換える生成規則をサンプリングする際に，意味に関しても妥当な規則のみを選択することで，有効な SMILES 文字列が生成されやすくした．実際，SD-VAE では有効な SMILES 文字列を生成する割合が，Grammar VAE よりも格段に改善していることが確認されている．さらに，SD-VAE のデコーダにターゲットとなる物性値の情報も合わせて入力し，SMILES 文字列を条件付けて生成できるようにした Conditional Generation with Disentangling VAE (CGD-VAE) [243] も提案されている．

(3) GAN による生成

VAE を用いた SMILES 文字列の生成について述べたが，GAN を用いた SMILES 文字列の生成も考えられる．ただし，SMILES 文字列の生成に直接 GAN を利用することは難しい．主要な問題として，生成対象がサンプリングによって得られるために，ジェネレータに損失の勾配を伝播できないという問題がある．

通常の GAN のように生成対象が連続値であれば，生成対象に関する損失の勾配，つまり，生成対象が微小に変化した際の損失の微小変化量を計算できる．このため，誤差逆伝播法を利用すればジェネレータのパラメータに関する勾配を計算でき，これによりジェネレータを訓練できる．

一方，SMILES 文字列の生成時にはサンプリング操作が必要になる．このサンプリング操作が微分不可能な操作になっており[46]，誤差逆伝播法ではディスクリミネータのパラメータに関する損失の勾配は計算できても，ジェネレータのパラメータに関する損失の勾配が計算できない．こうした理由から，GAN で SMILES 文字列を生成する際はジェネレータの訓練に何らかの工夫が必要になる．

GAN を利用した SMILES 文字列の生成モデルとして，**Object-Reinforced GAN for Inverse-design Chemistry** (ORGANIC) [244, 245] が提案された．ORGANIC はジェネレータの訓練に強化学習を利用する SeqGAN [246] をベースにしている．GAN のジェネレータ・ディスクリミネータに加えて，強化学習の報酬に目的の物性・活性値を利用することで，訓練サンプルに似ているだけでなく目的の物性・活性も持った化合物を生成できるように促している．

ORGANIC のジェネレータ G_θ は，LSTM を利用した再帰型ニューラル言語モデルである．通常の GAN では潜在変数に確率分布を設定することで生成サンプルの従う分布を定めていたが，ここでは再帰型ニューラル言語モデルを利用することで自然に SMILES 文字列に分布が定まる．このため，潜在変数は利用せずに，開始トークン ⟨BOS⟩ から生成を始める．一方でディスクリミネータ D_ω は，1 次元 CNN・Highway

46　損失の SMILES 文字列に関する「勾配」は生成される SMILES 文字列の「微小な」変化による損失の微小変化量と考えられる．しかし，トークンが離散的であることから，SMILES 文字列の「微小な」変化を表現できない．VAE では，訓練時の潜在変数のサンプリング操作を再パラメータ化トリックで回避できたが，同様の手法は SMILES 文字列のサンプリングには利用できない．

Network [247]・1層の全結合層を順に適用するネットワークであり，入力されたサンプルが訓練サンプルである確率を出力する．

ディスクリミネータの訓練は，通常のGANと同様のクロスエントロピー損失に，最終層のパラメータに関する L_2 正則化項を加えた損失を利用する．一方ジェネレータの訓練では，ジェネレータ G_θ を方策と考え，このパラメータ θ を**方策勾配法** (policy gradient method) を利用して最適化する．方策勾配法では，最大化する目的関数の勾配の推定値を計算し，これを用いて勾配上昇法と同様の方法でパラメータを更新する．

状態の集合 $\mathcal{S}$ をSMILES文字列全体とする．また，行動の集合 $\mathcal{A}$ の要素を語彙 $\mathcal{V}$ に含まれるトークンに対応するone-hotベクトル $\boldsymbol{a}$ で表す．初期状態は，開始トークン ⟨BOS⟩ に対応する $\boldsymbol{a}^0 \in \mathcal{A}$ を用いて $S_0 = (\boldsymbol{a}^0)$ と設定する．

最大化する目的関数 J は，状態 S_0 に対する状態価値関数

$$J(\boldsymbol{\theta}) = V^{G_\theta}(\boldsymbol{S}_0) = \sum_{a \in \mathcal{A}} G_{\boldsymbol{\theta}}(\boldsymbol{a} \mid \boldsymbol{S}_0) Q^{G_\theta}(\boldsymbol{S}_0, \boldsymbol{a})$$

である．つまり，開始トークン ⟨BOS⟩ から生成をはじめたときのリターンの期待値である．この勾配を J の**方策勾配** (policy gradient) と呼び，これをエピソード終了時に得られたSMILES文字列 $\boldsymbol{A}^{0:T} = (\boldsymbol{a}^0, \ldots, \boldsymbol{a}^T)$ から推定する．

あるエピソードでSMILES文字列 $\boldsymbol{A}^{0:T}$ が生成されたとする．このエピソードの時刻 t での状態を $\boldsymbol{S}_t = \boldsymbol{A}^{0:t}$ とすると，方策勾配は

$$\frac{\partial}{\partial \boldsymbol{\theta}} J(\boldsymbol{\theta}) \approx \sum_{t=0}^{T-1} \mathbb{E}_{G_\theta(\boldsymbol{a} \mid \boldsymbol{S}_t)} \left[\left(\frac{\partial}{\partial \boldsymbol{\theta}} \log G_{\boldsymbol{\theta}}(\boldsymbol{a} \mid \boldsymbol{S}_t) \right) Q^{G_\theta}(\boldsymbol{S}_t, \boldsymbol{a}) \right]$$

で計算できる [246]．期待値については，$G_{\boldsymbol{\theta}}(\boldsymbol{a} \mid \boldsymbol{S}_t)$ からのトークン $\boldsymbol{a}$ をサンプリングして標本平均を取ることで計算する．

後は，行動価値関数 $Q^{G_\theta}(\boldsymbol{S}_t, \boldsymbol{a})$ を推定すればよい．これは，R を長さ $T+1$ のSMILES文字列に対する報酬として

$$Q^{G_\theta}(\boldsymbol{S}_t, \boldsymbol{a}) \approx \begin{cases} R(\boldsymbol{S}_{T-1} \cup \boldsymbol{a}) & (t = T-1) \\ \frac{1}{K} \sum_{k=1}^{K} R(\boldsymbol{A}_k) & (0 \le t < T-1, \boldsymbol{A}_k \in \mathcal{M}_K^{G_\theta}(\boldsymbol{S}_t \cup \boldsymbol{a})) \end{cases}$$

と推定する．ここで，$A^{0:t} \cup a := (a^0, \ldots, a^t, a)$ であり，$\mathcal{M}_K^{G_\theta}(A^{0:t})$ は $A^{0:t}$ を G_θ により長さ T までランダムに伸長 (ロールアウト) して得られる K 個の列の集合である．つまり，生成途中にある SMILES 文字列 S_t $(0 \le t \le T-1)$ に対して，$Q^{G_\theta}(S_t, a)$ を「次にトークン a を選んだときの，エピソード完了時に期待される報酬の量の推定値」と定めている．

そして最後に，報酬 R は

$$R(S_T) := \lambda D_\omega(S_T) + (1-\lambda) f(S_T)$$

と定める[47]．ここで，$\lambda \in [0,1]$ はハイパーパラメータであり，f は $[0,1]$ の範囲に値を持つよう調整した最大化したい物性・活性値を表す．なお，SMILES 文字列が無効な場合は，$f(S_T) = 0$ と定める．

ORGANIC の性能検証では，沸点などの物性値が大きくなる化合物の生成を実施している．沸点の最適化では，訓練データセットと比べて，沸点が高い化合物の生成に成功した．ただし，利用する訓練データセットによっては，無効な SMILES 文字列が多数生成したり，有効な SMILES 文字列でも繰り返しのパターンが多く見られるなどの現象が報告されている．

ORGANICのように強化学習とGANを併用する手法は，他にもAdversarial Threshold Neural Computer (ATNC) [248]やReinforced Adversarial Neural Computer (RANC) [249]などがある．また，LatentGAN [250]では，ヘテロエンコーダとGANを組み合わせることでジェネレータに損失の勾配が伝播できない問題を回避した．他にも，VAEとGANを組み合わせたEntangled Conditional Adversarial Autoencoder (ECAAE) [251]やAdversarially Regularized Autoencoder (ARAE) [252]といったモデルも提案されている．

3.5.2 分子グラフの生成

グラフが分子グラフとなっている (つまり，連結で価数制約を満たす) とき**有効な分子構造** (valid molecular structure)，そうでないものを無

47 報酬がディスクリミネータに応じて変化するようになっており，強化学習におけるアクター・クリティック (actor–critic) の枠組みで捉えることができる．

効な分子構造 (invalid molecular structure) と呼ぶことにする．分子グラフを生成するのは文字列の生成と比べて手続きが煩雑だが，部分構造を取り扱えることで，生成途中のグラフに対しても価数のチェックを実施できるため，有効な分子構造を生成しやすいのが特長である．

ここでは，分子グラフの生成手法として，自己回帰型モデルを利用するもの・VAE を利用するもの・GAN を利用するもの・フローベースモデルを利用するもの・エネルギーベースモデルを利用するものを紹介する[48]．

(1) 自己回帰型モデルでの生成

分子グラフの作り方としては，頂点の追加や辺の追加を繰り返して分子グラフへと成長させていくアプローチがある．このようなアプローチで分子グラフを生成するモデルとして **Deep Generative Model of Graphs** (DGMG) [254] が挙げられる．

DGMG は，GNN で捉えた現在のグラフの状態を参考にして，頂点と辺のサンプリングを繰り返す．DGMG でのグラフ生成手順は次のとおりである (図 3.26)．

1. 空グラフ $G = (\varnothing, \varnothing)$ を用意する．
2. グラフに追加する頂点の種類を，炭素・酸素などの元素に対応しているものと特殊要素 Stop の中から，現在のグラフをもとにして一つ選ぶ．選んだものが Stop であれば，生成終了．そうでなければ次の手順へ．
3. 現在のグラフの頂点集合に，手順 2 で選んだ種類の頂点を追加する．
4. 現在のグラフをもとに，手順 2 で追加した頂点 v から他の頂点に辺を張るか否かを選択する．張る場合は (a) へ．
   (a) グラフの頂点 w と辺の種類を一つ選び，選んだ種類の辺 vw を現在のグラフの辺集合に追加する．
   (b) 現在のグラフをもとに，さらに v から他の頂点に辺を張るか否

48　この他には，所望の物性値を満たす記述子を持つ分子グラフを，混合整数計画問題を解くことで生成する手法 [253] なども報告されている．

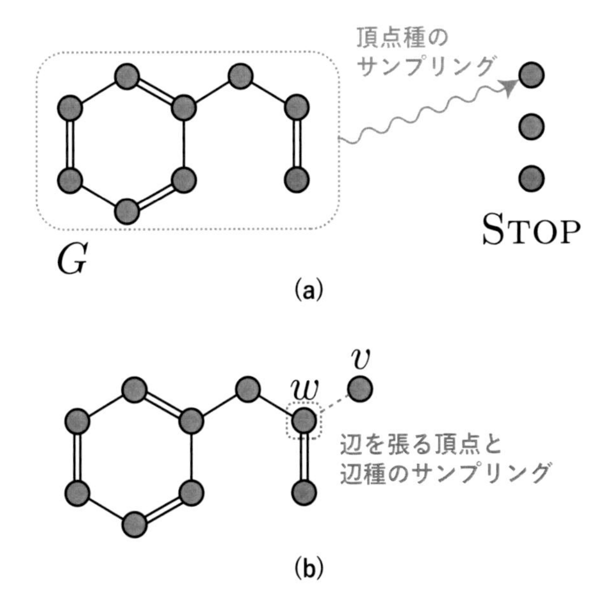

図 3.26 DGMG でのグラフ生成手順．現在のグラフ G をもとにして，頂点と辺のサンプリングを逐次的に行う．(a) 頂点種のサンプリング．(b) 辺を張る位置と辺種のサンプリング．

かを選択する．張る場合は (a) に戻る．そうでなければ手順 2 へ．

各手順における選択は，いずれも現在のグラフを GNN に入力して得られる確率分布からのサンプリングで決定する．

DGMG ではパラメータの異なるいくつかの GNN を利用するが，利用するメッセージパッシング操作とリードアウト操作は共通している．グラフデータ $\mathcal{G} = ((V, E), X_V, \Xi_E)$ が与えられているとする．l 層目の頂点 v に対するメッセージパッシングは，

$$
\begin{aligned}
\boldsymbol{e}_{vw} &= \boldsymbol{h}_v^{(l-1)} \oplus \boldsymbol{h}_w^{(l-1)} \oplus \boldsymbol{\xi}_{vw} \quad (w \in N(v)) \\
\boldsymbol{m}_v^{(l)} &= \sum_{w \in N(v)} \left(f^{(l)}(\boldsymbol{e}_{vw}) + f^{(l)}(\boldsymbol{e}_{wv}) \right)
\end{aligned}
$$

$$\boldsymbol{h}_v^{(l)} = \mathrm{GRU}\left(\boldsymbol{m}_v^{(l)}; \boldsymbol{h}_v^{(l-1)}\right)$$

で計算する．ここで，$f^{(l)}$ は1層の全結合層であり，$\boldsymbol{h}_v^{(0)} = \boldsymbol{x}_v$ である．そして，L 回のメッセージパッシングを行った後のリードアウト操作は

$$\boldsymbol{z}_v = g_1(\boldsymbol{h}_v^{(L)})$$
$$\boldsymbol{z}_{\mathcal{G}} = \sum_{v \in V} \sigma\left(g_2(\boldsymbol{h}_v^{(L)})\right) \odot \boldsymbol{z}_v$$

とする (g_1, g_2 は1層の全結合層，σ はシグモイド関数)．グラフ G の頂点の特徴ベクトルが $\boldsymbol{H} = \{\!\{\boldsymbol{h}_v \mid v \in V(G)\}\!\}$ のときのリードアウト操作を $\textsc{Readout}(\boldsymbol{H})$ と表記することにする．

手順2で利用される頂点の種類を選択するGNNでは，

$$\boldsymbol{p}_{\mathrm{node}} = \mathrm{softmax}\left(f_{\mathrm{node}}(\boldsymbol{z}_{\mathcal{G}})\right)$$

を計算する．ここで f_{node} は，利用する元素の種類を K とするとき，$K+1$ 次元ベクトルを出力する1層の全結合層である．この手順で頂点 v が追加されたとすると，頂点 v に対する初期ベクトル $\boldsymbol{x}_v$ は，頂点追加前のグラフ G の頂点の特徴ベクトルを $\boldsymbol{X}_V$ として

$$\boldsymbol{x}_v = f_{\mathrm{init}}\left(\boldsymbol{e}_v \oplus \textsc{Readout}_{\mathrm{init}}(\boldsymbol{X}_V)\right)$$

とする (f_{init} は1層の全結合層)．ここで，$\boldsymbol{e}_v$ は頂点 v の単語埋め込みであり，$\textsc{Readout}_{\mathrm{init}}$ は $\boldsymbol{z}_{\mathcal{G}}$ を出力するリードアウト操作と異なるパラメータでのリードアウト操作を適用することを表す．

手順4 (b) で利用される辺を追加するか否かを選択するGNNでは，新たに追加された頂点を v として，メッセージパッシングを L 回適用したものとすると

$$p_{\mathrm{add}} = \sigma\left(f_{\mathrm{add}}(\boldsymbol{z}_{\mathcal{G}} \oplus \boldsymbol{h}_v^{(L)})\right)$$

を計算する．ここで f_{add} は，スカラー値を出力する1層の全結合層である．

手順4 (a) で利用される辺を張る位置と辺の種類を選択するGNNでは，新たに追加された頂点を v として，メッセージパッシングを L 回適

用したものとすると

$$s_w^v = \sigma\left(f_{\text{edge}}(\boldsymbol{h}_w^{(L)} \oplus \boldsymbol{h}_v^{(L)})\right)$$

$$\boldsymbol{p}_{\text{edge},v} = \text{softmax}\left(\bigoplus_{w \in V} \boldsymbol{s}_w^v\right)$$

を計算する．ここで f_{edge} は，利用する辺の種類を M とするとき，M 次元ベクトルを出力する 1 層の全結合層である．

DGMG ではグラフ G が出力されるが，G を構成する際の頂点・辺の追加操作の手順 π も指定していることに注意する．このため，このモデルはグラフ G と π の同時分布 $p(G,\pi)$ を定めていることになる．操作手順 π は実際のグラフデータには無い情報であるから，G に対してありうる操作手順全体を $\Pi(G)$ とすると，訓練の際には訓練サンプル G に対する周辺対数尤度

$$\log p(G) = \log\left(\sum_{\pi \in \Pi(G)} p(G,\pi)\right)$$

を最大化するようにパラメータを訓練するべきである．しかし，$\Pi(G)$ の要素数はグラフの頂点数が増えるにつれて急速に増大するため，この値を正確に計算するのは困難である．そこで，代わりに

$$\mathbb{E}_{q(\pi \mid G)}\left[\log p(G,\pi)\right]$$

を最大化する．ここで，分布 $q(\pi \mid G)$ は事前に取り決めた順序付けに確率 1 を与える一点分布か，一様分布に設定される．

ChEMBL データベースから取得した約 13 万件の化合物で訓練した DGMG を利用して生成実験を行っている．生成構造の有効性をチェックしていないにもかかわらず，SMILES 文字列を出力する再帰型ニューラル言語モデル・Chemical VAE・Grammar VAE などと比べて，DGMG は有効な分子構造を高い割合で生成することに成功した．また，モデルを少し修正することで，環の数などで条件付けた構造生成も可能であることも報告している．ただし，生成過程が長くなるなどの理由から，訓練が再帰型ニューラル言語モデルよりも困難になる傾向がある．

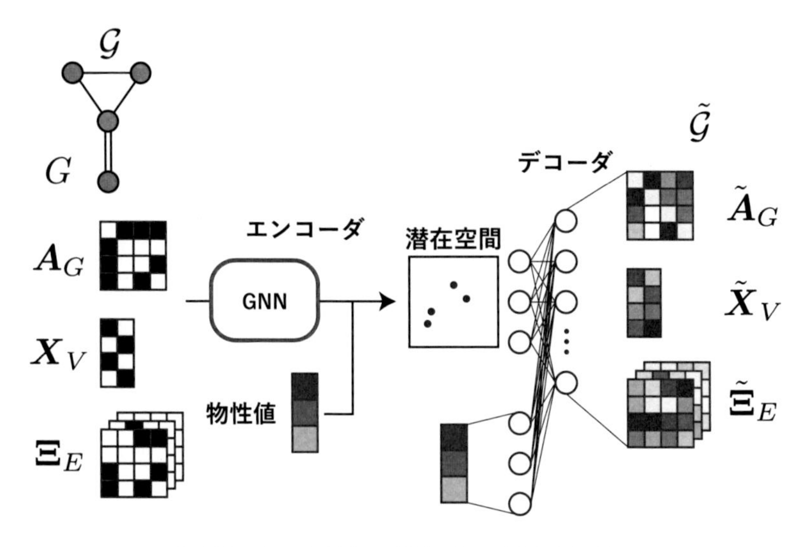

図 3.27　GraphVAE の概要．$K = 4$ としている．

DGMG 以外の自己回帰型モデルとして，MolecularRNN [255]・MG^2N^2 [256]・GraphINVENT [257]・MolMP [258] なども提案されている．

(2) VAE による生成

隣接行列の生成　GraphVAE [259] は，グラフ構造として隣接行列を生成するモデルである．生成するグラフの最大頂点数に制限がついているものの，DGMG のようにグラフを逐次的に生成することなく一発で生成できる (図 3.27).

GraphVAE で生成するグラフの最大頂点数を K とする．グラフの頂点数が K に満たない場合は，特徴ベクトルがゼロベクトルであるような擬似的な頂点を追加しておくことで，全てのグラフを K 頂点のグラフとして扱う．また，辺の存在しない頂点間も，特徴ベクトルがゼロベクトルであるような辺が存在するものとして扱う．つまり，グラフ $G = (V, E)$ に対して隣接行列 $A_G \in \mathrm{Mat}_K(\{0, 1\})$・頂点の種類を指定する行列 $X_V \in \mathrm{Mat}_{K,d_v}(\{0, 1\})$・辺の種類を $\{0, 1\}$ の 2 値で指定する

形状 (K, K, d_{e}) の 3 次元配列 Ξ_E の三つをまとめたものをグラフデータ $\mathcal{G} = (A_G, X_V, \Xi_E)$ として扱う[49]．ここで，$d_{\mathrm{v}}, d_{\mathrm{e}}$ はそれぞれ頂点と辺の種類の数を表す．

GraphVAE のエンコーダとデコーダによる確率分布を $q_\phi(z \mid \mathcal{G}), p_\theta(\mathcal{G} \mid z)$ と書き，潜在変数の事前分布を $p(z) = \mathcal{N}(z \mid \mathbf{0}, I_c)$ とする ($c \in \mathbb{Z}_{>0}$ は潜在変数の次元)．GraphVAE で最大化する変分下界は，通常の VAE と同様に

$$\mathcal{L}_{\phi,\theta}(\mathcal{G}) = \mathbb{E}_{q_\phi(z \mid \mathcal{G})}\left[\log p_\theta(\mathcal{G} \mid z)\right] - D_{\mathrm{KL}}\left[q_\phi(z \mid \mathcal{G}) \| p_\theta(z)\right] \tag{3.1}$$

である．

エンコーダは Edge-conditioned Graph Convolution [260] と全結合層を用いて $\mu(\mathcal{G}), \sigma^2(\mathcal{G}) \in \mathbb{R}^c$ を計算しており，

$$q_\phi(z \mid \mathcal{G}) = \mathcal{N}(z \mid \mu(\mathcal{G}), \mathrm{diag}(\sigma^2(\mathcal{G})))$$

と設定される．また，生成される構造に含まれる元素の数を指定するなど，条件付きの生成を実施する際は，条件を指定するラベル y をリードアウト直前の頂点の特徴ベクトルすべてに結合させるようにする．

デコーダは，潜在変数 (条件付き生成の場合は潜在変数とラベルを結合したもの) を入力にとる全結合型ニューラルネットワークである．デコーダが生成するのは，行列 $\tilde{A} \in \mathrm{Mat}_K([0,1])$，$\tilde{X} \in \mathrm{Mat}_{K,d_{\mathrm{v}}}([0,1])$ と形状が (K, K, d_{e}) の 3 次元配列 $\tilde{\Xi}$ である．行列 $\tilde{A}$ の (i, j) 成分 $\tilde{a}_{i,j}$ は，$i = j$ のときに頂点 i の存在確率を，$i \neq j$ のときに頂点 i と頂点 j の隣接確率を表す．また，$\tilde{X}$ の i 行目のベクトル $\tilde{x}_i$ は頂点 i がどの種類の原子かを指定する確率ベクトルで，$\tilde{\Xi}$ の (i, j) 成分のベクトル $\tilde{\xi}_{ij}$ は辺 ij がどの種類の結合かを指定する確率ベクトルである．こうして指定される「確率的な」グラフデータを $\tilde{\mathcal{G}} = (\tilde{A}, \tilde{X}, \tilde{\Xi})$ と書くことにする．

なお，生成されるグラフが無向グラフになるよう，$\tilde{A} = (\tilde{a}_{i,j})$ と $\tilde{\Xi} = (\xi_{i,j,k})$ の生成時には $i \leq j$ の部分のみを生成するようにして，$\tilde{a}_{j,i} = \tilde{a}_{i,j}$ とする．そして $\tilde{\mathcal{G}}$ を実際のグラフに変換する際は，生成される

49　なお，隣接行列の情報は辺の情報を保持する Ξ に含まれているので，冗長なデータになっている．

グラフが連結になるように，$\{v \mid \tilde{a}_{v,v} \geq 0.5\}$ の頂点で最大全域木を構成してから残りの辺をサンプリングするようにする．この生成過程では，特に価数制約は考慮されていないことに注意する．

式 (3.1) の第 2 項は，通常の VAE と同様に計算できる．第 1 項 $\mathbb{E}_{q_\phi(z \mid \mathcal{G})}\left[\log p_\theta(\mathcal{G} \mid z)\right]$ の計算もクロスエントロピー損失を利用して計算できるが，工夫が必要である．具体的には，入力のグラフデータ $\mathcal{G}$ のグラフの頂点と生成されたグラフデータ $\tilde{\mathcal{G}}$ のグラフの頂点を対応づけるグラフマッチングの操作が必要になる．グラフマッチングの方法に関する詳細は，論文 [259] を参照されたい．

最大頂点数が $K = 9$ の QM9 データセットの 13 万 4,000 件の化合物を利用した性能評価を実施している．GraphVAE では，50% 程度の有効な分子構造の生成に成功した．また，分子内に含まれる各元素の原子の数を指定する条件付き生成に関しても，約 40% が正しく生成された．しかし最大頂点数が $K = 38$ の ZINC データセットの 25 万件の化合物に対する性能では，有効な分子構造が 13.5% と QM9 データセットのときよりも悪くなっており，大きな分子構造の生成には向いていないことが示唆された．

100% 有効な分子構造の生成　Junction Tree VAE (JT-VAE) [167] では，3.3.2 節の HIMP-GNN でも利用されているジャンクション木を利用したモデルである．ジャンクション木のクラスタ，すなわち分子の部分構造を利用してグラフを構築することで，有効な分子構造がうまく生成できるようにした (図 3.28)．

以下では，利用する訓練サンプル全てに対して木分解を適用したうえで，訓練データセットに含まれる全てのクラスタの集合を語彙 $\mathcal{V}$ と定めておく．グラフデータ $\mathcal{G} = (G, \boldsymbol{X}_V, \boldsymbol{\Xi}_E)$ に対して，$G = (V, E)$ のジャンクション木 $T_G = (C_G, F_G)$ に対応するグラフデータを $\mathcal{T}_G = (T_G, \boldsymbol{Y}_{C_G}, \varnothing)$ とする．ジャンクション木データ $\mathcal{T}_G$ の頂点 $i \in C_G$ の特徴ベクトル $\boldsymbol{y}_i$ は，i が語彙 $\mathcal{V}$ のどの構造かを表す one-hot ベクトルである．また，ジャンクション木データでは辺の特徴ベクトルを考慮しない．

JT-VAE は，分子グラフデータ $\mathcal{G}$ に対する VAE と，ジャンクション

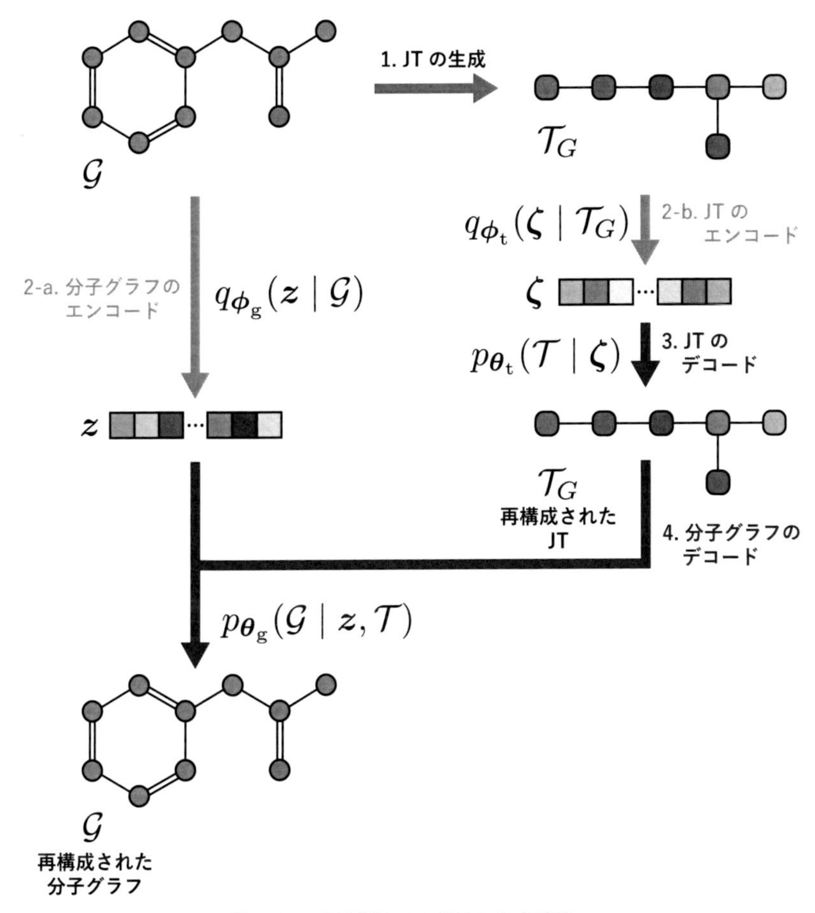

図 3.28　JT-VAE でのグラフ生成手順．

木データ $\mathcal{T}_G$ に対する VAE の 2 種類の VAE からなる．分子グラフデータに対する VAE のエンコーダは，$\mathcal{G}$ に対する潜在ベクトル $z_{\mathcal{G}}$ の分布 $q_{\phi_g}(z \mid \mathcal{G})$ を定める．また，ジャンクション木データに対する VAE のエンコーダは，ジャンクション木 $\mathcal{T}_G$ に対する潜在ベクトル $\zeta_{\mathcal{T}_G}$ の分布 $q_{\phi_t}(\zeta \mid \mathcal{T}_G)$ を定める．つまり，$\mathcal{G}$ と $\mathcal{T}_G$ から，独立に潜在ベクトル $z_{\mathcal{G}}, \zeta_{\mathcal{T}_G}$ が計算される．

一方で，二つのデコーダが定める分布には依存関係がある．ジャンクション木データに対するVAEのデコーダは，ジャンクション木の潜在ベクトル ζ に対するジャンクション木データ $\mathcal{T}$ の分布 $p_{\theta_t}(\mathcal{T} \mid \zeta)$ を定める．そして，分子グラフデータに対するVAEのデコーダは，分子グラフの潜在ベクトル z と $p_{\theta_g}(\mathcal{T} \mid \zeta)$ からサンプリングされた $\mathcal{T}$ に対する分子グラフデータ $\mathcal{G}$ の分布 $p_{\theta_g}(\mathcal{G} \mid z, \mathcal{T})$ を定める．つまり，潜在変数 z, ζ から分子構造を生成する際は，まず ζ からジャンクション木 $\mathcal{T}$ をサンプリングし，その後に z と $\mathcal{T}$ から分子構造 $\mathcal{G}$ をサンプリングする．なお，潜在変数 z, ζ の事前分布は，いずれも多次元標準正規分布に設定される．

分子グラフデータに対するエンコーダでは，GNNを利用して辺の特徴ベクトルを更新していく．l 層目の辺 vw に対するメッセージパッシングは

$$
\begin{aligned}
\boldsymbol{\varepsilon}_{vw}^{(l)} &= \sum_{u \in N(v) \setminus \{w\}} \boldsymbol{e}_{uv}^{(l-1)} \\
\boldsymbol{e}_{vw}^{(l)} &= \mathrm{ReLU}\left(\boldsymbol{W}_1^{\mathrm{g}} \boldsymbol{x}_v + \boldsymbol{W}_2^{\mathrm{g}} \boldsymbol{\xi}_{vw} + \boldsymbol{W}_3^{\mathrm{g}} \boldsymbol{\varepsilon}_{vw}^{(l)}\right)
\end{aligned}
$$

とする ($\boldsymbol{W}_1^{\mathrm{g}}, \boldsymbol{W}_2^{\mathrm{g}}, \boldsymbol{W}_3^{\mathrm{g}}$ は層に依存しないパラメータ)．ここで，$\boldsymbol{e}_{uv}^{(0)} = \mathbf{0}$ である．そして，L 回のメッセージパッシングを行った後のリードアウト操作は

$$
\begin{aligned}
\boldsymbol{h}_v &= \mathrm{ReLU}\left(\boldsymbol{U}_1^{\mathrm{g}} \boldsymbol{x}_v + \sum_{w \in N(v)} \boldsymbol{U}_2^{\mathrm{g}} \boldsymbol{e}_{wv}^{(L)}\right) \\
\boldsymbol{h}_{\mathcal{G}} &= \frac{1}{|V|} \sum_{v \in V} \boldsymbol{h}_v
\end{aligned}
$$

で計算する ($\boldsymbol{U}_1^{\mathrm{g}}, \boldsymbol{U}_2^{\mathrm{g}}$ はパラメータ)．最後に，$\boldsymbol{h}_{\mathcal{G}}$ を全結合層で変換して $\boldsymbol{\mu}(\mathcal{G}), \boldsymbol{\sigma}^2(\mathcal{G})$ を計算し，

$$
q_{\phi_{\mathrm{g}}}(\boldsymbol{z} \mid \mathcal{G}) = \mathcal{N}(\boldsymbol{z} \mid \boldsymbol{\mu}(\mathcal{G}), \mathrm{diag}(\boldsymbol{\sigma}^2(\mathcal{G})))
$$

と設定する．

ジャンクション木データに対するエンコーダは，通常のGNNとは異なり，方向性のあるメッセージパッシング操作を適用する (図3.29)．このメッセージパッシング操作では，ジャンクション木 T_G の次数1の頂点

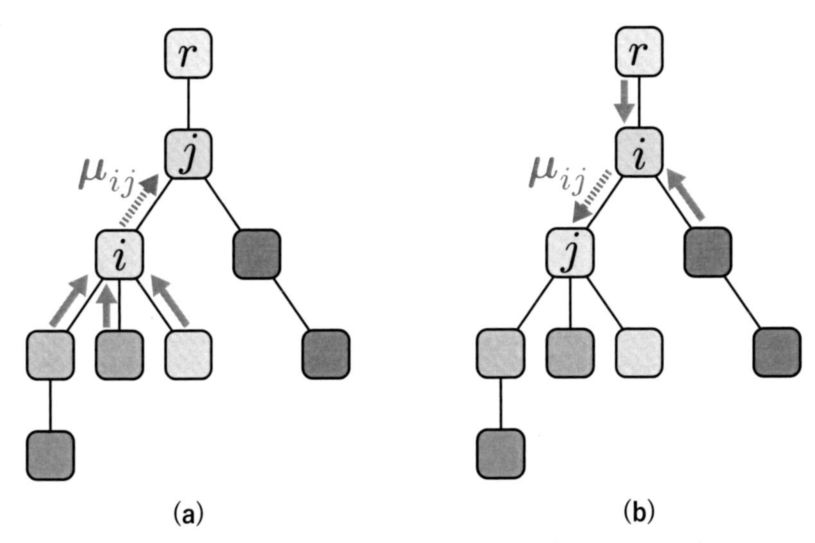

図 3.29 ジャンクション木データに対するエンコーダのメッセージパッシングの様子．破線矢印で示したメッセージベクトルを計算する際に，実線矢印で示したメッセージベクトルが利用される．(a) 根方向のメッセージパッシング．(b) 葉方向のメッセージパッシング．

$r \in C_G$ を任意に一つ選ぶことで，T_G が r を根とする根付き木であるとみなす．

さて，T_G の各辺 ij に対して，i から j へのメッセージベクトル $\boldsymbol{\mu}_{ij}$ と j から i へのメッセージベクトル $\boldsymbol{\mu}_{ji}$ が割り当てられているものとし，$\boldsymbol{\mu}_{ij} = g\left(\boldsymbol{y}_i, \left\{ \boldsymbol{\mu}_{ki} \,\middle|\, k \in N(i) \setminus \{ j \} \right\}\right)$ を

$$
\begin{aligned}
\boldsymbol{s}_{ij} &= \sum_{k \in N(i) \setminus \{ j \}} \boldsymbol{\mu}_{ki} \\
\boldsymbol{z}_{ij} &= \sigma\left(\boldsymbol{W}^{\mathrm{z}} \boldsymbol{y}_i + \boldsymbol{U}^{\mathrm{z}} \boldsymbol{s}_{ij} + \boldsymbol{b}^{\mathrm{z}}\right) \\
\boldsymbol{r}_{kj} &= \sigma\left(\boldsymbol{W}^{\mathrm{r}} \boldsymbol{y}_i + \boldsymbol{U}^{\mathrm{r}} \boldsymbol{\mu}_{kj} + \boldsymbol{b}^{\mathrm{r}}\right) \quad (k \in N(i) \setminus \{ j \}) \\
\tilde{\boldsymbol{\mu}}_{ij} &= \tanh\left(\boldsymbol{W} \boldsymbol{y}_i + \boldsymbol{U} \sum_{k \in N(i) \setminus \{ j \}} \boldsymbol{r}_{ki} \odot \boldsymbol{\mu}_{ki} \right) \\
\boldsymbol{\mu}_{ij} &= \left(\boldsymbol{1} - \boldsymbol{z}_{ij}\right) \odot \boldsymbol{s}_{ij} + \boldsymbol{z}_{ij} \odot \tilde{\boldsymbol{\mu}}_{ij}
\end{aligned}
$$

で定める ($\boldsymbol{W}^{\mathrm{z}}, \boldsymbol{U}^{\mathrm{z}}, \boldsymbol{b}^{\mathrm{z}}, \boldsymbol{W}^{\mathrm{r}}, \boldsymbol{U}^{\mathrm{r}}, \boldsymbol{b}^{\mathrm{r}}, \boldsymbol{W}, \boldsymbol{U}$ はパラメータ)．関数 g は，

GRU の操作を木上のメッセージパッシングに合わせて修正したものになっている．

メッセージベクトル $\boldsymbol{\mu}_{ij}$ の計算は，まず深さが大きい頂点 i から順に行う (図 3.29 (a))．このとき，$j = \mathrm{Pa}(i)$ $(i \neq r)$ となるから，$N(i) \backslash \{ j \} = \mathrm{Ch}(i)$ である．特に，深さが大きい頂点からメッセージベクトルを計算しているため，$\boldsymbol{\mu}_{ij}$ の計算に必要な $\left\{ \boldsymbol{\mu}_{ki} \;\middle|\; k \in N(i) \setminus \{ j \} \right\}$ の計算は既に完了していることに注意する．続いて，今度は深さが小さい頂点 i から順に $\boldsymbol{\mu}_{ij}$ を計算する (図 3.29 (b))．このときは $j \in \mathrm{Ch}(i)$ であるから，

$$N(i) \setminus \{ j \} = \begin{cases} \mathrm{Ch}(i) \setminus \{ j \} & (i = r) \\ \mathrm{Ch}(i) \setminus \{ j \} \cup \{ \mathrm{Pa}(i) \} & (i \neq r) \end{cases}$$

である．やはり，深さが小さい頂点からメッセージベクトルを計算しているため，$\boldsymbol{\mu}_{ij}$ の計算に必要な $\left\{ \boldsymbol{\mu}_{ki} \;\middle|\; k \in N(i) \setminus \{ j \} \right\}$ の計算は既に完了している．

以上の根方向のメッセージパッシング・葉方向のメッセージパッシングを行った後，リードアウト操作を

$$\boldsymbol{\eta}_i = \mathrm{ReLU}\left(\boldsymbol{W}^{\mathrm{o}} \boldsymbol{y}_i + \sum_{j \in N(i)} \boldsymbol{U}^{\mathrm{o}} \boldsymbol{\mu}_{ji} \right) \quad (i \in C_G)$$

$$\boldsymbol{\eta}_{\mathcal{T}_G} = \boldsymbol{\eta}_r$$

で計算する ($\boldsymbol{W}^{\mathrm{o}}, \boldsymbol{U}^{\mathrm{o}}$ はパラメータ)．最後に，$\boldsymbol{\eta}_{\mathcal{T}_G}$ を全結合層で変換して $\mu(\mathcal{T}_G), \sigma^2(\mathcal{T}_G)$ を計算し，

$$q_{\phi_{\mathrm{t}}}(\zeta \mid \mathcal{T}_G) = \mathcal{N}(\zeta \mid \mu(\mathcal{T}_G), \mathrm{diag}(\sigma^2(\mathcal{T}_G)))$$

と設定する．

ジャンクション木データ $\mathcal{T}_G$ の潜在変数 $\zeta_{\mathcal{T}_G}$ のサンプリングでは，葉方向のメッセージパッシングは必要ないことに注意する．葉方向のメッセージパッシングは，分子グラフデータに対するデコーダでグラフを生成する際に利用される．

ジャンクション木データに対するデコーダは，サンプリングされた潜在変数 ζ をもとにジャンクション木データ $\mathcal{T} = ((C, F), Y_C, \varnothing)$ を構成する

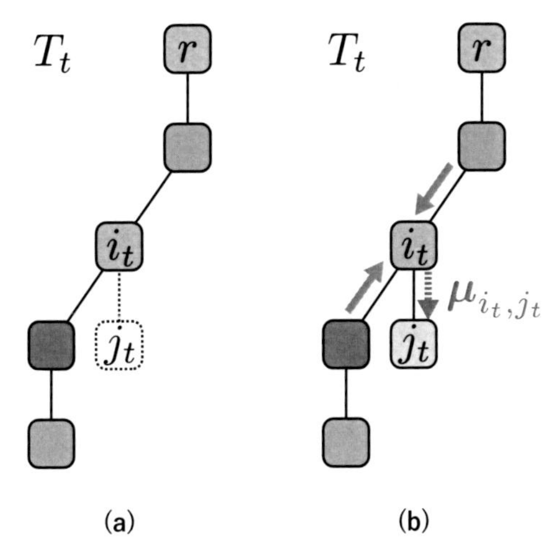

図 3.30 ジャンクション木データに対するデコーダによるサンプリングの様子．破線矢印で示したメッセージベクトルを計算する際に，実線矢印で示したメッセージベクトルが利用される．(a) 子の追加操作．(b) メッセージ $\boldsymbol{\mu}_{i_t,j_t}$ の計算と子の頂点種のサンプリング．

(図 3.30)．ここでも $T = (C, F)$ は根付き木として扱われ，根からの深さ優先探索[50]と同様の方法により徐々に T を成長させていく．はじめに，根 r の部分構造を定めるため，語彙 $\mathcal{V}$ に対する確率ベクトル

$$\boldsymbol{\pi}_r = \mathrm{softmax}\left(\boldsymbol{U}^{\mathrm{lb}}\,\mathrm{ReLU}\left(\boldsymbol{W}_1^{\mathrm{lb}}\boldsymbol{\zeta}\right)\right)$$

を計算し，サンプリングにより y_r を決定する ($\boldsymbol{U}^{\mathrm{lb}}, \boldsymbol{W}_1^{\mathrm{lb}}$ はパラメータ)．この段階での木を $T_1 = (\{r\}, \varnothing)$ とし，現在着目している頂点を $i_1 = r$ とする．

さて，$t \in \mathbb{Z}_{>0}$ として，$t-1$ ステップ終了時点での木 $T_t = (C_t, F_t)$ と着目している頂点 i_t が与えられているとし，T_t の各辺 ij には i から j へのメッセージベクトル $\boldsymbol{\mu}_{ij}$ と j から i へのメッセージベクトル $\boldsymbol{\mu}_{ji}$ が割り当てられるものとする．まず，生成される分子構造が有効になるように

50　深さ優先探索 (depth-first search) はグラフの探索アルゴリズムの一つである．未探索の辺をたどりながら探索済みの頂点が現れるまで頂点を辿るステップと，未探索の辺が見つかるまで来た経路を戻るステップを繰り返すことで，グラフ全体を探索する．

するため，頂点 i_t に対応する部分構造に結合可能な部分構造の集合を $\mathcal{V}_{i_t} \subseteq \mathcal{V}$ とする．また，T_t に新しい頂点を追加する確率を

$$p_t = \sigma\left(\boldsymbol{u}^{\mathrm{d}} \cdot \mathrm{ReLU}\left(\mathbf{W}_1^{\mathrm{d}} \boldsymbol{y}_{i_t} + \mathbf{W}_2^{\mathrm{d}} \zeta + \sum_{k \in C_t} \mathbf{W}_3^{\mathrm{d}} \boldsymbol{\mu}_{k,i_t}\right)\right)$$

と定める ($\boldsymbol{u}^{\mathrm{d}}, \mathbf{W}_1^{\mathrm{d}}, \mathbf{W}_2^{\mathrm{d}}, \mathbf{W}_3^{\mathrm{d}}$ はパラメータ)．もし新しい頂点が追加されなかったか $\mathcal{V}_{i_t} = \varnothing$ となる場合，現在着目している頂点が根 ($i_t = r$) であればここで生成を完了し，$i_t \neq r$ であれば $j_t = \mathrm{Pa}(i_t)$ とする．新しい頂点が追加され，かつ $\mathcal{V}_{i_t} \neq \varnothing$ の場合は，追加する頂点を j_t とし，j_t を i_t の新しい子に設定する．

続いて，i_t から j_t へのメッセージベクトル $\boldsymbol{\mu}_{i_t,j_t}$ を，ジャンクション木データに対するエンコーダで利用した関数 g (パラメータは異なる) を用いて

$$\boldsymbol{\mu}_{i_t,j_t} = g\left(\boldsymbol{y}_{i_t}, \left\{ \boldsymbol{\mu}_{k,i_t} \;\middle|\; k \in N(i_t) \setminus \{ j_t \} \right\}\right)$$

と計算する．特に，各 t に対する $\boldsymbol{\mu}_{i_t,j_t}$ の計算に必要なベクトルは，t ステップまでで既に計算されていることに注意する．さらに，j_t が新しく追加された頂点であれば

$$\boldsymbol{s}_{j_t} = (s_{j_t,a})_{a \in \mathcal{V}}^{\top} = \boldsymbol{U}^{\mathrm{lb}} \,\mathrm{ReLU}\left(\mathbf{W}_1^{\mathrm{lb}} \zeta + \mathbf{W}_2^{\mathrm{lb}} \boldsymbol{\mu}_{i_t,j_t}\right)$$

$$m_a = \begin{cases} 1 & (a \in \mathcal{V}_{i_t}) \\ 0 & (a \notin \mathcal{V}_{i_t}) \end{cases} \quad (a \in \mathcal{V})$$

$$\pi_{j_t,a} = \frac{m_a \exp(s_{j_t,a})}{\sum_{a' \in \mathcal{V}} m_{a'} \exp(s_{j_t,a'})} \quad (a \in \mathcal{V})$$

として，頂点 j_t に対応する部分構造を確率ベクトル $\boldsymbol{\pi}_{j_t} = (\pi_{j_t,a})_{a \in \mathcal{V}}^{\top}$ の定める分布からサンプリングする ($\mathbf{W}_2^{\mathrm{lb}}$ はパラメータ，$\boldsymbol{U}^{\mathrm{lb}}, \mathbf{W}_1^{\mathrm{lb}}$ は根の部分構造を定めたときと同一のパラメータ)．このようにすることで，無効な分子構造を発生しうる部分構造が選択されないようになっている．最後に，現在の木を T_{t+1}，$i_{t+1} = j_t$ と設定したら t ステップ目を終了し，$t+1$ ステップ目の操作に移行する．

途中で部分構造のサンプリングを行っているので，以上の操作は分

布 $p_{\theta_t}(\mathcal{T} \mid \zeta)$ を定めている．ジャンクション木データに対するデコーダからのサンプルは，上記の操作で生成されたジャンクション木データ $\mathcal{T} = ((C, F), \boldsymbol{Y}_C, \varnothing)$ である．木 $\mathcal{T}$ とその根 r の情報は，続く分子グラフデータに対するデコーダでの分子グラフ生成で利用される．

ジャンクション木データのデコーダでジャンクション木の各頂点に対応するクラスタは決定されたが，これらをどのように繋げていくかは指定されていない．分子グラフデータに対するデコーダは，ジャンクション木データに対するデコーダが出力した $\mathcal{T}$，根 r，およびサンプリングされた潜在変数 z をもとに，クラスタの組み合わせ方を定めて分子グラフデータ $\mathcal{G} = ((V, E), \boldsymbol{X}_V, \boldsymbol{\Xi}_E)$ を構成する．

まずは，ジャンクション木データに対するエンコーダを用いて，$\mathcal{T}$ の各辺のメッセージベクトル $\boldsymbol{\mu}_{ij}$ を計算する．この $\boldsymbol{\mu}_{ij}$ の情報は，クラスタ i, j 間の依存関係を捉えるのに利用される．

続いて，根 r から深さ優先探索順で分子グラフの構造を確定させていく．現在のステップでは，頂点 $i \in C$ に着目しているとする．このとき，既に i の祖先に対するクラスタの繋がりが定まっているので，このステップでは i の子 $j \in \mathrm{Ch}(i)$ に対してクラスタの繋げ方を定める．

まずは，i とその近傍 $N(i)$ に含まれるクラスタの繋げ方で，価数制約に違反しない繋げ方を列挙しておく[51]．列挙した繋げ方に対応する部分分子グラフの集合を $\mathscr{H}_i$ と書くことにする．

次に，各部分グラフ $H \in \mathscr{H}_i$ に対して，H の評価値を定める．部分グラフ H の特徴ベクトルは分子グラフデータに対するエンコーダと同様の GNN で計算するが，この計算の際に $\mathcal{T}$ の各辺のメッセージベクトル $\boldsymbol{\mu}_{ij}$ を利用する．各頂点 $v \in V(H)$ に対して，v がクラスタ i の頂点と i 以外のクラスタのみに含まれる頂点のいずれかを表す変数

$$\alpha_v := \begin{cases} i & (v \in V(i)) \\ j & (v \in V(j) \setminus V(i)) \end{cases}$$

51 ここでの列挙も深さ優先探索により実行できる．著者による実装が公開されているので，参考にすると良い．

を定める．部分グラフ H の特徴ベクトルの計算で利用する l 層目の辺 vw に対するメッセージパッシングは

$$\boldsymbol{\varepsilon}_{vw}^{(l)} = \begin{cases} \sum_{u \in N(v) \setminus \{w\}} \boldsymbol{e}_{uv}^{(l-1)} & (\alpha_v = \alpha_w) \\ \boldsymbol{\mu}_{\alpha_v, \alpha_w} + \sum_{u \in N(v) \setminus \{w\}} \boldsymbol{e}_{uv}^{(l-1)} & (\alpha_v \neq \alpha_w) \end{cases}$$

$$\boldsymbol{e}_{vw}^{(l)} = \mathrm{ReLU}\left(\boldsymbol{W}_1^{\mathrm{ev}} \boldsymbol{x}_v + \boldsymbol{W}_2^{\mathrm{ev}} \boldsymbol{\xi}_{vw} + \boldsymbol{W}_3^{\mathrm{ev}} \boldsymbol{\varepsilon}_{vw}^{(l)}\right)$$

とする ($\boldsymbol{W}_1^{\mathrm{ev}}, \boldsymbol{W}_2^{\mathrm{ev}}, \boldsymbol{W}_3^{\mathrm{ev}}$ は層に依存しないパラメータ，$\boldsymbol{e}_{uv}^{(0)} = \boldsymbol{0}$)．そして，$L$ 回のメッセージパッシングを行った後のリードアウト操作を

$$\boldsymbol{h}_v = \mathrm{ReLU}\left(\boldsymbol{U}_1^{\mathrm{ev}} \boldsymbol{x}_v + \sum_{w \in N(v)} \boldsymbol{U}_2^{\mathrm{ev}} \boldsymbol{e}_{wv}^{(L)}\right) \quad (v \in V(H))$$

$$\boldsymbol{h}_H = f\left(\frac{1}{|V(H)|} \sum_{v \in V(H)} \boldsymbol{h}_v\right)$$

で計算する ($\boldsymbol{U}_1^{\mathrm{ev}}, \boldsymbol{U}_2^{\mathrm{ev}}$ はパラメータ，f は全結合層)．最後に，H の評価値 $\mathrm{score}(H)$ を，サンプリングした潜在変数 $\boldsymbol{z}$ との内積

$$\mathrm{score}(H) \coloneqq \boldsymbol{h}_H \cdot \boldsymbol{z}$$

で定義する．

集合 $\mathscr{H}_i$ の各要素に対する評価値が得られたら，$H \in \mathscr{H}_i$ を一つサンプリングする．サンプリングの際は，評価値の高いものが高確率で選択されるように設定する．そして，H で指定されているとおりに分子グラフの構造を確定させ，i の子それぞれに対しても上記の手続きを再帰的に適用していく．なお，生成途中で無効な分子構造が生成してしまった場合は，部分グラフによる直前の構造確定を取り消して，再度別の構造をサンプリングするようにしている (バックトラック)．こうして T の全てのクラスタの繋げ方が一つ定まった段階で，このグラフを出力する．分子グラフの構造を確定させる際にサンプリング操作があるため，以上の操作は分布 $p_{\boldsymbol{\theta}_{\mathrm{g}}}(\mathcal{G} \mid \boldsymbol{z}, \mathcal{T})$ を定めている．

JT-VAE の訓練方法について概要を述べる．最大化する関数は，二つの VAE の変分下界の和になる．このうち，Kullback–Leibler ダイバー

ジェンスの項の計算は通常の VAE と同様である．残りの再構成による項を計算する際は，実際のサンプル G とそのジャンクション木 T_G に適当な頂点の順序を定めておき，生成の各ステップでのサンプルの対数尤度を計算するようにする．なお，訓練の途中でモデルが誤った選択をした場合は，生成結果を実際のサンプルのものと置き換えて訓練を続けるようにする (教師強制).

JT-VAE の論文では，ZINC データセットから取得した 25 万件の化合物 (Grammar VAE の検証と同じデータセット) を用いて訓練したモデルで性能を評価している．結果として，生成構造の 100% が有効な分子構造になった．この理由としては，生成の基本単位として部分構造を使ったことと，生成途中で有効性チェックを利用したことが挙げられる．また，訓練サンプルとは異なる構造も生成できており，モデルが訓練データセットを単に記憶しているだけではないことも確認されている．さらに，潜在変数を利用した Bayes 最適化も実施しており，Chemical VAE・Grammar VAE・SD-VAE よりも評価値のよい構造の生成に成功している．Bayes 最適化では，初期構造と十分に似ている構造に制限して最適化する手法についても検討している．

ここでは，GraphVAE と JT-VAE の二つを紹介した．この他にも，VAE によるグラフの生成モデルは多数提案されているので，以下で簡単に紹介する．例えば，Hier-VAE [261] では JT-VAE で利用したクラスタよりも大きな部分グラフを構成要素に利用した VAE である．このため，JT-VAE よりも大きな分子が生成できる．Constrained Graph VAE (CGVAE) [262] のデコーダでは，グラフの頂点を一つずつサンプリングしていく．サンプリング中に価数制約を明示的に考慮することで，生成構造が 100% 有効になるようにしている．Molecular Hypergraph Grammar VAE [263] では分子グラフを扱う代わりに，分子のハイパーグラフと分子ハイパーグラフ文法を利用することで，生成構造が常に有効になるようにした．MoleculeChef [264] は 3.4.1 節で紹介した Molecular Transformer と VAE を組み合わせたモデルになっており，合成可能な分子構造が生成されるようにしている．これら以外には，NeVAE [265]・

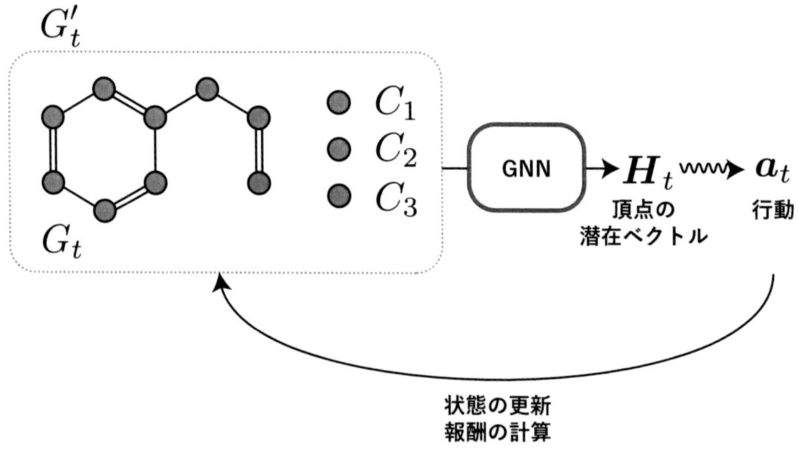

図 3.31　GCPN の概要.

GraphTransformerVAE [266] などのモデルも知られている.

(3) GAN による生成

分子グラフの生成でも，文字列の生成のときと同様に，GAN のジェネレータによるサンプリングの手続きが微分不可能になる．多くの手法では強化学習を利用することで，この問題に対処している.

GAN を利用して目的の性質を持つ分子グラフを逐次的に生成するモデルとして **Graph Convolutional Policy Network** (GCPN) [267] が挙げられる (図 3.31)．生成途中のグラフを状態とみなし，グラフのどこに新しく辺を張るかという行動を，GCPN によりモデリングした方策をもとにして確率的に選択する．選択した行動に対する報酬として満たすべき性質から計算される報酬を利用することで，目的物性を持つ構造の生成を目指す．さらに，GAN と同様に，生成途中のグラフか訓練サンプルの分子グラフの部分グラフかを判定するディスクリミネータを併用することで，訓練サンプルの構造に似た構造が生成できるようになっている.

各ステップでの構造を分子グラフ G_t $(t \geq 0)$ で表し，初期構造 G_0 を設定しておく．例えば，炭素原子を一つだけ含むグラフや，生成構造が含んでほしい部分構造のグラフを初期構造と設定すればよい．また，新たにグラフに追加する部分構造の候補の集合 $C = \{C_1, \ldots, C_p\}$ を設定する．論文 [267] 中では各 C_i を 1 原子のみの構造としており，C は新しく追加できる原子の候補を表す．以下に，時刻 t での n 頂点からなるグラフ G_t に対し，次のステップでのグラフ G_{t+1} を作る手順を示す．

まず，G_t に C の構造を全て付け加えたグラフ $G'_t := G_t \cup \bigcup_{i=1}^{p} C_i$ を作る．得られたグラフ G'_t に対し，GNN で数回のメッセージパッシングを行い，G'_t の各頂点に対する潜在ベクトル $\boldsymbol{H}_t = (\boldsymbol{h}_{t,1}, \ldots, \boldsymbol{h}_{t,m})$ を得る．初期の頂点の特徴ベクトルとしては，原子の種類を表す one-hot ベクトルを利用する[52]．GNN には，GCN [60] で辺の種類ごとにパラメータの異なるメッセージパッシングを行うように変更したモデルを利用している．得られた潜在ベクトル $\boldsymbol{H}_t$ は，現在の状態 G_t をエンコードしたものとみなせる．

続いて，時刻 t での行動 $\boldsymbol{a}_t = (u, v, k, s)$ を確率的に決定する．行動 $\boldsymbol{a}_t$ の最初の 3 要素 u, v, x は，G'_t の頂点 u, v 間に新しく種類 k の辺を張ることを表す．最後の s は，このステップで構造の生成を完了するか否かを示す．ここでは，パラメータ $\boldsymbol{\theta}$ の確率的方策 $\pi_{\boldsymbol{\theta}}(\boldsymbol{a}_t \mid G_t)$ として，頂点の潜在ベクトル $\boldsymbol{H}_t$ から定まるカテゴリ分布を利用する．つまり，各 u, v, k, s は，値の選択確率が $\boldsymbol{H}_t$ によって規定されている．ただし，u は必ず G_t の頂点のいずれか，v は u 以外の頂点のいずれかを選ぶように設定されている．また，$\boldsymbol{H}_t$ をもとにして，現在の状態 G_t の良さを表す状態価値関数の推定値 $\hat{V}_t$ も計算する．

行動 $\boldsymbol{a}_t$ が方策 $\pi_{\boldsymbol{\theta}}$ からサンプリングされたあとは，$\boldsymbol{a}_t$ を利用して状態を G_{t+1} に更新する．ここで，選択された行動によって分子グラフの価数制約が満たされなくなる場合は，選択された行動を却下して $G_{t+1} := G_t$ と現状を維持する．そうでない場合は G'_t に $\boldsymbol{a}_t$ で指定された辺を加え，G_t を部分グラフとして含む連結成分を G_{t+1} とする．この操作により，任意の時刻 t において G_t が有効な分子構造になることが保証される．

最後に，行動に対する報酬 R_t を計算する．ステップ t で構造生成を完

52 one-hot ベクトル以外にも，特徴量を追加してもよい．ただし，C の頂点に対しては one-hot ベクトル以外の特徴量を計算せずにゼロパディングする．

了しない場合は,「構造制約報酬」と「敵対的報酬」が合計される.構造制約報酬は,選択された行動で分子グラフの価数制約が満たされる場合に正,そうでない場合に負の値をとる報酬である.敵対的報酬は,状態のエンコードに利用したGNNと同様のネットワークで構成されたパラメータ ω のディスクリミネータ D_ω を用いて

$$-\log(1 - D_\omega(G_{t+1}))$$

と計算される.ディスクリミネータ D_ω は,入力された(完成前の)グラフが訓練サンプルに含まれる部分グラフらしいか,生成されたものかを判定する.敵対的報酬は,ディスクリミネータが部分グラフ G_{t+1} を訓練データセット由来らしいと判定して1に近い値を返す場合に大きくなる.これらの報酬を最大化するように訓練することで,価数制約を満たすような行動であって,かつ訓練サンプルらしいサンプルを生成できそうな行動を選択しやすい方策 π_θ が得られる.

一方,ステップ t で構造生成を完了する場合は,構造制約報酬・敵対的報酬に加えて,水溶解度やドラッグライクネスのような興味のある物性値に関する報酬を合計する.これにより,目的物性を有する構造を発生できそうな行動が選択しやすくなるように方策 π_θ を訓練できる.なお,敵対的報酬の計算には上述のディスクリミネータ D_ω の代わりに,入力された(完成品の)グラフが訓練データセット由来らしいか否かを判定する別のディスクリミネータ $\tilde{D}_{\tilde{\omega}}$ を用いる.以上の操作が1ステップで行う操作である.

敵対的報酬を設定するのは,後述する近接方策最適化で θ に関する訓練を行えるようにするためである.実際,ステップ t で構造生成を完了しない場合のディスクリミネータ D_ω に関しては,GANと同様の目的関数

$$V(\omega, \theta) = \mathbb{E}_{p_{\mathrm{sub}}(H)}\left[\log D_\omega(H)\right] + \mathbb{E}_{\pi_\theta(a_t \mid G_t)}\left[\log(1 - D_\omega(G_{t+1}))\right]$$

が設定されている.ここで p_{sub} は,サンプル分布に従うグラフの連結な部分グラフが従う分布である.パラメータ ω に関する V の勾配 $\frac{\partial V}{\partial \omega}(\omega, \theta)$ は計算できるため,パラメータ ω は勾配降下法で最適化できる.一方で,θ については誤差逆伝播法で勾配を計算できないため,別の最適化手法を利用する必要がある.同様に,ステップ t で構造生成を完了

する場合のディスクリミネータ $\tilde{D}_{\tilde{\omega}}$ に関しては，目的関数が

$$\tilde{V}(\tilde{\boldsymbol{\omega}}, \boldsymbol{\theta}) = \mathbb{E}_{p_{\mathrm{data}}(G)}\left[\log \tilde{D}_{\tilde{\boldsymbol{\omega}}}(G)\right] + \mathbb{E}_{\pi_{\boldsymbol{\theta}}(\boldsymbol{a}_t \mid G_t)}\left[\log\left(1 - \tilde{D}_{\tilde{\boldsymbol{\omega}}}(G_{t+1})\right)\right]$$

と設定されている．ここで p_{data} は，訓練サンプルのグラフが従うサンプル分布である．

パラメータの最適化は，$\boldsymbol{\theta}$ と $(\boldsymbol{\omega}, \tilde{\boldsymbol{\omega}})$ で交互に行う．まずは $\boldsymbol{\theta}$ を固定して，$(\boldsymbol{\omega}, \tilde{\boldsymbol{\omega}})$ を最適化する．最大化するのは，それぞれ $V(\boldsymbol{\omega}, \boldsymbol{\theta})$ と $\tilde{V}(\tilde{\boldsymbol{\omega}}, \boldsymbol{\theta})$ である．期待値の推定量として，$p_{\mathrm{sub}}(H)$ や $p_{\mathrm{data}}(G)$ からサンプリングして値を評価した平均を利用する．

続いて，$(\boldsymbol{\omega}, \tilde{\boldsymbol{\omega}})$ を固定して $\boldsymbol{\theta}$ を最適化する．最適化には**近接方策最適化** (proximal policy optimization, PPO) [268] と呼ばれるアルゴリズムを利用して，別途定義した目的関数を最大化する．この目的関数で，上記の 1 ステップの流れで計算した報酬 R_t と状態価値関数の推定値 $\hat{V}_t$ を利用する．

さらに，訓練サンプルから作った状態と行動の組 $\{(G_i, \boldsymbol{a}_i)\}$ を手本 (エキスパート) にして，対数尤度 $\sum_i \log \pi_{\boldsymbol{\theta}}(\boldsymbol{a}_i \mid G_i)$ の最大化も目指す．状態と行動の組を作るには，まず訓練サンプル G を一つサンプリングし，さらに G の連結な部分グラフ H を一つサンプリングする．部分グラフ H が G と一致した場合は，u, v, k をランダムにサンプリングして，このステップで終了する行動 $\boldsymbol{a} = (u, v, k, 1)$ と G を組にする (u は G の頂点，v は u と異なる頂点)．部分グラフ H が G に真に含まれる場合は，H に含まれていない G の辺からランダムにサンプリングした種類 k の辺 uv を用いて，次のステップに続行する行動 $\boldsymbol{a} = (u, v, k, 0)$ と H を組にする (u は H の頂点に設定する)．最終的に，近接方策最適化によって計算された近接方策最適化の目的関数の勾配 g_{PPO} と，対数尤度を最大化する勾配 g_{exp} を利用して，$\boldsymbol{\theta} \leftarrow \boldsymbol{\theta} + \alpha g_{\mathrm{PPO}} + \beta g_{\mathrm{exp}}$ とパラメータを更新する ($\alpha, \beta > 0$ は学習率)．

論文 [267] では，GCPN を用いてドラッグライクネスの指標や罰則付きオクタノール–水分配係数が大きくなる構造の生成を行い，良好な結果を示すことを確認している．特に，上記の生成手順からもわかるように，GCPN では必ず有効な分子構造が生成されるのが特長である．

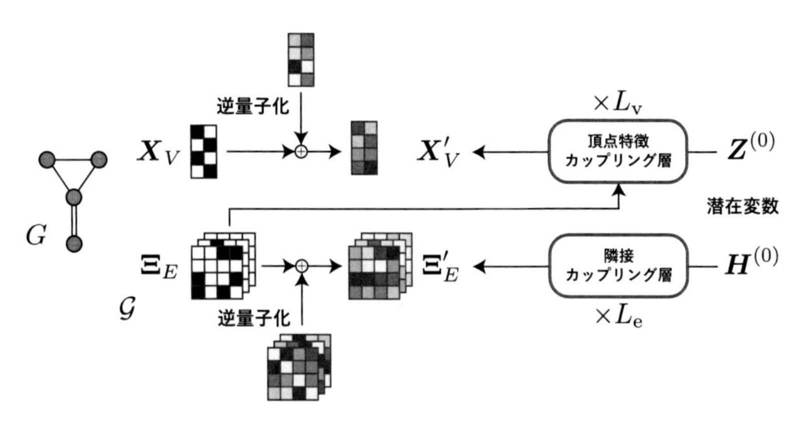

図 3.32　GraphNVP の概要．$K = 4$ としている．

GAN を利用して分子を生成するその他のモデルとしては，MolGAN [269] がある．MolGAN も，GCPN と同様に強化学習を利用するモデルである．GCPN と異なり，MolGAN では隣接行列を生成することで，グラフを一発で生成できる．これ以外にも，DeepGraphMolGen [270] や ALMGIG [271] などが知られている．

(4) フローベースモデルによる生成

フローベースモデルでは，VAE や GAN とは異なり，訓練サンプルの尤度を正確に計算できる点が最大の利点である．ただし，2.3 節で扱ったフローベースモデルでは，連続量のデータを生成する分布をモデリングしていた．分子構造のような離散的なデータの分布をモデリングする場合は，工夫が必要になる．

分子グラフの隣接行列を生成するフローベースモデルとして，**GraphNVP**[53] [272] がある．GraphVAE と同様に，生成するグラフの最大頂点数に制限がついているが，分子グラフを一発で生成できる(図 3.32)．

GraphNVP で生成するグラフの最大頂点数を K とする．グラフの頂

53　NVP は Non-volume Preserving の頭字語である．論文 [273] に由来する．

点数が K に満たない場合は，特徴ベクトルがゼロベクトルであるような擬似的な頂点を追加しておくことで，全てのグラフを K 頂点のグラフとして扱う．また，辺の存在しない頂点間も，特徴ベクトルがゼロベクトルであるような辺が存在するものとして扱う．つまり，グラフ $G = (V, E)$ に対して頂点の種類を指定する行列 $\boldsymbol{X}_V = (x_{v,t}) \in \mathrm{Mat}_{K,d_\mathrm{v}}(\{0,1\})$・辺の種類を $\{0,1\}$ の 2 値で指定する形状 (K, K, d_e) の 3 次元配列 $\Xi_E = (\xi_{v,w,t})$ をまとめたグラフデータ $\mathcal{G} = (G, \boldsymbol{X}_V, \Xi_E)$ を扱う．ここで，$d_\mathrm{v}, d_\mathrm{e}$ はそれぞれ頂点と辺の種類の数を表す．

さて，グラフデータの分布は離散的な分布であるため，**逆量子化** (dequantization) と呼ばれる操作を適用することで，これを連続的な分布に変形する．行列 $\boldsymbol{X}_V$ と 3 次元配列 $\Xi_E = (\xi_{v,w,t})$ に逆量子化を適用したものを $\boldsymbol{X}'_V = (x'_{v,t}), \Xi'_E = (\xi'_{v,w,t})$ とすると，この各要素は $[0,1)$ 区間の一様分布を $\mathcal{U}[0,1)$ として

$$
\begin{aligned}
x'_{v,t} &= x_{v,t} + c u^{\mathrm{v}}_{v,t} \quad (u^{\mathrm{v}}_{v,t} \sim \mathcal{U}[0,1)) \\
\xi'_{v,w,t} &= \xi_{v,w,t} + c u^{\mathrm{e}}_{v,w,t} \quad (u^{\mathrm{e}}_{v,w,t} \sim \mathcal{U}[0,1))
\end{aligned}
$$

となっている（$c \in (0,1)$ はハイパーパラメータ）．なお，$cu \in [0,1)$ なので逆量子化された値 x' と元の値 x には $x = \lfloor x' \rfloor$ の関係が成り立ち，逆量子化された値から元の値を復元できることに注意する．特に，元の $\boldsymbol{x}_v$ や $\boldsymbol{\xi}_{v,w}$ は one-hot ベクトルなので，$\boldsymbol{x}'_v$ や $\boldsymbol{\xi}'_{v,w}$ の値が最大の要素を 1 にして，残りを 0 とした one-hot ベクトルを作る操作で復元できる．

以上の逆量子化操作でグラフデータが連続的な分布をもつとみなせるので，以降ではこの $\boldsymbol{X}'_V =: \boldsymbol{Z}^{(L_\mathrm{v})}, \Xi'_E =: \boldsymbol{H}^{(L_\mathrm{e})}$ と潜在変数 $\boldsymbol{Z}^{(0)}, \boldsymbol{H}^{(0)}$ の対応関係をフローベースモデルで構築する（$L_\mathrm{v}, L_\mathrm{e}$ は微分同相写像の適用回数を表す）．潜在変数が従う基底分布には多次元標準正規分布を利用する．

以下の説明に用いる記号を定義しておく．一般性を失うことなく頂点集合を $V = [K]$ とし，微分同相写像による l 回の変換後の頂点 v に対する潜在変数を $\boldsymbol{z}^{(l)}_v \in \mathbb{R}^{d_\mathrm{v}}$，これをまとめたものを $\boldsymbol{Z}^{(l)} = (\boldsymbol{z}^{(l)}_1, \ldots, \boldsymbol{z}^{(l)}_K)$ とする．また，微分同相写像による l 回の変換後の頂点 v と w に対する潜在変数を $\boldsymbol{\eta}^{(l)}_{v,w} \in \mathbb{R}^{d_\mathrm{e}}$ として，これをまとめたものを $\boldsymbol{H}^{(l)}_v = (\boldsymbol{\eta}^{(l)}_{v,1}, \ldots, \boldsymbol{\eta}^{(l)}_{v,K})^\top \in \mathrm{Mat}_{K,d_\mathrm{v}}(\mathbb{R})$ とする．さらに，これをまとめ

た形状 (K, K, d_{e}) の 3 次元配列を $\boldsymbol{H}^{(l)} = (\boldsymbol{H}_1^{(l)}, \ldots, \boldsymbol{H}_K^{(l)})$ とする．そして，$\boldsymbol{Z}^{(l)}$ や $\boldsymbol{H}^{(l)}$ で，頂点 v に対応するベクトル・行列が全て 0 になっているものをそれぞれ $\boldsymbol{Z}_{\setminus v}^{(l)}, \boldsymbol{H}_{\setminus v}^{(l)}$ と書く．

GraphNVP に用いる微分同相写像は，**頂点特徴カップリング層** (node feature coupling layer)[54] と**隣接カップリング層** (adjacency coupling layer) の 2 種類である．頂点特徴カップリング層の l 回目の適用では，K による l の剰余を $r = l \bmod K$ として

$$
\begin{aligned}
\boldsymbol{z}_r^{(l)} &= \left(\boldsymbol{z}_r^{(l-1)} - t_{\mathrm{v}}^{(l)}\left(\boldsymbol{Z}_{\setminus r}^{(l-1)}, G\right)\right) \odot \exp\left(-s_{\mathrm{v}}^{(l)}\left(\boldsymbol{Z}_{\setminus r}^{(l-1)}, G\right)\right) \\
\boldsymbol{z}_v^{(l)} &= \boldsymbol{z}_v^{(l-1)} \quad (v \neq r)
\end{aligned}
$$

と計算する．ここで，$s_{\mathrm{v}}^{(l)}, t_{\mathrm{v}}^{(l)}$ は G に対する GNN でのリードアウトの後に全結合型ニューラルネットワークに通す関数であり，G の頂点の特徴ベクトルに $\boldsymbol{Z}_{\setminus r}^{(l-1)}$ が利用される．特に，

$$
\begin{aligned}
\boldsymbol{z}_r^{(l-1)} &= \boldsymbol{z}_r^{(l)} \odot \exp\left(s_{\mathrm{v}}^{(l)}\left(\boldsymbol{Z}_{\setminus r}^{(l)}, G\right)\right) + t_{\mathrm{v}}^{(l)}\left(\boldsymbol{Z}_{\setminus r}^{(l)}, G\right) \\
\boldsymbol{z}_v^{(l-1)} &= \boldsymbol{z}_v^{(l)} \quad (v \neq r)
\end{aligned}
$$

であり，$\boldsymbol{Z}_{\setminus r}^{(l)} = \boldsymbol{Z}_{\setminus r}^{(l-1)}$ となっているから，この操作は可逆になっていることに注意する．なお，対数尤度の計算に必要な変換の Jacobian も計算しやすい形になっている [273].

また，隣接カップリング層の l 回目の適用では，K による l の剰余を $r = l \bmod K$ として

$$
\begin{aligned}
\boldsymbol{H}_r^{(l)} &= \left(\boldsymbol{H}_r^{(l-1)} - t_{\mathrm{e}}^{(l)}\left(\boldsymbol{H}_{\setminus r}^{(l-1)}\right)\right) \odot \exp\left(-s_{\mathrm{e}}^{(l)}\left(\boldsymbol{H}_{\setminus r}^{(l-1)}\right)\right) \\
\boldsymbol{H}_v^{(l)} &= \boldsymbol{H}_v^{(l-1)} \quad (v \neq r)
\end{aligned}
$$

と計算する．ここで，$s_{\mathrm{e}}^{(l)}, t_{\mathrm{e}}^{(l)}$ は全結合型ニューラルネットワークである．やはりこの操作も

$$
\boldsymbol{H}_r^{(l-1)} = \boldsymbol{H}_r^{(l)} \odot \exp\left(s_{\mathrm{e}}^{(l)}\left(\boldsymbol{H}_{\setminus r}^{(l)}, G\right)\right) + t_{\mathrm{e}}^{(l)}\left(\boldsymbol{H}_{\setminus r}^{(l)}, G\right)
$$

54　元論文の表記に合わせて，“vertex” の代わりに “node” を採用した．

$$\boldsymbol{H}_v^{(l-1)} = \boldsymbol{H}_v^{(l)} \quad (v \neq r)$$

で，$\boldsymbol{H}_{\backslash r}^{(l)} = \boldsymbol{H}_{\backslash r}^{(l-1)}$ となっているから可逆であり，変換の Jacobian も計算しやすい形になる．

以上のカップリング層は，各頂点に対する $z_v^{(l)}$ や $\boldsymbol{H}_v^{(l)}$ を順番に変換する操作になっている．よって，潜在変数 $\boldsymbol{Z}^{(0)}, \boldsymbol{H}^{(0)}$ から逆量子化されたデータ $\boldsymbol{X}'_V, \Xi'_E$ へ変換するには，少なくとも K 回のカップリング操作が必要である．なお，カップリング操作は頂点の番号付けに依存しているため，GraphNVP は置換不変でないことに注意する．

標準正規分布からサンプリングした $\boldsymbol{Z}^{(0)}, \boldsymbol{H}^{(0)}$ からの分子グラフの生成は，二つのステップからなる．まずは，生成されるグラフ $\tilde{G}$ の隣接関係を表す $\tilde{\Xi}$ を計算する．このステップでは，はじめに隣接カップリング層を利用して連続値の 3 次元配列 $\boldsymbol{H}^{(L_\mathrm{e})} = (\eta_{v,u,t}^{(L_\mathrm{e})})$ を計算する．得られた $\boldsymbol{H}^{(L_\mathrm{e})}$ が頂点 v, w に関して対称的になるように，

$$\eta_{v,w,t} = \frac{1}{2}\left(\eta_{v,w,t}^{(L_\mathrm{e})} + \eta_{w,v,t}^{(L_\mathrm{e})}\right) \quad (v, w \in [K],\ t \in [d_\mathrm{e}])$$

とする ($\eta_{v,w,t} = \eta_{w,v,t}$ となっている)．そして，$t^* = \mathrm{argmax}_{t \in [d_\mathrm{e}]}\, \eta_{v,w,t}$ として，

$$\tilde{\xi}_{v,w,t} = \delta_{t,t^*} \quad (v, w \in [K],\ t \in [d_\mathrm{e}])$$

と計算することで $\tilde{\Xi}$ を求める ($\delta_{i,j}$ は Kronecker のデルタ)．これで，生成されるグラフ $\tilde{G}$ の隣接関係と辺の種類が定まった．

続いて，$\tilde{G}$ と $\boldsymbol{Z}^{(0)}$ から各頂点の種類 $\tilde{\boldsymbol{X}}$ を定める．このステップでは，頂点特徴カップリング層を利用して，連続値の行列 $\boldsymbol{Z}^{(L_\mathrm{v})}$ を得る．そして，$t^* = \mathrm{argmax}_{t \in [d_\mathrm{v}]}\, z_{v,t}^{(L_\mathrm{v})}$ として，

$$\tilde{x}_{v,t} = \delta_{t,t^*} \quad (v \in [K],\ t \in [d_\mathrm{v}])$$

と計算することで $\tilde{\boldsymbol{X}}$ を求める ($\delta_{i,j}$ は Kronecker のデルタ)．これで，$\tilde{G}$ の各頂点の種類も定まった．最終的な出力は $\tilde{\mathcal{G}} = (\tilde{G}, \tilde{\boldsymbol{X}}, \tilde{\Xi})$ である．

論文 [272] では，QM9 データセットと ZINC データセットを利用して GraphNVP の性能を評価している．価数制約を考慮していないにも

かかわらず，QM9 データセットに対しては生成構造の 83.1% が，ZINC データセットに対しては生成構造の 42.6% が有効な分子構造であった．また，訓練データセットに含まれていない構造は 58.2% 生成されており，生成構造の重複も少なかった．他にも，潜在変数の変化による構造への影響や，目標物性値の最適化に対しても検討されている．

フローベースの分子構造生成モデルは近年増加している．GraphNVP の他のフローベースモデルとしては，Residual Flow を利用した Graph Residual Flow (GRF) [274]・自己回帰的に生成する GraphAF [275] や GraphDF [276]・Glow をもとにした MoFlow [277]・カテゴリ変数に特化した GraphCNF [278] などがある．

(5) エネルギーベースモデルによる生成

VAE・GAN・フローベースモデルなどの生成モデルでは，データ生成分布 $p_{\mathrm{data}}(\boldsymbol{x})$ をモデル化する手法をとっていた．これに対して**エネルギーベースモデル** (energy-based model) [279, 280] と呼ばれる生成モデルでは，データ生成分布の代わりにサンプルに対する「エネルギー」をモデル化することで，間接的にデータ生成分布をモデル化する．

データ生成分布 $p_{\mathrm{data}}(\boldsymbol{x})$ は

$$p_{\mathrm{data}}(\boldsymbol{x}) = \frac{1}{Z}\exp\left(\log\left(Z \cdot p_{\mathrm{data}}(\boldsymbol{x})\right)\right) \tag{3.2}$$

と変形できる ($Z > 0$ はサンプル $\boldsymbol{x}$ に依らない定数)．ここで，

$$E_{\mathrm{data}}(\boldsymbol{x}) := -\log\left(Z \cdot p_{\mathrm{data}}(\boldsymbol{x})\right)$$

と定めると，式 (3.2) は

$$p_{\mathrm{data}}(\boldsymbol{x}) = \frac{1}{Z}\exp\left(-E_{\mathrm{data}}(\boldsymbol{x})\right)$$

と Boltzmann 分布の形になる．つまり，統計力学のアナロジーで，$E_{\mathrm{data}}(\boldsymbol{x})$ はサンプル $\boldsymbol{x}$ の**エネルギー** (energy) とみなせる[55]．

エネルギーベースモデルでは，このエネルギーをモデル化した $E_{\theta}(\boldsymbol{x})$

55　同様に，正規化定数 $Z > 0$ は分配関数 (partition function) と呼ばれる．

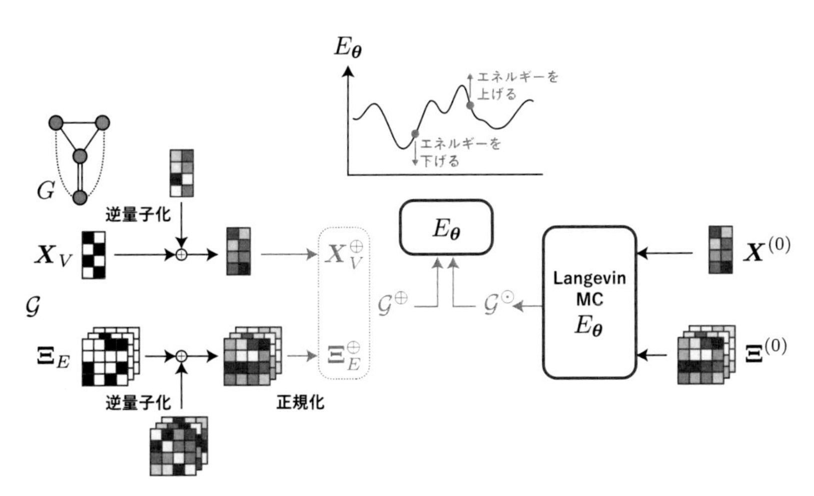

図 3.33 GraphEBM の概要．MC はモンテカルロ法を表す．$K = 4$ としている．グラフ G の点線の辺は，元のグラフに辺が存在しないことを表す．

を扱う．このとき，サンプルの分布は

$$
\begin{aligned}
p_{\boldsymbol{\theta}}(\boldsymbol{x}) &= \frac{1}{Z_{\boldsymbol{\theta}}} \exp\left(-E_{\boldsymbol{\theta}}(\boldsymbol{x})\right) \\
Z_{\boldsymbol{\theta}} &= \int \exp\left(-E_{\boldsymbol{\theta}}(\boldsymbol{x})\right) \mathrm{d}\boldsymbol{x}
\end{aligned}
$$

と計算される．このように，エネルギーをモデル化することで，データ生成分布をモデル化したことにもなっている．ただし，$Z_{\boldsymbol{\theta}}$ は厳密に計算するのが困難であることに注意する．

GraphEBM [281] は，このようなエネルギーベースモデルを分子グラフの生成に利用したモデルである．GraphEBM は，GraphVAE や GraphNVP と同様に，隣接行列を生成するモデルになっている (図 3.33).

GraphEBM で生成するグラフの最大頂点数を K とする．グラフの頂点数が K に満たない場合は，擬似的な頂点を追加して K 頂点のグラフとして扱う．また，辺の存在しない頂点間には擬似的に辺が存在するものとして扱う．つまり，完全グラフ $G = (V, E)$ に対して頂点の種類を指定す

る行列 $\boldsymbol{X}_V = (x_{v,t}) \in \mathrm{Mat}_{K,d_\mathrm{v}}(\{0,1\})$・辺の種類を $\{0,1\}$ の 2 値で指定する形状 (K, K, d_e) の 3 次元配列 $\Xi_E = (\xi_{v,w,t})$ をまとめたグラフデータ $\mathcal{G} = (G, \boldsymbol{X}_V, \Xi_E)$ を扱う．ここで，$d_\mathrm{v}, d_\mathrm{e}$ はそれぞれ頂点と辺の種類の数を表す．グラフ G の構造は常に完全グラフなので，$\mathcal{G} = (\boldsymbol{X}_V, \Xi_E)$ と G を省略して書くことにする．なお，GraphNVP のときとは異なり，擬似的な頂点・辺も特殊な種類の頂点・辺と設定することで，これらの特徴ベクトルはゼロベクトルではなく one-hot ベクトルになっている．

GraphNVP と同様に，ハイパーパラメータを c とする逆量子化を実際のサンプル $\mathcal{G}$ に対して適用することで，データ生成分布が連続分布であるものとして扱う．グラフデータ $\mathcal{G}$ の逆量子化で $\mathcal{G}' = (\boldsymbol{X}'_V, \Xi'_E)$ が得られた後，さらに Ξ'_E に対しては正規化操作を適用し，

$$
\begin{aligned}
\delta_v &= \sum_{w \in V} \sum_{t=1}^{d_\mathrm{e}} \xi'_{v,w,t} \quad (v \in V) \\
\xi^{\oplus}_{v,w,t} &= \frac{1}{\delta_v} \xi'_{v,w,t} \quad (v, w \in V,\ t \in [d_\mathrm{e}])
\end{aligned}
$$

と定める．この操作では $\boldsymbol{\xi}'_{v,w} = (\xi'_{v,w,1}, \ldots, \xi'_{v,w,d_\mathrm{e}})^\top$ の値の大小関係を変えずに，取りうる値の範囲を $[0, 1+c)$ から $[0,1)$ に変更しているだけなので，正規化操作の後も $\boldsymbol{\xi}^{\oplus}_{v,w} = (\xi^{\oplus}_{v,w,1}, \ldots, \xi^{\oplus}_{v,w,d_\mathrm{e}})^\top$ の最大要素を見つけることで元の one-hot ベクトル $\boldsymbol{\xi}_{v,w} = (\xi_{v,w,1}, \ldots, \xi_{v,w,d_\mathrm{e}})^\top$ を復元できる．頂点の特徴ベクトルに関しては特に変更しないが，$\boldsymbol{X}^{\oplus}_V = \boldsymbol{X}'_V$ と書き直しておく．こちらは，各要素の取りうる値の範囲が $[0, 1+c)$ のままである．結局，データ生成分布は $\mathcal{G}^{\oplus} = (\boldsymbol{X}^{\oplus}_V, \Xi^{\oplus}_E)$ を生成する連続分布であるとみなす．

さて，実際のサンプル $\mathcal{G}^{\oplus}$ に対するエネルギー $E_{\mathrm{data}}(\mathcal{G}^{\oplus})$ のモデル化は GNN で行う．GNN としては Relational GCN [282] の変種を利用しており，集約操作が辺の種類によって異なっている．つまり，(特徴ベクトルの値が連続値の) グラフデータ $\mathcal{G} = (\boldsymbol{X}_V, \Xi_E)$ に対して，l 層目の頂点 v に対するメッセージパッシングは

$$
\boldsymbol{m}_v^{(l)} = \sum_{w \in N(v)} \sum_{t=1}^{d_\mathrm{e}} \xi_{v,w,t} \boldsymbol{W}_t^{(l)} \boldsymbol{h}_w^{(l-1)}
$$

$$h_v^{(l)} = f\left(m_v^{(l)}\right)$$

とする ($W_t^{(l)}$ はパラメータ，f は活性化関数，$h_w^{(0)} = x_v$)．そして，L 回のメッセージパッシングを行った後のリードアウト操作は，全特徴ベクトルの和をとって

$$z_{\mathcal{G}} = \sum_{v \in V} h_v^{(L)}$$

で計算し，$\mathcal{G}$ のエネルギーを

$$E_{\theta}(\mathcal{G}) = w \cdot z_{\mathcal{G}}$$

と設定する (w はパラメータ，θ は全てのパラメータをまとめたもの)．以上のようなモデル化により，GraphEBM では頂点の順序付けに依存しないことに注意する．

データ生成分布から得られるようなサンプルを生成するために，負の対数尤度

$$\mathcal{L}(\theta) = \mathbb{E}_{p_{\mathrm{data}}(\mathcal{G}^{\oplus})}\left[-\log p_{\theta}(\mathcal{G}^{\oplus})\right]$$

を最小化する (最尤法)．この最小化の際には $\mathcal{L}(\theta)$ の勾配が必要になるが，これは

$$\frac{\partial}{\partial \theta}\mathcal{L}(\theta) = \mathbb{E}_{p_{\mathrm{data}}(\mathcal{G}^{\oplus})}\left[\frac{\partial}{\partial \theta}E_{\theta}(\mathcal{G}^{\oplus})\right] - \mathbb{E}_{p_{\theta}(\mathcal{G}^{\odot})}\left[\frac{\partial}{\partial \theta}E_{\theta}(\mathcal{G}^{\odot})\right]$$

で計算できることが知られている [280]．つまり，データ生成分布 $p_{\mathrm{data}}(\mathcal{G}^{\oplus})$ からサンプリングされた真のサンプル $\mathcal{G}^{\oplus}$ に対してはエネルギーを下げ，GraphEBM の定める分布 $p_{\theta}(\mathcal{G}^{\odot})$ から生成したサンプル[56] $\mathcal{G}^{\odot}$ に対してはエネルギーを高めるようにパラメータが更新される．このため $E_{\theta}(\mathcal{G})$ が小さい，つまり $p_{\theta}(\mathcal{G})$ が大きい $\mathcal{G}^{\odot}$ をサンプリングすれば，$\mathcal{G}^{\odot}$ がデータ生成分布に近似的に従うようになると期待できる．

しかし，$p_{\theta}(\mathcal{G})$ からのサンプリングは，Z_{θ} の計算が困難であることから容易ではない．そこで，**Langevin モンテカルロ法** [283] と呼ばれる Markov 連鎖モンテカルロ法の一種を利用することで，$p_{\theta}(\mathcal{G})$ の近似分

56　論文中では “hallucinated sample” (幻覚サンプル) と呼んでいる．

布からサンプリングする．まず，初期の $\boldsymbol{X}^{(0)} = (x_{v,t}^{(0)})$ と $\Xi^{(0)} = (\xi_{v,w,t}^{(0)})$ を

$$x_{v,t}^{(0)} \sim \mathcal{U}[0, 1+c) \quad (v \in V,\ t \in [d_{\mathrm{v}}])$$
$$\xi_{v,w,t}^{(0)} \sim \mathcal{U}[0, 1) \quad (v, w \in V,\ t \in [d_{\mathrm{e}}])$$

で初期化する．このグラフデータを $\mathcal{G}^{(0)} = (\boldsymbol{X}^{(0)}, \Xi^{(0)})$ と書く．そして，$i \in \mathbb{Z}_{>0}$ に対して $\mathcal{G}^{(i)} = (\boldsymbol{X}^{(i)}, \Xi^{(i)})$ を

$$x_{v,t}^{(i)} = x_{v,t}^{(i-1)} - \frac{\lambda}{2}\frac{\partial E_{\boldsymbol{\theta}}}{\partial x_{v,t}}(\mathcal{G}^{(i-1)}) + z^{(i)} \quad (v \in V,\ t \in [d_{\mathrm{v}}])$$
$$\xi_{v,w,t}^{(i)} = \xi_{v,w,t}^{(i-1)} - \frac{\lambda}{2}\frac{\partial E_{\boldsymbol{\theta}}}{\partial \xi_{v,w,t}}(\mathcal{G}^{(i-1)}) + \zeta^{(i)} \quad (v, w \in V,\ t \in [d_{\mathrm{e}}])$$

の反復で計算する．ここで，$z^{(i)}, \zeta^{(i)} \sim \mathcal{N}(0, \sigma^2)$ で，$\sigma^2 > 0, \lambda > 0$ はハイパーパラメータである[57]．なお論文では，各反復で得られる値が $[0, 1+c)$ や $[0, 1)$ の範囲から外れないように，値を調整している．この反復を T 回実行した後のサンプルを $\mathcal{G}^{\odot} = \mathcal{G}^{(T)}$ とすることで，$\mathcal{G}^{\odot}$ を $p_{\boldsymbol{\theta}}(\mathcal{G})$ からのサンプルとみなす．

結局，訓練サンプル $\mathcal{G}^{\oplus}$ に対するサンプル損失は，$\mathcal{G}^{\odot}$ を一つサンプリングしたうえで，

$$\ell(\mathcal{G}^{\oplus}; \boldsymbol{\theta}) = \ell_{\mathrm{energy}}(\mathcal{G}^{\oplus}; \boldsymbol{\theta}) + \alpha \ell_{\mathrm{reg}}(\mathcal{G}^{\oplus}; \boldsymbol{\theta})$$
$$\ell_{\mathrm{energy}}(\mathcal{G}^{\oplus}; \boldsymbol{\theta}) = E_{\boldsymbol{\theta}}(\mathcal{G}^{\oplus}) - E_{\boldsymbol{\theta}}(\mathcal{G}^{\odot})$$
$$\ell_{\mathrm{reg}}(\mathcal{G}^{\oplus}; \boldsymbol{\theta}) = E_{\boldsymbol{\theta}}(\mathcal{G}^{\oplus})^2 + E_{\boldsymbol{\theta}}(\mathcal{G}^{\odot})^2$$

と計算する．ここで，$\alpha > 0$ はハイパーパラメータで，$\ell_{\mathrm{reg}}(\mathcal{G}^{\oplus}; \boldsymbol{\theta})$ は正則化項である．

GraphEBM で分子グラフを生成する場合は，$\mathcal{G}^{\odot}$ をもとに GraphNVP と同様の手法で $\tilde{X}, \tilde{\Xi}$ を計算して，$\tilde{\mathcal{G}} = (\tilde{G}, \tilde{X}, \tilde{\Xi})$ を出力する（$\tilde{G}$ は $\tilde{X}, \tilde{\Xi}$ から定まるグラフ）．なお，この際に MoFlow [277] で利用された方法を用いて，有効な分子構造が生成できるように調節している．

57　通常の Langevin モンテカルロ法では $\sigma^2 = \lambda$ と設定されるが，論文では独立なパラメータを利用している．$\sigma^2 = \lambda$ であれば，$\lambda \to 0$ かつ $i \to \infty$ とすると，適当な条件のもとでは得られるサンプルが $p_{\boldsymbol{\theta}}$ に従うようになる．

GraphEBMでは，目標物性・活性値を持つ化合物の生成も実現できる．最大化したい物性・活性値を y とし，y を $y \in [0,1]$ となるようにあらかじめ調整しておく．そして，y が大きいほどエネルギーが小さくなるように，$\mathcal{G}^{\oplus}$ に対するサンプル損失の $\ell_{\mathrm{energy}}(\mathcal{G}^{\oplus};\boldsymbol{\theta})$ の項を

$$\ell_{\mathrm{energy}}(\mathcal{G}^{\oplus};\boldsymbol{\theta}) = \phi(y)E_{\boldsymbol{\theta}}(\mathcal{G}^{\oplus}) - E_{\boldsymbol{\theta}}(\mathcal{G}^{\odot})$$

と設定する．ここで，ϕ はどの程度エネルギーを小さくするかを定める関数であり，論文では $\phi(y) = 1 + \mathrm{e}^{y}$ と設定している．

さらに，複数の物性・活性値を考慮する場合も容易に拡張できる．二つの異なる物性・活性値に対して訓練したモデルを $E_{\boldsymbol{\theta}_1^*}(\mathcal{G}), E_{\boldsymbol{\theta}_2^*}(\mathcal{G})$ とし，それぞれが定める分布を $p_{\boldsymbol{\theta}_1^*}, p_{\boldsymbol{\theta}_2^*}$ と書く．二つの物性・活性値がどちらも大きくなるのは分布の積

$$p_{\boldsymbol{\theta}_1^*}(\mathcal{G})p_{\boldsymbol{\theta}_2^*}(\mathcal{G}) = \frac{1}{Z_{\boldsymbol{\theta}_1^*}Z_{\boldsymbol{\theta}_2^*}}\exp\left(-\left(E_{\boldsymbol{\theta}_1^*}(\mathcal{G}) + E_{\boldsymbol{\theta}_2^*}(\mathcal{G})\right)\right)$$

が大きくなるサンプル $\mathcal{G}$ であるから，新しいエネルギーを

$$E_{(\boldsymbol{\theta}_1^*,\boldsymbol{\theta}_2^*)}(\mathcal{G}) \coloneqq E_{\boldsymbol{\theta}_1^*}(\mathcal{G}) + E_{\boldsymbol{\theta}_2^*}(\mathcal{G})$$

と定めて，$E_{(\boldsymbol{\theta}_1^*,\boldsymbol{\theta}_2^*)}(\mathcal{G})$ が定める分布からサンプリングすれば良い．

論文 [281] では，GraphEBM の生成性能を QM9 データセットと ZINC データセットを利用した三つの設定で評価している．まず，物性値を考慮しないで構造を生成した．GraphEBMでは，いずれのデータセットに対しても，99% を超える生成構造が有効になった．また，重複して生成される化合物も少なく，訓練データセット外の新規な構造も多く生成された．

次に，ドラッグライクネス (QED 値) と水溶解度 (オクタノール–水分配係数) が大きくなる構造の生成を実施したところ，物性値を考慮しない場合よりも物性値が高い構造の割合が増えることが確認された．また，初期構造に類似した構造に制限して水溶解度を最適化する場合でも，炭素鎖が伸長された自明な構造とは異なる構造を生成できている．

最後に，ドラッグライクネスと水溶解度の同時最適化も実施している．生成構造の物性値の分布から，いずれの物性値も高くなる構造の生成に成

功したことが確認された[58].

分子構造を生成するエネルギーベースモデルは，VAE などと比べると数が少ない．その他のエネルギーベースモデルとしては，例えば，GEM [284] が挙げられる．

3.5.3 分子の立体構造の生成

ここまで，分子構造を表す文字列や分子グラフの生成手法を紹介してきた．しかしこれらの表現は，いずれも現実の分子構造の情報を完全に捉えきれているとは言えない．具体的には，各原子の3次元座標の情報が欠落してしまっている．応用上は3次元座標の情報が重要になる場面もあるため，分子の立体構造を生成できるモデルが望まれる．

ここでは，分子の立体構造を生成するモデルとして，**G-SchNet** [285] を取り上げる．G-SchNet は 3.3.3 節で述べた SchNet をベースに設計された生成モデルであり，現在の原子の配置をもとにして原子を空間内に配置していくことで，分子の立体構造を自己回帰的に生成する．

G-SchNet では，一つの原子を表すのに3次元座標 $\boldsymbol{r} \in \mathbb{R}^3$ と原子番号 $Z \in \mathbb{Z}_{>0}$ を利用する．各原子は「生成中」と「生成完了」の2種類の状態を持っており，新しく生成された段階では「生成中」の状態に設定される．

また，生成時には通常の原子とは異なった t 個のダミー原子を利用する．これらも同様に3次元座標・原子番号の情報を持っている．なお，原子番号は生成時に考慮する原子のものとは異なるものを使う．

ダミー原子として基本的に利用するのは，**焦点** (focus) と**原点** (origin) の2種類である[59]．生成開始時のこれらの座標は，いずれも3次元座標系の原点に設定される．焦点は，「生成中」の状態の頂点のいずれかと同じ3次元座標を持ち，新たに生成される原子の位置を制御する役割を持つ．一方原点は，常に座標系の原点に位置しており，生成中の分子全体の構造

58 ただし，QED 値とオクタノール–水分配係数にはある程度相関があると考えられるため，一般の場合の有用性は不明である．

59 つまり $t = 2$ である．この他に，適当な役割を持つダミー原子を利用してもよい．

についての情報を捉えるのに役立つ．

原子数が $n \in \mathbb{Z}_{>0}$ の立体構造について，t 個のダミー原子と i 番目の原子までの 3 次元座標をまとめたものを $\boldsymbol{R}^t_{\leq i} = (\boldsymbol{r}_1, \ldots, \boldsymbol{r}_t, \boldsymbol{r}_{t+1}, \ldots, \boldsymbol{r}_{t+i})$，原子番号を $\boldsymbol{Z}^t_{\leq i} = (Z_1, \ldots, Z_t, Z_{t+1}, \ldots, Z_{t+i})$ と書く．最初の t 個がダミー原子に対応するもの，残りの i 個が実際の原子に対応するものである．そして，この立体構造のダミー原子以外の全ての原子の 3 次元座標・原子番号を $\boldsymbol{R}_{\leq n}, \boldsymbol{Z}_{\leq n}$ と書く．これらの情報が立体構造を一つ決めているため，あらゆる 3 次元座標・原子番号の組に関する分布を定めてモデル化する．

3 次元座標・原子番号に関する同時分布は，

$$p(\boldsymbol{R}_{\leq n}, \boldsymbol{Z}_{\leq n}) = \left(\prod_{i=1}^{n} p(\boldsymbol{r}_{t+i}, Z_{t+i} \mid \boldsymbol{R}^t_{\leq i-1}, \boldsymbol{Z}^t_{\leq i-1}) \right) \Pr(\texttt{Stop} \mid \boldsymbol{R}^t_{\leq n}, \boldsymbol{Z}^t_{\leq n})$$

と分解できる．ここで，Stop は全ての原子の状態が「生成完了」となって生成が終了する事象を表す．この式は，原子の 3 次元座標・原子番号が生成済みの原子の情報により定まる分布からサンプリングできることを示している．さらに，$p(\boldsymbol{r}_{t+i}, Z_{t+i} \mid \boldsymbol{R}^t_{\leq i-1}, \boldsymbol{Z}^t_{\leq i-1})$ の項をさらに分解すると，

$$\begin{aligned} & p(\boldsymbol{r}_{t+i}, Z_{t+i} \mid \boldsymbol{R}^t_{\leq i-1}, \boldsymbol{Z}^t_{\leq i-1}) \\ = \ & p(\boldsymbol{r}_{t+i} \mid Z_{t+i}, \boldsymbol{R}^t_{\leq i-1}, \boldsymbol{Z}^t_{\leq i-1}) p(Z_{t+i} \mid \boldsymbol{R}^t_{\leq i-1}, \boldsymbol{Z}^t_{\leq i-1}) \end{aligned}$$

と書ける．ここから，i 個目の原子のサンプリングの際にはまず原子番号をサンプリングして，続いて 3 次元座標をサンプリングすればよいということがわかる．よって G-SchNet では，以上のような方針で原子をサンプリングしていく．

G-SchNet の生成は三つのステップからなる．現在 $i-1$ 個の原子が生成されているとする．第 1 ステップでは，各原子の潜在ベクトルを計算することで現在の生成状態を捉える．まずは，焦点の位置を「生成途中」になっている原子からランダムに選択する．もし，全ての原子が「生成完了」の状態であれば生成を終了する．次に，SchNet を用いて $\boldsymbol{R}^t_{\leq i-1}, \boldsymbol{Z}^t_{\leq i-1}$ から各原子の潜在ベクトル $\boldsymbol{h}_v$ $(v \in [t+i-1])$ を計算する．なお，SchNet に入力する際は，$\boldsymbol{Z}^t_{\leq i-1}$ の各要素を単語埋め込みすること

で原子の初期特徴ベクトル $\boldsymbol{x}_v$ $(v \in [t+i-1])$ を作っていることに注意する．

続いて第2ステップでは，新しく追加する i 個目の原子番号 Z_{t+i} を K 種類の候補 $\mathcal{Z} = \{z_1, \ldots, z_K\}$ から定める．この候補の中には，「生成完了」を表す特殊な原子番号が含まれているものとする．まず，各候補 $z_1, \ldots, z_K$ を第1ステップの SchNet で利用した単語埋め込みによりベクトル化し，$\zeta_1, \ldots, \zeta_K$ を得る．次に，既に存在している各原子 $v \in [t+i-1]$ に対して以下の操作を行う．

1. $\tilde{\zeta}_{v,k} = \boldsymbol{h}_v \odot \zeta_k$ $(k \in [K])$ を計算する．
2. $(\tilde{\zeta}_{v,1}, \ldots, \tilde{\zeta}_{v,K})$ を全結合型ニューラルネットワークに通して，K 次元の確率ベクトル $\boldsymbol{\pi}_v$ を得る．得られた確率ベクトル $\boldsymbol{\pi}_v$ は，$\boldsymbol{h}_v$ によって条件付けられた $z \in \mathcal{Z}$ の分布 $p(z \mid \boldsymbol{h}_v)$ を定める．

そして，Z_{t+i} を

$$Z_{t+i} \sim \frac{1}{C_{\mathrm{type}}} \prod_{v=1}^{t+i-1} p(z \mid \boldsymbol{h}_v)$$

でサンプリングする．ここで，C_{type} は正規化定数である．サンプリングされた Z_{t+i} が「生成完了」に対応するトークンであれば，現在の焦点の位置にある原子の状態を「生成完了」に設定して第1ステップに戻る．そうでなければ，次のステップに進む．

第3ステップでは，i 個目の原子の位置 $\boldsymbol{r}_{t+i}$ を決定する．座標のとり方によらないように，各原子からの距離の分布を考える．まず，第2ステップと同様に，Z_{t+i} を第1ステップの SchNet で利用した単語埋め込みによりベクトル化し ζ を得る．次に，既に存在している各原子 $v \in [t+i-1]$ に対して以下の操作を行う．

1. $\tilde{\zeta}_v = \boldsymbol{h}_v \odot \zeta$ を計算する．
2. $\tilde{\zeta}_v$ を全結合型ニューラルネットワークに通して，D 次元の確率ベクトル $\boldsymbol{\pi}'_v$ を得る．ここで D はハイパーパラメータであり，適

当なステップ幅 Δ のもとで，π'_v の第 k 要素は原子 v からの距離 $d_v = \|\boldsymbol{r}_{t+i} - \boldsymbol{r}_v\|$ が $(k-1)\Delta$ となる確率を表す．

こうして得られた各原子からの距離の分布から i 個目の原子の位置に関する分布が定まるので，この分布からサンプリングして $\boldsymbol{r}_i$ を定める．これで i 個目の原子の生成が終わったので，第 1 ステップに戻って $i+1$ 個目の生成に移る．

生成が完了した段階の分子構造は，頂点の 3 次元座標と原子番号の情報しか保持していない．結合の情報については，Open Babel [286] を用いて結合次数を求める．これにより，生成された分子構造の有効性を確認できるようになる．

訓練では，各ステップでサンプリングに利用した分布と実際の分子とのクロスエントロピー損失を利用する．ただし，実際の分子には原子の生成順序は定まっていないため，毎回ランダムな順序を定めて計算している．

論文では，QM9 データセットを利用して G-SchNet の生成性能を評価している．生成構造の 77% 程度が有効な分子構造，つまり連結で価数制約を満たす構造であった．また，生成構造に対して量子化学計算を実施して，生成構造と安定構造の原子位置の平均誤差 (RMSD) を比較したところ，生成構造のほとんどが安定構造に近い構造であることが確認された．さらに，生成構造の原子種・結合種・環の数の分布は，訓練データセットと似た分布になっていた．このことから，G-SchNet はうまく訓練データセットの特徴を捉えていることが示唆された．他にも，目的の物性値を持つ構造を生成するために，別途用意したデータセットによるファインチューニングの影響も検討している．

第4章

無機化合物データを扱う深層学習

有機化合物の場合と同様に，1.3 節で取り上げた無機化合物データを深層学習モデルで扱う際にも，独自の工夫が必要になることが多い．無機化合物データの場合は，一般的に利用される結晶構造の扱いが難しく，提案されている深層学習モデルも少なくなっている．この章では，無機化合物データの扱いに着目しつつ，物性の予測と無機化合物の生成に関する深層学習モデルについて紹介する．

4.1　物性の予測

無機化合物データを扱う深層学習モデルとしては，組成式や結晶構造を入力として受け取り，生成エネルギーやバンドギャップなどの物性値を出力する物性予測モデルが一般的である．組成式と結晶構造は，データ形式が大きく異なり，それぞれ独自の特徴量の抽出方法が必要になる．この節では，入力データに対する特徴抽出の方法に着目しながら，深層学習を利用した無機化合物データを扱う物性予測モデルを紹介する．

4.1.1　組成式からの予測

機械学習モデルを利用して組成式から物性値を予測する際には，文字列データである組成式を特徴量に変換する必要がある．組成式から得られる特徴量としては，構成元素の物性値を利用した記述子が挙げられる [287, 288]．一般的な記述子は，原子半径や電気陰性度などの物性値の統計量を計算することで作成され，古典的な機械学習モデルや全結合型ニューラルネットワークの入力として扱うことができる．一方で，図 4.1 のような記述子を入力に用いるモデルの精度は，化合物の単純な情報しか考慮していないことから，要求される基準を満たさないことも多い．このため，モデルの精度向上を目的として，予測する物性値に応じた記述子の取捨選択や専門的な知識を利用した新しい記述子の追加などが行われている [289, 290, 291]．しかし，精度向上を目的とした記述子設計については明確な指針が存在せず，材料研究者の知識や経験を踏まえた試行錯誤が必要になるなどの問題を抱えている．

このような組成由来の記述子の課題点を踏まえて，組成式を扱う深層学習の物性予測モデルとして，専門的な知識や物性値に依存しない汎用的なモデルが研究されている．ここでは，組成比を扱うモデル，周期表を利用して組成式を扱うモデル，グラフを利用して組成式を扱うモデルを紹介する．

(1) 組成比を扱うモデル

組成比を扱う深層学習モデルとしては，Jha らによる **ElemNet** [292]

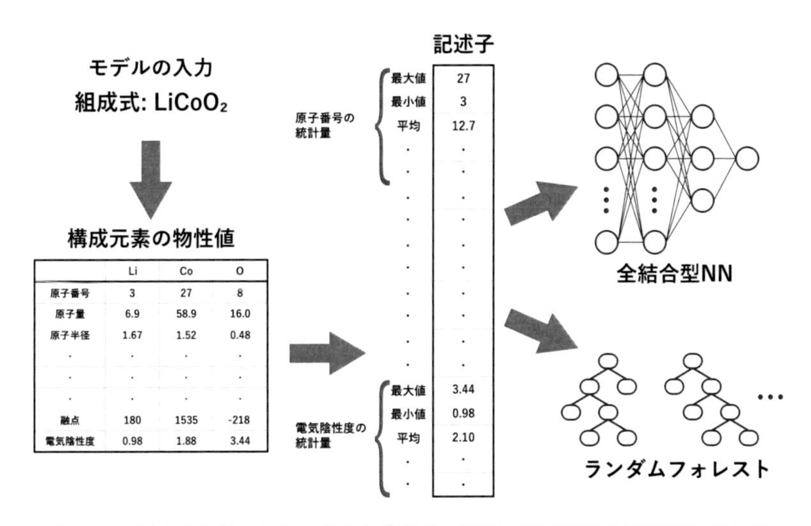

図 4.1　組成式を利用した一般的な物性値の予測．原子半径や電気陰性度などの物性値の統計量を元にした記述子をモデルの入力として扱う．

が挙げられる．ElemNet は，正規化した組成比を全結合型ニューラルネットワークに入力し，物性値を予測するモデルである．

Open Quantum Materials Database (OQMD) [293, 294] を利用した生成 (形成) エネルギーの予測タスクについて，ElemNet の MAE[1]は 0.050 eV/atom 程度となった．また，物理化学的な知識を踏まえた記述子とランダムフォレストを利用した手法と比較しても，ElemNet は良い精度を示した．

ElemNet の結果は，深層学習を利用することで，組成比のみから物理化学的に重要な特徴量を自動で抽出できることを明らかにした．ElemNet 以外のモデルとしては，注意機構を応用した CrabNet [295] などが提案されており，組成比のみから弾性係数やバンドギャップなども良い精度で予測できる．

1　Mean Absolute Error の略．平均絶対誤差とも呼ばれ，予測値と真の値との誤差の平均値のこと．

(2) 周期表を利用して組成式を扱うモデル

周期表を利用して組成式を扱う深層学習モデルとしては，Zheng らによる CNN [296] が挙げられる．提案されたモデルでは，周期表に対応した 2 次元配列を用意し，2 次元 CNN を利用して物性値を予測する．モデルの概要を図 4.2 に示す．

まず，周期表の第 2〜6 周期と第 1〜16 族に対応した 2 次元配列を用意し，それぞれの要素に組成式を踏まえた値を格納する．ここでは，OQMD に登録されている X_2YZ で表現される組成式[2]について，全ての要素の和が 0 になるように，X の要素には 28，Y と Z の要素には 14，それ以外の要素には −1 を格納する．そして，準備した 2 次元配列を CNN に入力し，生成エネルギーと格子定数を予測する．テストデータに対する生成エネルギーと格子定数の予測誤差は，DFT 計算による予測誤差 [297] と同程度であり，DFT 計算の代替手法として十分な精度を示した．

周期表と CNN の組み合わせは，元素の物性値の多くが周期表の位置と密接に関係することを考慮すると，特徴抽出手法として有効である．Zheng らのモデル以外には，組成式の形式に依らない汎用的なモデル [298, 299] も提案されており，臨界温度やバンドギャップの予測に利用されている．

(3) グラフを利用して組成式を扱うモデル

グラフを利用して組成式を扱う深層学習モデルとしては，Goodall らによる **Roost** [300] が挙げられる．Roost では，組成式に対応したグラフを構築して，GNN によって物性値を予測する．モデルの概要を図 4.3 に示す．

まず，組成式に含まれる各元素を頂点とし，全ての頂点間に辺を張った完全グラフを構築する．そして，完全グラフを GNN に入力し，物性値を予測する．Roost における各頂点 v の特徴ベクトルの更新は，注意機構の仕組みをグラフに応用した以下の手順で行う．ここで，c_j は元素 j の組成比，M は注意機構のヘッド数，g^m, f^m はそれぞれ m 番目のヘッド

2　論文中では，組成式が X_2YZ で表記されるフルホイスラー化合物のみを対象としていた．

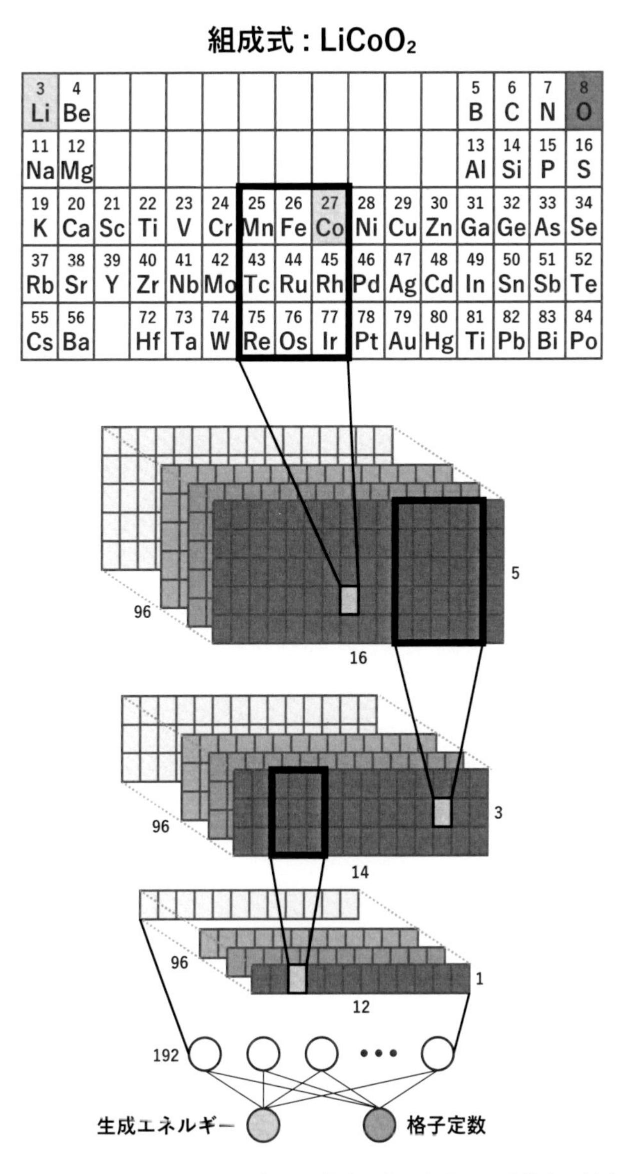

図 4.2　Zheng らによる CNN の概要．数字は次元を表す．周期表に対応した 2 次元配列を用意し，CNN を利用して物性値を予測する．

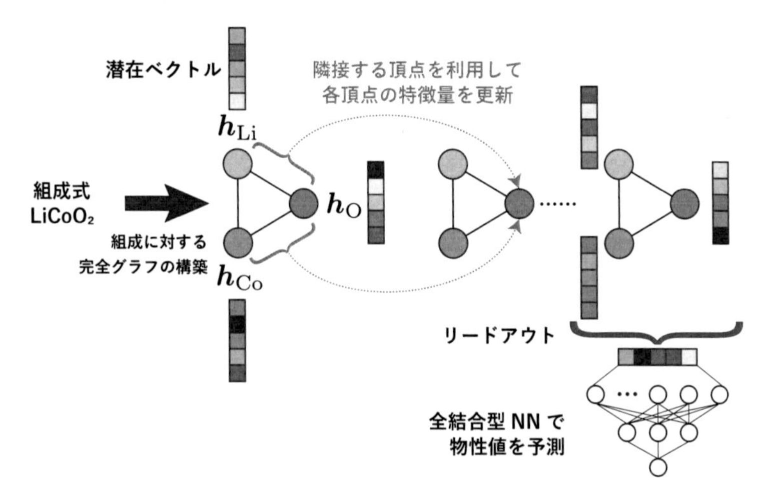

図 4.3　Roost の概要．組成式に対応したグラフを構築し，GNN によって物性値を予測する．

に対するニューラルネットワークである．

1. 新しいベクトル γ_{vw}^{m} を作成する $(m \in [M])$.

$$\gamma_{vw}^{m} = g^{m}(\boldsymbol{h}_v \oplus \boldsymbol{h}_w) \quad (w \in N(v))$$

2. 作成したベクトル γ_{vw}^{m} に対する寄与率 α_{vw}^{m} を計算する $(m \in [M])$.

$$t_{vw}^{m} = f^{m}(\boldsymbol{h}_v \oplus \boldsymbol{h}_w) \quad (w \in N(v))$$

$$\alpha_{vw}^{m} = \frac{c_w \exp(t_{vw}^{m})}{\sum_{k \in N(v)} c_k \exp(t_{vk}^{m})}$$

3. ベクトル γ_{vw}^{m} の寄与率 α_{vw}^{m} による重み付け和を全ヘッドについて足し合わせてメッセージを作り，頂点の潜在ベクトルを更新する．

$$\boldsymbol{m}_v = \sum_{m=1}^{M} \sum_{w \in N(v)} \alpha_{vw}^{m} \gamma_{vw}^{m}$$

$$\boldsymbol{h}'_v = \boldsymbol{h}_v + \boldsymbol{m}_v$$

まず，隣接した頂点の潜在ベクトルを利用して，新しいベクトル γ_{vw}^{m} を作成する．次に，組成比・隣接した頂点の潜在ベクトルを利用して，作

成したベクトル γ_{vw}^{m} に対する寄与率 α_{vw}^{m} を計算する．そして，ベクトル γ_{vw}^{m} に寄与率 α_{vw}^{m} をかけたものを元の頂点の潜在ベクトルに全て加えて，頂点の潜在ベクトルを更新する．

OQMD を利用した生成エネルギーの予測タスクについて，Roost の MAE は 0.030 eV/atom 程度となり，ElemNet より良い精度を示した．また，実験的に得られたバンドギャップの予測タスクについて，Roost の MAE は 0.25 eV 程度となった．

Roost の結果は，GNN を利用した構成元素の複雑な関係性の抽出が，無機材料の物性予測に重要であることを示唆している．Roost は，無機材料の合成反応に関する予測 [301] などにも応用されており，組成式から物性値を予測する深層学習モデルとしては実用的であるといえる．

4.1.2 結晶構造からの予測

組成式の場合と同様に，結晶構造から物性値を予測する際にも，3 次元座標データである結晶構造を特徴量に変換する必要がある．結晶構造は，並進操作や回転操作に対して不変であることから，特徴抽出の際にも同様の条件が要求される．このため，結晶構造の扱いは難しく，提案されている特徴抽出手法も少ないのが現状である．

従来より利用されている特徴抽出手法としては，Smooth Overlap of Atomic Positions (SOAP) [302]，Sine Matrix [303] などの構造記述子が挙げられる．これらの構造記述子は，結晶構造内の各原子の周辺環境を反映しているものであり，古典的な機械学習モデルや全結合型ニューラルネットワーク・畳み込みニューラルネットワークの入力として扱うことができる．しかし，構造記述子は複雑な積分計算や行列計算によって得られるため，記述子の解釈性や計算コストなどに問題を抱えている．

このような構造記述子の課題点を踏まえて，より効率的に結晶構造を扱うための深層学習モデルが研究されている．ここでは，グラフを利用して結晶構造を扱うモデルを紹介する．

(1) グラフを利用して結晶構造を扱うモデル

グラフを利用して結晶構造を扱う深層学習モデルとしては，Xie らによ

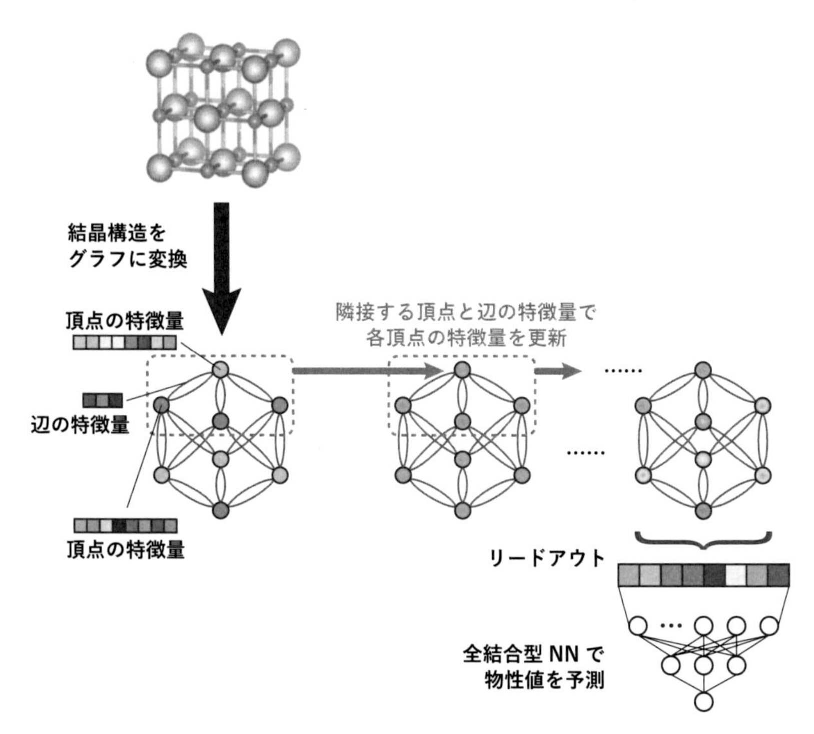

図 4.4　CGCNN の概要．CGCNN は，結晶構造をグラフに変換し，GNN によって物性値を予測する．

る **Crystal Graph Covolutional Neural Network** (CGCNN) [304] が挙げられる．CGCNN は，結晶構造をグラフに変換し，GNN によって物性値を予測する．モデルの概要を図 4.4 に示す．

結晶構造は，辺として扱う原子間の結合の定義が曖昧であり，有機化合物の構造式のように物質の構造情報を 2 次元的に表現できない．このため，結晶構造をグラフに変換する際は，分子の場合とは異なる手法が必要である．CGCNN では，原子間距離を利用することで周期的な 3 次元の原子配列をグラフに変換する．結晶構造をグラフに変換する際の詳細な手順は，以下のとおりである．

- 結晶構造内の各原子を一つの頂点とみなす．

- 原子間距離が 8 Å 以下であれば，頂点は隣接しているとみなす．
- 隣接する頂点の数は，原子間距離が近い順に最大で 12 個に制限する．

なお，隣接頂点数の制限は，最密充填構造の配位数が 12 であることを考慮して設定されている．結晶構造のグラフは，構造の周期性を考慮することから，自己ループや多重辺を含むことが多い．

頂点の特徴量には，分子グラフと同様に，原子の物性値を利用する．また，辺の特徴量には，原子間距離に応じた値を利用し，可能な限り 3 次元座標の情報を失わないように工夫している．

次に，構築したグラフを GNN に入力し，生成エネルギーやバンドギャップなどの物性値を予測する．CGCNN における各頂点 v の潜在ベクトルの更新は

$$
\begin{aligned}
\boldsymbol{\gamma}_f &= \boldsymbol{h}_v \oplus \boldsymbol{h}_w \oplus \boldsymbol{e}_f \quad (f \in E(v, w)) \\
\boldsymbol{m}_v &= \sum_{w \in N(v)} \sum_{f \in E(v,w)} \sigma(\boldsymbol{\gamma}_f) \odot g(\boldsymbol{\gamma}_f) \\
\boldsymbol{h}'_v &= \boldsymbol{h}_v + \boldsymbol{m}_v
\end{aligned}
$$

で行う．ここで，$E(v, w) = \{e \mid e = vw\}$ は v, w 間の多重辺の集合，σ は活性化関数がシグモイド関数のニューラルネットワーク，g は一般のニューラルネットワークである．まず，隣接関係にある頂点 v, w とそれらに接続する辺 f の潜在ベクトルを利用して，辺 f に対する新しいベクトル $\boldsymbol{\gamma}_f$ を作成する．そして，作成したベクトル $\boldsymbol{\gamma}_f$ と 2 種類のニューラルネットワークによって得られたベクトルの要素積を元の頂点に全て加え，頂点の潜在ベクトルを更新する．ニューラルネットワーク σ は $(0, 1)$ の実数を返しており，v に隣接した頂点の重要度を学習しているとみなせる．

Materials Project から取得したデータセットを利用した生成エネルギーの予測タスクについて，CGCNN の MAE は 0.040 eV/atom 程度となった．この予測誤差は，DFT 計算と実験値の予測誤差 [293] より小さくなっており，CGCNN は DFT 計算の代替手法として十分な精度を示した．

CGCNN は，精度の高さ・計算コストの低さ・解釈可能なモデル設計 [305] などを考慮すると，結晶構造からの物性予測においては最も実用的な手法となっている．このため，論文が公開されて 3 年が経った現在でも，CGCNN に関連した研究が多く行われている．具体的には，頂点の更新方法を改良したモデル [306, 307]，物理化学的な知見を取り込んだより複雑なモデル [193, 308, 309]，予測の信頼度を評価できるモデル [310]，少量データセットから効率的に学習できるモデル [311] などが提案されている．

その他のモデルとしては，ボクセルや**点群**[3](point cloud) を利用して結晶構造を扱う深層学習モデルが考えられるが，論文などで報告されている例はほとんど存在しない．ボクセルに関しては，結晶構造を直接扱うのではなく，結晶構造から取得できる電子密度分布を扱う深層学習モデル [312, 313] が提案されている．一方で，電子密度分布の扱いの複雑さやボクセルデータの計算効率の悪さなどを考慮すると，材料設計へ応用する際の課題は構造記述子より多い印象である．点群に関しては，情報科学の分野では研究が盛んに行われている一方で，結晶構造の扱いの難しさなどが原因となり，物性予測への応用は現時点ではほとんど行われていない．

4.2　無機化合物の生成

無機化合物データを扱う深層学習モデルとしては，物性予測モデルのほかに，所望の物性値を持つと期待される無機化合物の組成式や結晶構造を提案する生成モデルが挙げられる．生成される組成式や結晶構造は，原子価や対称性などに関する制約条件を満たす必要がある．このため，データの扱い方やモデルの設計が難しく，提案されているモデルも限られている．この節では，生成モデル特有のデータの扱いに着目しながら，無機化

3　ここで述べている点群とは 3 次元空間における点の集合のことであり，対称性を扱うための点群 (point group) とは異なるものである．

合物データを扱う深層生成モデルを紹介する．

4.2.1 組成式の生成

組成式を扱う深層生成モデルとしては，組成式が文字列データであることから，自動翻訳などにも利用されている文章生成のモデルが適用できるようにみえる．しかし，組成式は文字列の長さが非常に短く，組成比を表す数字も含んでいることから，データの扱いには工夫が必要である．さらに，深層生成モデルによって提案された組成式については，原子価などの制約条件を満たしているかどうかを評価する必要がある．ここでは，組成式の扱い方や生成された組成式の評価方法に着目しつつ，訓練データセットに対応した組成式を生成するモデルと所望の物性値に対応した組成式を生成するモデルを紹介する．

(1) 訓練データセットに対応した組成式の生成

訓練データセットに対応した組成式の深層生成モデルとしては，Dan らによる **MatGAN** [314] が挙げられる．モデルの概要を図 4.5 に示す．

まず，組成式は，0 と 1 からなるスパースな 2 次元配列データに変換される．配列データについては，85 行 8 列の大きさであり，行方向は元素に，列方向は組成比に対応している．また，85 個の元素は，OQMD のデータベースに登録されている結晶構造に含まれる元素に対応している．そして，作成した 2 次元配列を利用して，2 次元 CNN によって構成されている GAN のジェネレータとディスクリミネータを訓練する．組成式の生成の際には，サンプリングした潜在変数をジェネレータに入力することで，組成式に対応する 2 次元の配列データを取得する．

ICSD・Materials Project・OQMD のデータを用いたモデルの検証では，新規性と多様性のバランスの取れた組成式を生成することに成功している．また，原子価の制約条件を満たすような組成式の割合は，訓練データセットと生成データセットにおいて同程度となった．このため，原子価や物性値の制約条件を満たすような組成式を生成したい場合には，制約条件を満たす訓練サンプルの割合を大きくする必要があると結論づけている．

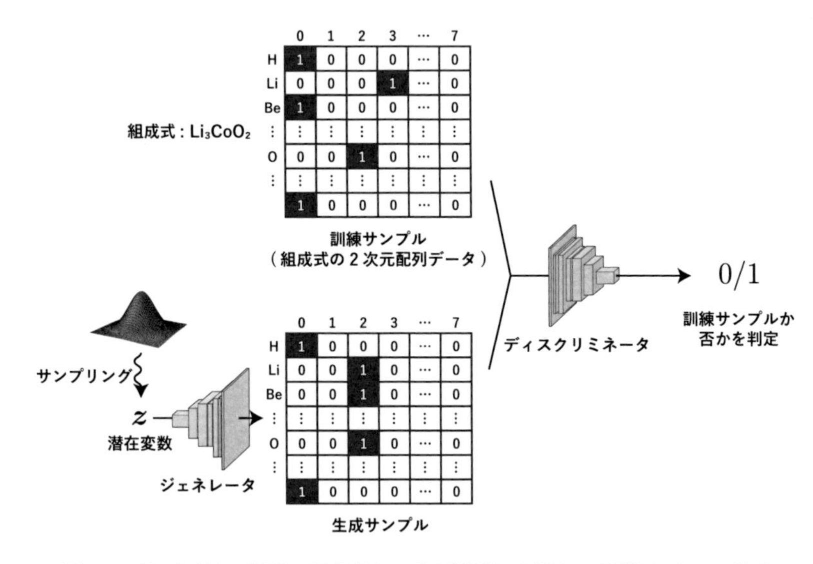

図 4.5　MatGAN の概要．組成式を 2 次元配列に変換し，CNN によって構成されている GAN のジェネレータとディスクリミネータを訓練する．

(2) 所望の物性値に対応した組成式の生成

所望の物性値に対応した組成式の深層生成モデルとしては，**Conditional VAE** (CVAE) [315] を応用した Pathak らによるモデル [316] が挙げられる．CVAE は，与えられたラベルに対応したサンプルを生成できるように，VAE を改良したものである．提案されたモデルでは，所望の生成エネルギーなどの物性値を示すような組成式を生成するために，CVAE を採用している．モデルの概要を図 4.6 に示す．

まず，図 4.5 のモデルと同様に，組成式は 0 と 1 からなるスパースな 89 行 11 列の 2 次元配列に変換される．そして，作成した 2 次元配列と物性値を利用して，全結合型ニューラルネットワークによって構成されている CVAE を訓練する．組成式の生成の際には，潜在空間からサンプリングされたサンプルと物性値をデコーダに入力し，生成されたベクトルを組成式に変換する．

OQMD から取得したデータセットを用いたモデルの検証では，所望の物性値を示すと予想される組成式を生成することに成功している．一方

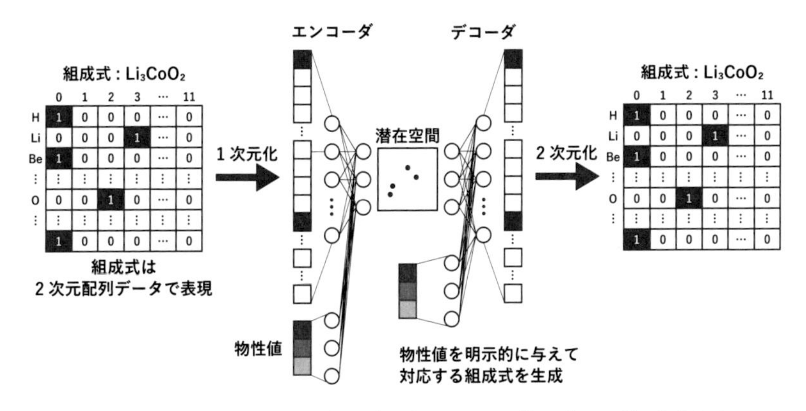

図 4.6 Pathak らによるモデルの概要．エンコーダとデコーダの入力にラベルを与えることで，所望のサンプルを生成できる．

で，原子価やイオン価のバランスを考慮した組成式の生成を行っておらず，Se_2SnZn といった不適切な組成式が得られることも多い．Sawada らによる GAN を応用したモデル [317] は，組成式の制約条件を考慮しているものの，制約条件の考慮に必要な計算コストや生成される組成式の多様性などに問題を抱えている．このため，材料設計への応用に向けて，さらなるモデルの改善が求められている．

4.2.2 結晶構造の生成

結晶構造を扱う深層生成モデルとしては，4.1.2 節での結晶構造を扱う物性予測モデルや 3.5.2 節での有機化合物の生成モデルに関する成果を考慮すると，グラフを利用した深層生成モデルが適用できるようにみえる．しかし，分子グラフから分子への変換は容易である一方で，グラフから結晶構造への変換は難しい．このため，深層生成モデルで結晶構造を扱う際には，グラフを利用をすることが困難であり，可逆変換が可能なその他のデータ形式を利用して扱う必要がある．ここでは，ボクセルを利用して結晶構造を扱うモデルと，点群を利用して結晶構造を扱うモデルの二つを紹介する．

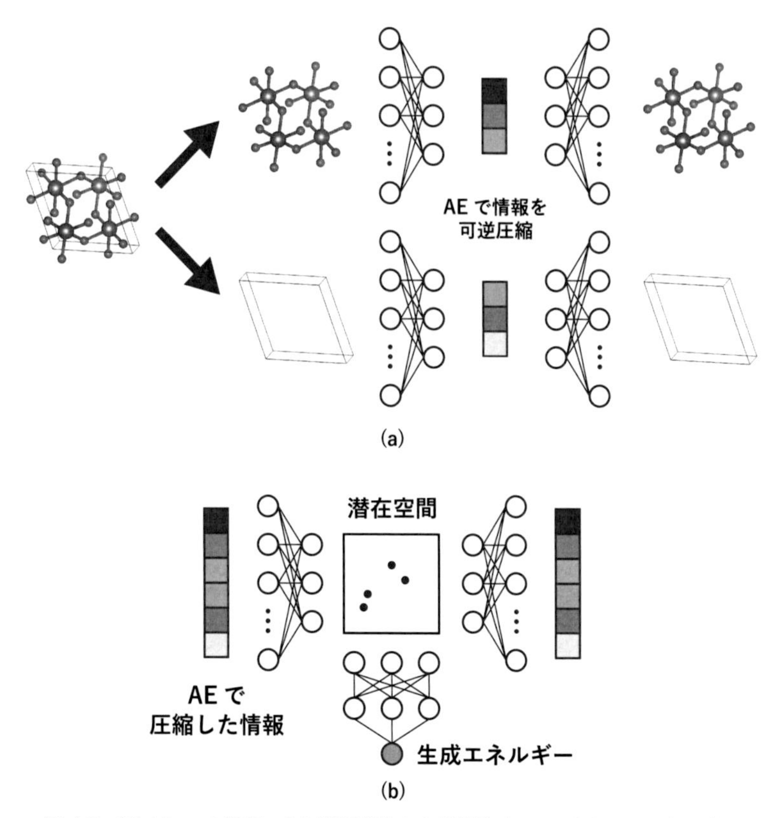

図 4.7　iMatGen の概要．(a) 結晶構造から単位胞 (ユニットセル) と各元素の座標の情報をそれぞれ抽出し，AE を利用して可逆圧縮する．(b) AE で圧縮した情報を特徴量として，VAE を訓練する．また，VAE と同時に，潜在変数から生成エネルギーを予測するモデルも訓練する．

(1) ボクセルを利用した結晶構造の生成

ボクセルを利用した結晶構造の深層生成モデルとしては，Noh らによる **iMatGen** [318] が初めて提案された．iMatGen は，AE を利用して結晶構造を特徴量に変換し，得られた特徴量と VAE を利用して生成モデルを構築する．モデルの概要を図 4.7 に示す．

まず，結晶構造の単位胞 (ユニットセル) と各元素の座標について，Gauss 関数を利用して変換したボクセルデータをそれぞれ作成する．ボクセルデータについては，結晶構造への変換が可能になるように設計している．次に，AE を利用して，作成したボクセルデータを 1 次元の特徴量に圧縮する．そして，得られた特徴量を入力データとして，最終的な生成モデルである VAE を訓練する．AE と VAE については，どちらも CNN によって構成されている．

結晶構造を生成する際には，VAE の潜在空間から潜在変数をサンプリングし，デコーダを利用して結晶構造に対応する特徴量を作成する．得られた特徴量は，AE のデコーダを利用してボクセルデータに変換され，ボクセルデータから最終的な結晶構造を取得できる．

Materials Project のデータセットを利用した検証では，データベースに存在しない新規の結晶構造を生成することに成功している．また，VAE の潜在空間と生成エネルギーとの間に予測モデルを構築することで，熱力学的に安定な結晶構造のサンプリングにも成功している．一方で，iMatGen は生成した原子配列に対する元素のラベリングを行えないことから，訓練時に決めた特定の元素を含む結晶構造の生成に制限される．この点については，iMatGen 以降に提案されたモデル [319, 320] においても問題となっており，現在はより汎用的な結晶構造の生成モデルの開発が行われている．

汎用的な結晶構造の生成モデルとしては，Hoffmann ら [321] や Court ら [322] による，VAE と U-Net [323] を組み合わせたモデルが挙げられる．U-Net は，画像やボクセルデータの各要素にラベル付けを行うモデルである．Court ら [322] によるモデルの概要を図 4.8 に示す．

結晶構造の生成の際には，VAE の潜在空間から潜在変数をサンプリングし，デコーダを利用して結晶構造に対応するボクセルデータを作成する．そして，作成されたボクセルデータの各要素に対して，U-Net を利用して原子の占有情報を付加し，最終的な結晶構造を取得する．このモデルでは，U-Net によって結晶構造内の原子の占有情報を決定するため，多様な組成を示す結晶構造を生成できる．

(2) 点群を利用した結晶構造の生成

結晶構造を点群として扱った深層生成モデルとしては，Kim らによる GAN を利用したモデル [324] が挙げられる．モデルの概要を図 4.9 に

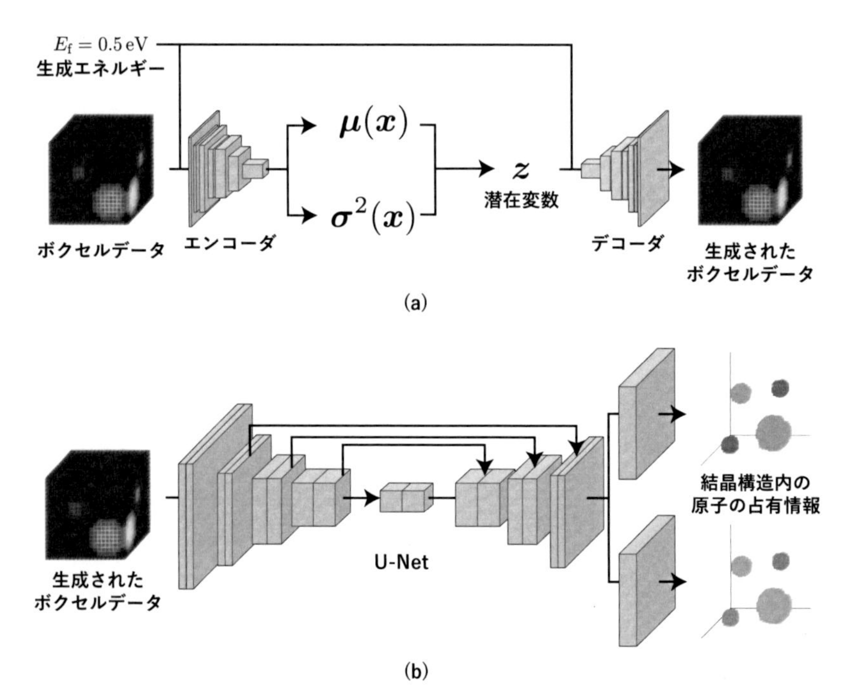

図 4.8　Court らによるモデルの概要．(a) 結晶構造をボクセルデータに変換し，生成エネルギーを利用した CVAE を訓練する．(b) 結晶構造をボクセルデータに変換し，ボクセルデータに原子の占有情報をラベリングする U-Net を訓練する．

示す．

まず，結晶構造の原子座標と格子定数を 2 次元配列データに格納する．そして，得られた 2 次元配列データと組成情報を反映したベクトルを利用して，GAN のジェネレータとディスクリミネータを訓練する．

結晶構造の生成の際には，サンプリングした潜在変数と組成の情報をジェネレータに入力することで，まず格子定数と 3 次元座標を含む 2 次元配列を生成する．次に，得られた 2 次元配列をディスクリミネータに入力し，組成を反映したベクトルデータを取得する．そして，ディスクリミネータより得られた組成の情報と，ジェネレータより得られた格子定数と 3 次元座標の情報をもとに，最終的な結晶構造を取得する．点群として結晶構造を扱う生成モデルは，3 次元座標を直接的に生成する点が特徴である．

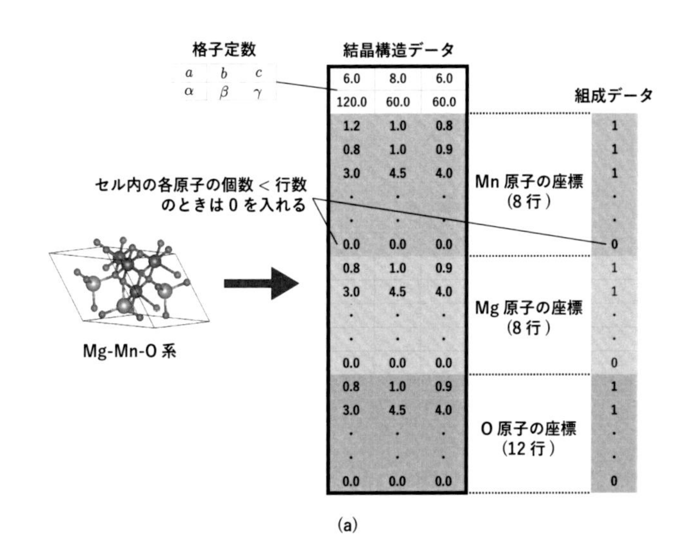

(a)

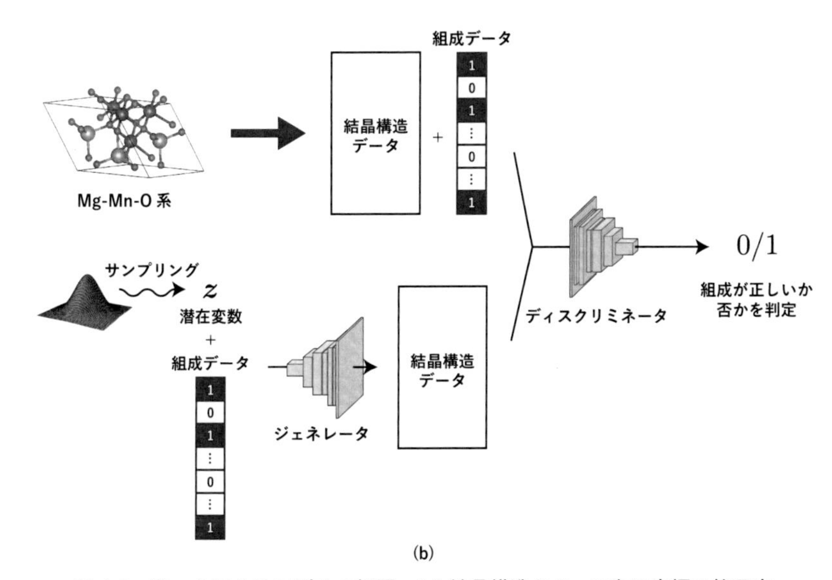

(b)

図 4.9　Kim らによるモデルの概要．(a) 結晶構造から，3 次元座標と格子定数の情報を含むデータと組成に関するデータを抽出する．入力データを固定長のベクトル・配列にするために，構造に含まれる各元素の個数の最大値は決められている．(b) 結晶構造から抽出した各データを元に，GAN のジェネレータとディスクリミネータを訓練する．

Materials Projectから取得したデータセットを利用したモデルの検証では，安定かつ所望の物性値を示すような新規の結晶構造を生成することに成功している．一方で，iMatGenと同様に，特定の元素を含む結晶構造しか生成できないという課題が存在する．上記のモデルの他にも，VAEやGANを応用したモデル[325, 326]が提案されているものの，同様の課題を抱えている．このため，より柔軟な結晶構造を生成できるモデルの開発が期待されている．

第5章

有機化合物に対する深層学習の応用例

3章では，有機化合物データを扱う深層学習モデルを紹介し，その有用性について述べた．一方で，モデル開発の段階では，ベンチマークデータセットでの性能検証にとどまっているものも多い．この章では，医薬品候補構造・高分子材料などの機能性有機分子の設計や，特定の物性・活性の予測といった，3章で紹介したような深層学習モデルの応用例をいくつか紹介する．

5.1　医薬品候補化合物の探索

医薬品は，病気を治療したり予防したりするのに役立つ化学物質である．ほとんどの医薬品は有機化合物であり，その分子量により低分子医薬品と高分子医薬品に分類できる．ここでは，主に低分子医薬品について述べる．

医薬品の薬理作用は，生体内の特定の機能を持ったタンパク質と結合することにより誘導される．このように標的となる分子に結合する低分子化合物を**リガンド** (ligand) と呼ぶ．医薬品の開発では，疾病に関与するタンパク質に対するリガンドをうまく設計する必要がある．

様々な疾病を治療できるようにするため，これまでに様々な医薬品が開発されてきた．医薬品の開発は，次のプロセスで進む．医薬品開発の初期段階では，リガンドを結合させるタンパク質 (**標的タンパク質**, target protein) を同定する．次に，大量の化合物群からなる**化合物ライブラリ** (compound library) に対してスクリーニングを行い，**ヒット化合物** (hit compound) と呼ばれる標的タンパク質に対する薬理活性が認められるリガンドを発見する．続いて，ヒット化合物の中から特に有用な**リード化合物** (lead compound) を見つけ出す．リード化合物の構造を，医薬品として望ましい性質を持つように最適化 (**リード最適化**, lead optimization) することで，医薬品の候補となる化合物を得る．こうして得られた候補化合物に対して，実験動物を用いた前臨床試験とヒトに対する臨床試験を実施する．臨床試験において候補化合物の体内での動き (薬物動態) や安全性・有効性が確認されると，医薬品の承認プロセスを経て，市販されるようになる．

このように，多数の工程からなっている医薬品の開発はかなりの時間と費用がかかる．このため，医薬品開発プロセスの効率化が求められている．特に，医薬品の候補化合物を決定するまでの基礎研究段階は試行錯誤を要するため，スクリーニングやリード最適化の効率化が医薬品開発全体のコストを削減することにつながる．

ケモインフォマティクスが対象とするのは，主に化合物ライブラリの生成・スクリーニング・リード最適化の効率化である．以下では，それぞれについて応用例を紹介する．

5.1.1 化合物ライブラリの生成

化合物ライブラリに含まれる化合物に対して，予測モデルによるバーチャルスクリーニングを実施することで，どの化合物がヒット化合物になりそうかを予測できる．バーチャルスクリーニングに利用する化合物ライブラリの質は，後々良いリード化合物を発見するのに重要である．実際，化合物ライブラリに所望の性質を満たす化合物が多く含まれていれば，スクリーニングにより望ましい化合物を発見しやすくなる．また，化合物ライブラリの多様性が高ければ，既存の化合物の構造とは異なる構造を持つ新規な化合物を発見しやすい．こうした良質な化合物ライブラリを生成するため，これまで様々な構造生成器が利用されてきた．以下では，深層構造生成器による化合物ライブラリの生成に関する研究を取り上げる．

(1) 天然物に似た化合物ライブラリの生成

動植物が産生する天然物は，医薬品の構造設計の際によく参考にされる重要な化合物群である．市販されている医薬品の多くが天然物に由来しているという報告もあり [327]，天然物の構造をベースにした化合物からなる化合物ライブラリを利用することで良いリード化合物が発見できると期待される．このような化合物ライブラリを生成できる手法として，**Quasi-biogenic Molecule Generator** (QBMG) [328] と呼ばれる深層構造生成器が提案された．

QBMG では，転移学習を利用して訓練した再帰型ニューラル言語モデルを用いて，構造 (SMILES 文字列) を生成する．QBMG で利用される再帰型ニューラル言語モデルは，単語埋め込み層・GRU 層・全結合層がつながったシンプルなモデルになっている．

訓練データセットには，ZINC データベースに含まれる約 15 万件の天然物 (一次・二次代謝物) の SMILES 文字列を利用する．SMILES 文字列のトークン化では，原子レベルのトークン化を利用することで，立体情報や電荷などの情報を保持しやすくしている．

訓練データセットで訓練した後，25 万個の構造をサンプリングしたところ，平均的に97%のSMILES文字列が有効であることが確認された．訓練データセットに含まれる構造を除いた約19万個の構造から，訓練サンプル数と同数のサンプルを取得して，訓練データセットと生成構造群を比較した．結果として，生成構造群の天然物らしさの指標 (NP-likeness score [329]) と物理化学的性質の分布が，訓練データセットの分布と類似していることが確認された．また，生成構造群には，訓練データセットに含まれていない既知の天然物の**スキャフォールド**[1](scaffold) と同一のスキャフォールドを持つ化合物が含まれていた．このことから，天然物と似た多様で新規な構造を，QBMGで生成できることが示唆された．さらに，ファインチューニングを利用することで，特定のスキャフォールドを含む構造を多く生成することにも成功している．具体的には，訓練データセットに含まれるクマリン骨格を持つ約2,000件の天然物を用いてQBMGをファインチューニングしたところ，QBMGの生成構造群にクマリン骨格を持つものが増加したことが確認された．

(2) タンパク質に対する活性分子の設計

論文 [331] では，タンパク質の3次元構造・活性部位が判明している場合に利用できる構造生成手法を提案した．特にこの手法は，標的タンパク質に対する活性の有無に関する実験データがない状況でも利用できる手法になっている．提案された手順は次のとおりである．

1. 事前学習用のデータセットの整理・前処理を行った後に，再帰型ニューラル言語モデルを訓練する．
2. 標的タンパク質に似たタンパク質ファミリーに属するタンパク質の阻害剤として知られている化合物のデータセットを作成し，整理する．
3. 手順2で得たデータセットに含まれる化合物の，標的タンパク質に対するドッキングスコアを計算する．
4. 手順3で計算したドッキングスコアの高い化合物を用いて，再帰型

1　スキャフォールドは，置換基がついている分子の基本骨格のことを指す [330]．

ニューラル言語モデルをファインチューニングする.

5. 手順3で計算したドッキングスコアを利用して，ドッキングスコアの予測モデルを構築する.
6. 手順4でファインチューニングした再帰型ニューラル言語モデルと手順5で構築した予測モデルを利用して，強化学習によりモデルをチューニングする.
7. 手順6で得られたモデルからサンプリングし，適当な方法でフィルタリングする.

手順1では，まず，ChEMBL データベースなどから多数のサンプルを取得し，SMILES 文字列の正規化や重複構造の除去などの前処理を適用する．その後，スタック拡張 RNN [237] で構成した SMILES 文字列に対する再帰型ニューラル言語モデルを訓練する．手順2では，標的タンパク質と似たタンパク質ファミリーのタンパク質を BLAST[2] [332] により発見する．発見されたタンパク質に対して活性を持つ化合物のデータを ChEMBL データベースから取得し，適当なフィルタリング・前処理を実施する．手順3では，AutoDock Vina [333] による標的タンパク質とのドッキングシミュレーションを実施する．手順4では，再帰型ニューラル言語モデルの生成する化合物が標的タンパク質に結合しやすくなるようにファインチューニングをしている．手順5では，手順6で生成された化合物の評価に利用するモデルを訓練している．ドッキングシミュレーションを実施することなく標的タンパク質との結合の度合いを予測できるので，生成された構造の評価にかかる計算コストが少なく済む．手順6では，3.5.1 節で説明した REINVENT と同じアルゴリズムで強化学習を実施することで，モデルが標的タンパク質に結合しやすい化合物を生成できるよう促す．手順7では，モデルからのサンプリングで得られた化合物に対し，合成可能性・水溶解度・分子量といった物理化学的性質や望ましくない構造の有無などでフィルタリングし，標的タンパク質に対する活性分

2 Basic Local Alignment Search Tool (BLAST) は，タンパク質のアミノ酸配列のアライメントアルゴリズムである.

子の候補を得る.

論文では，ヒトのヤヌスキナーゼ2 (Janus kinase 2, JAK2) の阻害剤の設計を題材として，手法の有用性を検証している．上記の手順で生成された化合物6,106個と訓練に利用されていないJAK2の既知の阻害剤1,103個を比較したところ，生成化合物の310個が既知の阻害剤とよく類似しており，うち一つは既知構造と同一の構造であることが確認された．また，生成構造の約25%が，訓練データセットにも既知の阻害剤にも含まれていない骨格を有しており，この手法で新規の医薬品候補構造が生成できる可能性を示唆した.

5.1.2　スクリーニング

医薬品に要求される性質は多い．標的タンパク質に結合することはもちろん，副作用・毒性がないことも重要であり，こうした性質をスクリーニングの段階で判定できると効率的である．以下では，これらの性質を判定するためのモデルを紹介する.

(1) 薬剤–標的間相互作用の予測

設計したリガンドが医薬品として効果を発揮するには，標的タンパク質に適切に結合する必要がある．実験による検証は，設計したリガンドを合成する必要があるため，時間もコストもかかる．こうした実験の回数を減らすため，コンピュータを用いて**薬剤–標的間相互作用** (drug–target interaction, DTI) を予測できるのが望ましい．ドッキングシミュレーションによる予測も可能だが，これは標的タンパク質の構造が判明している必要があり，汎用的ではない．このため，機械学習を利用した性能の良い薬剤–標的間相互作用の予測モデルの開発が進められている.

Molecule Transformer DTI (MT-DTI) [334] は，SMILES文字列を入力に取るTransformerを利用した薬剤–標的間相互作用の予測モデルである．MT-DTIでは，3.3.1節で紹介したSMILES-BERTと同様の手続きでTransformerのエンコーダを事前学習させる．つまり，大量のSMILES文字列データを利用して，マスク復元タスクによる自己教師あり学習を実施する．事前学習したTransformerのエンコーダは，続くタスクでファインチューニングされる．

薬剤–標的間相互作用の予測では，タンパク質の情報も必要になる．タンパク質の情報を取得するため，CNN を利用した特徴抽出モデルを利用する．タンパク質は **FASTA 形式** (FASTA format) の文字列で表現できるため，SMILES 文字列の CNN による特徴抽出と同様の手法で特徴抽出できる．そして，Transformer のエンコーダから得られるリガンドの特徴ベクトルと CNN から得られるタンパク質の特徴ベクトルを結合したベクトルを全結合型ニューラルネットワークに通すことで，薬剤–標的間相互作用の予測値を得る．

論文では，二つのデータセットでの予測性能を検証している．事前学習では，PubChem データベースから取得した約 1 億件の化合物を利用して Transformer のエンコーダを訓練した．結果として，既存の薬剤–標的間相互作用の予測モデルよりも予測性能が良いことが確認された．大規模データセットでの事前学習をしない場合に性能が悪化したことから，事前学習により化学構造に関する知識をうまく抽出できていることが示唆された．

また，ケーススタディとして，DrugBank データベース [335] から取得した 1,794 件の化合物を利用した上皮成長因子受容体 (Epidermal Growth Factor Receptor, EGFR) に対する薬剤–標的間相互作用も予測している．この結果，ゲフィチニブ・エルロチニブ・アファチニブといった既知の阻害剤に対して適切に薬剤–標的間相互作用を予測できたことが報告されている．MT-DTI の他の利用例として，SARS コロナウイルス 2 (SARS-CoV-2) に作用する既存の医薬品を発見する試みもある [336]．

(2) 薬剤–薬剤間相互作用の予測

薬の飲み合わせによっては，**薬剤–薬剤間相互作用** (drug–drug interaction, DDI)[3]により望ましくない副作用をもたらす場合がある．このような薬剤どうしの相互作用についても，事前に予測できるのが望ましい．

---

3 化学物質間相互作用 (chemical–chemical interaction) ともいう．

DeepCCI [337] では，SMILES 文字列を 1 次元 CNN で畳み込んで得られる特徴量を利用して薬剤–薬剤間相互作用を有無を予測する分類モデルである．二つの化合物に対する SMILES 文字列 S_1, S_2 が DeepCCI に入力されると，単語埋め込みの後，共通の 1 次元 CNN を利用して d 次元の特徴ベクトル $\boldsymbol{h}_1 = (h_{1,1}, \ldots, h_{1,d})^\top, \boldsymbol{h}_2 = (h_{2,1}, \ldots, h_{2,d})^\top$ が計算される．これらを用いて，入力された二つの化合物の相互作用を表すベクトル $\boldsymbol{d} = (|h_{1,1} - h_{2,1}|, \ldots, |h_{1,d} - h_{2,d}|)^\top$ をつくり，これを全結合型ニューラルネットワークに通して予測値を得る．

STITCH データベース [338] から取得した薬剤–薬剤間相互作用のデータを利用して，DeepCCI の予測性能を評価している．ECFP などのフィンガープリントを利用する手法などと比較すると，DeepCCI が最も性能良く薬剤–薬剤間相互作用の有無を予測できたと報告されている．論文の著者らはこの結果の説明として，CNN を利用することで SMILES 文字列から予測に寄与する特徴がうまく抽出できたことと，二つの化合物の相互作用を表すベクトルが化合物の入力順序に依らないことを主な要因として挙げている．

(3) 急性経口毒性の予測

医薬品の安全性のためには，摂取した際に毒性がないことは必須の条件である．こうした毒性の有無は前臨床試験で実験動物に対して投与して確認するのが普通であるが，毒性の有無を事前に判定できると医薬品の候補化合物を発見するプロセスでフィルタリングできるので便利である．

分子の部分構造を利用することで急性経口毒性を予測するモデルとして，**deepAOT** [339] が提案された．このモデルはニューラルフィンガープリントと類似したモデルであるが，各層で計算される頂点の特徴ベクトルの情報が次の層に受け渡されない点が大きく異なる．

具体的な操作は，次の手順で進む．まず，入力された構造に対して ECFP と同様に半径 r の部分構造を取得し，これらに対する特徴ベクトルを作る．この際，半径に応じて頂点の特徴ベクトルの作り方が異なるようになっている．そして得られた特徴ベクトルを半径ごとにリードアウトし，最後に各半径に対して計算された特徴ベクトルを足し合わせて，これを入力の特徴ベクトルとする．こうして得られる特徴ベクトルを全結合型ニューラルネットワークで変換して，最終的な予測値を得る．

論文では，ラットに対する LD_{50} 値 (経口) が計測されているデータセットを利用して deepAOT を訓練し，予測性能を評価している．モデルとしては，LD_{50} 自体を予測する回帰モデル，LD_{50} の値の範囲をいくつかに分けたカテゴリのどれに属するかを判定する分類モデル，その両方を同時に予測するマルチタスクモデルの三つを検討している．回帰モデルの deepAOT は，既存のモデルよりも誤差が小さいモデルになっていることが確認された．また，分類モデルの deepAOT やマルチタスクモデルの deepAOT の予測性能も良好な結果を示していた．他にも，deepAOT で抽出された特徴ベクトルを解釈する試みもなされている．

5.1.3 化学構造の最適化

リード化合物が見つかると，標的タンパク質に対する結合力を更に高めたり，適切な薬物動態を発揮させたりするため，リード最適化が実施される．このリード最適化のプロセスを模して，化学構造を修正する深層学習モデルがいくつか提案されている．

Variational Junction Tree Encoder–Decoder (VJTNN)[4] [340] は，3.5.2 節で紹介した JT-VAE をもとにして構築された，分子グラフを別の分子グラフに変換するモデルである．構造がある程度類似した分子グラフのペア (G_1, G_2) で，G_2 の方が G_1 より望ましい物性値を持っているものを利用して，G_1 から G_2 を生成するように VJTNN を訓練することで，入力構造を最適化できるようになる．また，VJTNN の訓練の際には，GAN と同様のディスクリミネータの機構を利用している．

VJTNN の性能評価では，水溶解度・ドラッグライクネス・ドーパミン D_2 受容体 (DRD_2) に対する活性といったタスクでの最適化の性能を，JT-VAE や GCPN などのモデルと比較した．水溶解度での検証では，VJTNN による最適化によって物性値が大きく改善しただけでなく，生成された構造の多様性も高いことが確認された．またドラッグライクネスで

4　VJTNN は論文の著者らによる呼称である．

の検証では，生成された構造の物性値が所望の値の範囲に入る成功率を確認しており，GAN の機構を利用することで成功率が向上した．同様の効果は，DRD_2 に対する活性での検証でも確認されている．さらに，訓練データセットに含まれない新規な構造を多く生成することにも成功している．

この他にも，構造を最適化するモデルは多数ある．例えば Mol-Cycle-GAN [341] では，CycleGAN の機構を利用することで構造の修正操作を実現している．他には，Graph Polish [342]・MARS [343]・Black Box Recursive Translations (BBRT) [344] などの手法が提案されている．

5.2　有機高分子材料の探索

有機高分子材料は，合成繊維・プラスチック製品・太陽電池など，様々な用途に利用されている**ポリマー** (polymer) である．ポリマーは複数の**高分子** (macromolecule) が集まってできる物質を指し，さらにその高分子は**モノマー** (monomer) と呼ばれる低分子の単位が多数回繰り返されて構成された比較的分子量の大きな分子を指す．ポリマーとしての物性は，構成単位となっているモノマーの構造だけでなく，高分子の構造，さらには高分子どうしの相互作用などの様々な要因が複雑に関わりあって決まる．

医薬品開発と同様に，所望の機能を持つ新規な有機高分子材料を設計する際も設計・合成・実験のサイクルを繰り返す必要があるため，このサイクルの効率化が望まれている．量子化学計算を利用して物性値を計算することでスクリーニングする方法もとれるが，多くの候補構造を検討しようとすると計算に時間がかかる．こうした背景から，所望の性質を持つポリマーを設計する補助となる機械学習モデルの開発が進んでいる．

論文 [345] では，有機太陽電池のモノマー構造を生成する再帰型ニューラル言語モデルを構築した．モノマー構造の生成のために，まず GDB-17 データベースから取得した約 100 万件の化合物で事前学習させた後，約 1,400 件のモノマー構造を含む Harvard Organic Photovoltaic

(HOPV15) データセット [346] でファインチューニングした．利用したモデルは 2 層の LSTM による再帰型ニューラル言語モデルである．ファインチューニングの際には，転移したネットワークのパラメータを固定して LSTM 層を一つ追加したモデルをしばらく訓練した後，全てのパラメータを低い学習率を用いて訓練した．

転移学習による訓練の結果，生成構造のおよそ 90% が有効な分子構造であることが確認された．転移学習を利用しなかった場合の有効な分子構造の割合が 25% 未満であったことから，事前学習により価数制約などの特徴をうまく捉えられたことが示唆される．また，生成した構造には有機太陽電池として利用できそうな構造も期待通り含まれていた．

5.3 多成分系の化学物質の物性予測

ポリマーアロイや混合物といった複数の化合物が混ざった化学物質は，リチウムイオン電池の電解質添加剤や表面コート剤など，様々な用途に利用されている．こうした多成分系の化学物質は，混合する化合物の構造や混合比によって物性が変わるため，所望の物性を示す物質を得るのは難しい．所望の物性を示す多成分系の化学物質を効率的に発見するために，こうした物質の物性予測モデルを構築できるのが望ましい．

しかし，これまでに提案されている物性予測モデルはほとんどが 1 成分系，すなわち，一つの化合物に対する物性予測モデルであった．多成分系の化学物質に対する予測モデルを構築するには，通常の物性予測モデルをうまく拡張する必要がある．具体的には，化合物と混合比をモデルに与える際の順序に依らず同じ結果を返す，置換不変性を持ったモデルを設計する必要がある．論文 [347] では，**Mix-Embed-Interact–Aggregate** (MEIA) という手法を提案し，これを利用してモデルを構築した．

MEIA は，化学物質を構成する各化合物の特徴抽出 (埋め込み, embed) をした後，得られた特徴ベクトルを化合物の混合比を考慮しながら互いのベクトルを更新 (相互作用, interact) し，化学物質の特徴ベクトルへと集約 (aggregate) する．埋め込み操作では，ニューラルフィンガープリントや MPNN を利用する．ベクトルの更新・集約操作では，自己注意機構を利用するものや，混合比で重み付けた和をとるものなど，複数のパターンが提案されている．なお，化学物質を構成する化合物の数が変わっても，MEIA を利用できることに注意する．

MEIA による多成分系の化学物質の特徴抽出の性能を検証するため，共重合ポリマーのガラス転移温度や混合物の密度・沸点などの予測タスクを利用して，フィンガープリントや組成比を全結合型ニューラルネットワークに入力するモデルと比較している．なお，共重合ポリマーに対する予測では，ポリマーを構成するモノマーを入力している．MEIA を利用したモデルは，特に化学物質を構成する各化合物の構造の情報が重要になる場合に，ベースラインのモデルよりも良い性能を示すことが確認された．

第6章

深層学習を応用した無機材料の設計

4章では，無機化合物データを扱う深層学習モデルを紹介し，その有用性について述べた．一方で，有機化合物データの場合と同様に，モデル開発の段階では，ベンチマークデータセットでの性能検証にとどまっているものが多い．材料設計の際には，材料に関する様々な制約条件を考慮しながら深層学習モデルを適用する必要がある．この章では，4章で紹介したような深層学習モデルを無機材料の設計に応用した実例をいくつか紹介する．

6.1　物性予測モデルによる材料探索

無機材料の探索は，イオン半径や電気陰性度などに関する経験的法則に基づいて長らく行われてきた．代表的な法則としては，Pauling によって提案されたものが挙げられる [348]．一方で，無機化合物の材料空間の広さを評価した近年の研究では，電荷や電気陰性度などに関する条件を考慮しても，四元系の候補化合物の数は 10^{10} を超え，五元系の候補化合物では 10^{13} を超えると報告されている [349]．経験的法則に基づく従来の探索は，このような膨大な材料空間に対して非常に限定的であり，新規材料の発見も困難になると予想される．このため，情報科学の技術などを利用したより網羅的なスクリーニングが，無機材料の設計に要求されている．ここでは，様々な無機材料のスクリーニングに対して，深層学習を用いた物性予測モデルを適用した例について紹介する．

6.1.1　新規組成の探索

従来の無機材料のスクリーニングには，正確な物性計算が可能な第一原理計算が利用されてきた．一方で，第一原理計算は計算コストが高く，スクリーニングの探索範囲は1ヶ月で数千件程度に限られる．また，第一原理計算を行う際には，おおよその結晶構造が判明している必要がある．このため，候補材料の結晶構造が未知の場合には，第一原理計算を適用できない．そこで，組成式のみから高速に物性計算が可能な ElemNet を利用して，Jha らは熱力学的に安定な新規組成の探索を試みた [292]．

まず，探索対象となる候補組成として，組成比の和が 10 以下となる二・三・四元系化合物の組成式を網羅的に作成した．そして，作成した約4億 5,000 万個の候補組成の生成エネルギーを ElemNet により予測し，候補組成の熱力学的安定性を評価した．無機材料の熱力学的安定性は，横軸に組成，縦軸に生成エネルギーをとったグラフによって評価できる．同じ組成を示す複数の結晶構造については，生成エネルギーが低い構造ほど熱力学的には安定である．また，各組成での生成エネルギーの最小値を結んでできる図形を**凸包** (convex hull) という．ここでは，ElemNet の予測誤差を考慮しつつ，凸包より低い生成エネルギーが予想される候補組成

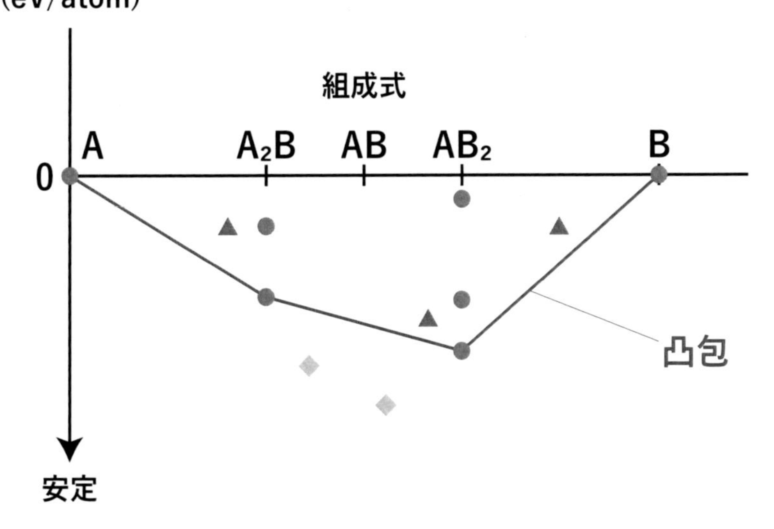

● DFT 計算によって得られた生成エネルギー

▲ ElemNet が予想した生成エネルギー（熱力学的に不安定）

◆ ElemNet が予想した生成エネルギー（熱力学的に安定）

図 6.1　無機材料の熱力学的安定性の評価の方法．生成エネルギーが低い材料ほど熱力学的には安定である．

を熱力学的に安定であるとした (図 6.1).

約 4 億 5,000 万個の候補組成の熱力学的安定性を評価した結果，OQMD に含まれない熱力学的に安定な新規組成は，二元系化合物で約 200 件，三元系化合物で約 1 万 4,000 件，四元系化合物で約 35 万件見つかった．これらの中には，NaY_3F_7 のような酸化数の均衡が取れている化合物や $TiZnCrO_5$ のような既知の酸化物の組成パターン ($ABCO_5$ 型) を持った化合物も見つかった．

このような組成式を扱うスクリーニングは，候補材料の網羅的な生成が容易であり，深層学習を利用した物性予測の計算コストも非常に低いことから，網羅的な材料空間の探索に適している．このため，最適化したい無機材料の組成の自由度が大きい場合や結晶構造が未知の無機材料を探索したい場合などに有効である．

6.1.2　無機固体電解質の探索

電池開発における固体電解質は，従来の液体電解質と比較して反応性が低いなどの理由から注目を集めている．現在商用化が最も進んでいるリチウムイオン電池においても，固体電解質の適用は模索されており，その一例としては金属リチウム負極を利用した電池が挙げられる．金属リチウム負極を利用した電池は，現在主流の炭素負極を利用した電池よりエネルギー密度がはるかに大きく，電気自動車などへの応用が期待されている．一方で，リチウム金属は電解質と反応しやすく，ショートや電池容量の劣化などを引き起こすデンドライト[1]を析出しやすい点が，商用化に向けての大きな課題となっている．そこで Ahmad らは，CGCNN を利用してデンドライト析出が起きにくい固体電解質の探索を試みた [350].

デンドライト析出の起きやすさは，金属リチウム負極と固体電解質からなる界面の安定性により評価できる．固体間の界面の安定性の評価には，先行研究で提案されている速度論を元にした指標を利用した [351].利用した指標は，界面を構成する二つの固体のモル体積と弾性係数より計算される．ここで，弾性係数は計算コストの高い物性であることから，CGCNN による物性予測を利用した．

スクリーニングの全体の流れを図 6.2 に示す．まず，Materials Project のデータと CGCNN を利用して，結晶構造から弾性係数を予測するモデルを構築した．次に，再び Materials Project から固体電解質の候補材料を取得し，モル体積と CGCNN による弾性係数の予測値を算出した．そして，得られたモル体積と弾性係数により，固体電解質とリチウム負極からなる界面の安定性の指標を計算し，デンドライト析出が起きにくいと予想される候補材料を取得した．

約 1 万 2,000 件の候補についてスクリーニングを行った結果，デンドライト析出が起きにくいと予想される固体電解質は 4 件見つかった．これ

1　枝分かれした樹枝のような結晶のこと．電池容量の劣化やショートを引き起こす．

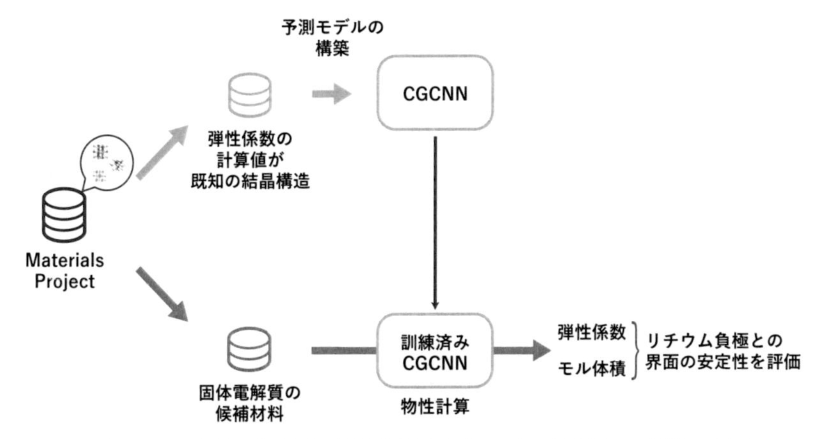

図 6.2 Ahmad らによる固体電解質のスクリーニングの流れ．計算コストの高い弾性係数については CGCNN を利用して予測を行い，最終的な固体間の界面の安定性の議論を行っている．

らの候補は，熱力学的安定性・電気伝導性・イオン伝導性などの他の重要な指標でも優れており，商用化が期待される固体電解質となっている．

このような結晶構造を利用したスクリーニングは，既存の結晶構造データベースを探索することに優れている．特に，深層学習モデルは第一原理計算より多くの候補材料を扱うことができるため，さらなる新規材料の発見が期待できる．また，深層学習モデルを材料設計に適用する際には，対象となる材料について深い知識を持つ研究者と共同することが望ましい．今回のケースにおいても，無機固体界面の専門家と CGCNN の開発者による共同研究であり，スクリーニングに利用する物性に対する深い理解が重要である．

6.1.3 2 次元材料 MXene の探索

2 次元材料 (層状材料) は，優れた電気特性・機械特性・磁気特性などを示す次世代材料として注目されており，様々な分野において有望な 2 次元材料の探索が行われている．しかし，従来の探索においては，計算コストの高い第一原理計算を利用していたため，探索範囲が非常に限定的であった．特に，$M_{n+1}X_nT_x$ (M: 遷移金属，X: C や N，T: F や OH などの官能基) の組成を持つ MXene (マキシン) については，近年発見された 2 次元材料であり，構造の自由度が高く数十万以上の構造を取りうる．そこで Venturi らは，CGCNN を利用して MXene を対象とした大規模なスクリーニングを行った [352].

スクリーニングでは，優れた熱力学的安定性と機械的強度を示す MXene の探索を試みた．候補材料の熱力学的安定性と機械的強度は，生成エネルギーと弾性テンソルによって評価できる．まず，2 次元材料の多様な物性値を扱う Computational 2D Materials Database (C2DB) [353] と CGCNN を利用して，結晶構造から生成エネルギー・弾性テンソルを予測するモデルをそれぞれ構築した．次に，スクリーニング対象となる候補材料を aNANt MXene Database [354] より約 2 万 3,000 件取得した．aNANt MXene Database には，$M_2X_1T_2$ の組成を持つ MXene について，組成の組み合わせを考慮して網羅的に生成された結晶構造が登録されている．そして，取得した候補構造に対する生成エネルギーと弾性テンソルを構築したモデルによって予測し，所望の特性を示す MXene を取得した．

約 2 万 3,000 件の候補構造をスクリーニングした結果，優れた熱力学的安定性と機械的強度を示した MXene の多くは，遷移金属に Ti，Hf，Zr を含んでいた．この結果は，周期表の 4 族の元素 (Ti，Hf，Zr) が，MXene の機械的強度を高めることを示唆している．また，現在報告されている MXene の大半が遷移金属に Ti を利用することを考慮すると，遷移金属に Hf や Zr を含む MXene は新規性があり，複合材料への応用が期待できる．

このように，複数の結晶構造データベースと深層学習モデルをうまく活用することで，効率的で探索範囲の広いスクリーニングが可能である．また，候補材料を取得できるデータベースが存在しない場合についても，既存の結晶構造の元素置換を行うことで網羅的な候補材料の生成は可能である [355]．元素置換によって生成された結晶構造は，構造緩和 (構造最適化) されていない点に注意する必要があり，構造緩和されていない結晶構造に対しても適用できるスクリーニング手法なども開発されている [310].

6.2 生成モデルによる材料探索

スクリーニングによる無機材料の設計では，探索対象となる候補材料の準備が重要になる．候補材料の準備方法としては，6.1 節で紹介した例のように，データベースから取得する方法や結晶構造の元素置換を行って生成する方法が一般的である．しかし，これらの手法では，データベースに存在しない未知の原子配列を持つような結晶構造は作成できない．そこで，深層生成モデルによる多様な結晶構造の生成が注目されている．ここでは，様々な無機材料のスクリーニングに対して，深層生成モデルを適用した例を紹介する．

6.2.1 酸化バナジウムの探索

酸化バナジウムは，バナジウムが多様な酸化状態を取ることを利用して，触媒材料や電子部品などへの幅広い応用が進んでいる．一方で，酸化バナジウムの探索は触媒材料を中心に長らく行われており，元素置換などの従来の探索方法では新規結晶構造を発見しにくくなっている．そこで，深層生成モデルを利用して，Noh らは酸化バナジウムの新規結晶構造の探索を試みた [318].

まず，Materials Project に含まれる二元系の結晶構造を取得し，各組成を V，O に置換することで深層生成モデルの訓練データセットを作成した．次に，作成した訓練データセットを利用して，4.2.2 節で紹介した iMatGen を訓練した．そして，訓練済みの iMatGen を利用して，熱力学的に安定とされる結晶構造を約 1 万件生成した．最後に，第一原理計算を利用して結晶構造の熱力学的安定性を評価し，実際に合成できると予想される候補構造を取得した (図 6.3).

深層生成モデルによって生成された約 1 万件の候補構造を評価した結果，合成できると予想される酸化バナジウムは約 40 件見つかった．これらの中には，訓練データセットや Materials Project に含まれない V_6O_7 のような，新規の組成を示す結晶構造も含まれていた．

このように，深層生成モデルを利用した結晶構造探索は，従来の手法より効率良く新規の構造を見つけることが可能である．また，提案されてい

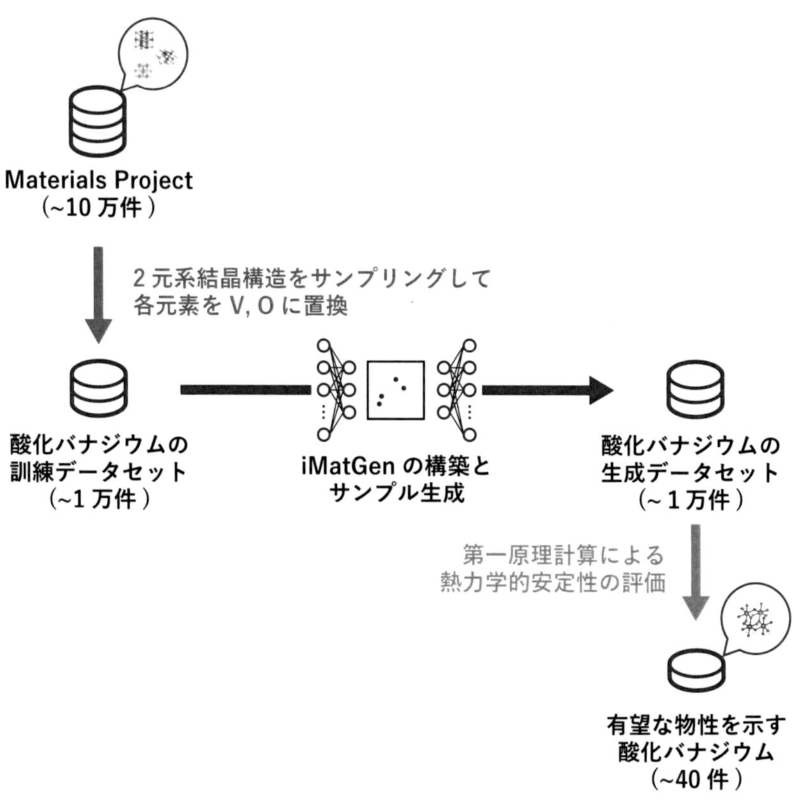

図 6.3　Noh らによる酸化バナジウムの新規結晶構造の探索．深層生成モデルを利用することで，新規の原子配列を示すような結晶構造の発見が期待できる．

る深層生成モデルの多くは，組成に対応した結晶構造を生成することから，探索対象となる材料の組成が限定されている場合に有効である．

6.2.2　Mg-Mn-O 系光電極の探索

光電極は，光エネルギーを水素エネルギーなどに変換できることから，環境に優しいエネルギー材料として注目されている．特に，光電極を応用した太陽電池は，再生可能エネルギーとしての需要が高まっている．一方で，光電極として利用される半導体の多くは，腐食反応による急速な劣化が問題となっている．腐食反応を起こしにくい光電極材料としては，酸化マンガンをベースとした半導体が期待されているものの，十分な材料探索は進んでいない．そこで Kim らは，深層生成モデルを利用して腐食反応が起きにくい Mg-Mn-O 系の光電極材料の探索を試みた [324].

まず，Materials Project に含まれる三元系の結晶構造を取得し，各組成を Mg，Mn，O に置換することで，深層生成モデルの訓練データセットを作成した．次に，作成した訓練データセットを利用して，4.2.2 節で紹介した Kim らによる深層生成モデルを訓練した．そして，候補組成として用意した 31 件の組成に対して，訓練済みの深層生成モデルを利用してそれぞれ 300 個の結晶構造を生成した．最後に，第一原理計算を利用して，結晶構造の熱力学的安定性・バンドギャップ・腐食の起きやすさを評価し，所望の特性を示す光電極材料を取得した．腐食の起きやすさの評価には，`pymatgen` によって作成した電位–pH 図を利用した [356]．電位–pH 図は，横軸に pH，縦軸に電位をとり，金属・酸化物・イオンなどが熱力学的に安定である領域を示した状態図である．

深層生成モデルによって生成された 9,300 件の候補構造を評価した結果，腐食反応が起きにくい Mg-Mn-O 系の光電極材料は約 20 件見つかった．見つかった材料の半数以上は，Materials Project に存在しない組成であり，多様な新規光電極材料を見つけることに成功した．

このように、深層生成モデルと第一原理計算をうまく活用することで，効率的で信頼度の高い新規材料の探索が可能である．同様の例としては，深層生成モデルと分子動力学計算を活用してゼオライトの設計を行った例 [319] などが挙げられる．

第7章

化学における深層学習の課題・展望

これまでの章で，化学分野における深層学習の利用について，具体例を挙げて紹介してきた．深層学習を利用することで可能になったことも多いが，一方で，現段階では不十分な点も多く存在する．この章では，化学分野での深層学習の利用にあたって解決すべき課題や今後の展望について，近年の動向を挙げながら述べる．

7.1　利用可能なデータセットに関する問題

これまでにも述べているとおり，深層学習を利用して十分な性能のモデルを得るには，十分な量のデータセットを利用できるのが望ましい．しかし，実験値のデータセットについては，実験にかかる時間的なコストを考えると，数千から数万単位でのラベル付きのデータセットを準備するのは難しい．計算値のデータセットについても，多様な化合物に対して良い精度で計算値を求められる物性値も限られている．このため，公開されているラベル付きのデータセットは限定的であり，取り組みたいタスクで大量のラベル付きデータセットを利用できることは稀である．また，タンパク質に対する活性の有無のデータのように，正例と負例に偏りがあるなどの理由でダウンサンプリングして訓練する場合など，利用できるサンプル数が極端に減ってしまうこともしばしば起こる．3.2 節で紹介したような少量のデータセットに対する訓練手法を利用すれば，ある程度の性能向上は見込めるものの，データセットのサイズによっては深層学習に依らない手法のほうが良い性能が得られることも多い．

ただ，これまで様々な手法で検証されているように，十分な量のデータセットさえあれば，深層学習が強力な手法だというのも事実である．今後深層学習を十分に活用していくには，利用できるデータの少なさという根本的な問題に対して地道に取り組んでいく必要があるだろう．具体的には，様々なターゲットに対する実験データや物性計算値データなどを蓄積して，汎用的に利用できる形で整えていく必要がある．データを蓄積する際には，サンプリングバイアスが発生しないように，多様なサンプルに対して測定するのが望ましい．他にも，実験が失敗した際のネガティブデータについては，成功データと同じように蓄積しておくのが望ましい．さらに，蓄積したデータをデータベースとして広く利用できる形にすれば，分野全体の発展にもつながるだろう．

もちろん，データの蓄積は時間がかかるものだが，こうした地道な積み重ねが将来的に価値をもつようになると期待される．十分な量のデータセットが確保できるまでは，深層学習の利用にこだわらず，深層学習に依らない手法の利用も検討することで，うまく課題を解決できる方法を模索するのが大切である．

7.2 予測の不確実性

これまで，深層学習モデルを利用することで予測性能が向上した例を多数取り上げてきた．しかし，予測モデルの予測性能が良かったとしても，モデルの予測値が必ずしも真の値に近くなるわけではない．モデルを応用するうえでは，予測性能以外にも，予測の不確実性 (信頼性) を見積もることが重要である．

予測の不確実性は，一般的に**認識論的不確実性** (epistemic uncertainty)・**偶然的不確実性** (aleatoric uncertainty) の二つの観点で議論される [357, 358].

認識論的不確実性は，入力サンプルに対するモデルの予測性能が不足していることに起因する不確実性のことである．モデルの予測性能の不足は，パラメータのチューニング不足や入力サンプルが訓練サンプルと類似していないことによって起きることが多い．モデルは，訓練サンプルに類似したサンプルに対してはある程度うまく予測できるものの，訓練サンプルと類似していないサンプルに対しては予測を大きく外す傾向がある．化学分野では，7.1 節で述べたとおり訓練サンプルが不足することが多く，予測値と真の値が乖離しやすい．しかし，訓練サンプルが手に入りさえすれば，入力サンプルの予測に活用できる知識が増えるため，こうした不確実性を軽減できる．

偶然的不確実性は，訓練サンプルの本質的なばらつきに起因する不確実性のことである．化学分野においては，実験データの測定条件による誤差や計算値データの計算条件による誤差などが原因として考えられる．偶然的不確実性は，認識論的不確実性と異なり，いくら訓練サンプルを追加したとしても軽減できない．

このような不確実性に対処する方法として，深層学習に依らないモデルでは，アンサンブル学習や Gauss 過程回帰モデルなどを利用することで予測の不確実性を定量的に評価する．また，訓練データセットと入力サンプルの類似度を評価し，類似度が高ければモデルの予測を信頼するといったモデルの**適用範囲** (Applicability Domain, AD) を設定する手法も提案されている [359, 360]．深層学習モデルを利用した物性・活性予測に対しても，既存の不確実性の評価手法を検討した例がいくつか報告されている [361, 362, 363, 364, 365]．しかし，化学分野における利用はまだ少ないため，不確実性を評価できるような新たな手法の開発が望まれる．

7.3　モデルの解釈

深層学習に依らないモデルでは，利用する手法を適切に選ぶことで，モデルの予測根拠を確認できる．例えば，分子記述子を利用してランダムフォレストで予測すると，記述子の重要度を算出できる．このようにモデルの予測結果を解釈できると，分野の知見と照らし合わせることでモデルの性能改善につながったり，更には新たな知見を提供できたりと便利なことが多い．

一方で，深層学習は予測に寄与する特徴量をうまく抽出できるものの，抽出された特徴量が何を意味しているのかということについて解釈することは難しい．特徴量の意味を直接的に解釈できなくても，モデルがどのような判断根拠をもとに予測したのかを推測する手段があると便利である．これを実現するために，様々な分野で**説明可能** (explainable) な深層学習モデルを開発する取り組みがなされている．例えば画像認識の分野では，**顕著性マップ** (saliency map) と呼ばれるヒートマップを作成することで，画像のどの部分が予測に寄与したかを知る手法が開発されている．

化学分野においても，説明可能なモデルを構築する試みが行われてきた．そのような試みの一つに，利用するモデル自体に解釈のための機構を組み込んでおくという手法がある．例えば，注意機構による重要度や CNN のフィルタを確認することは，モデルの解釈に役立つことがある [366]．実際，SMILES 畳み込みフィンガープリントや Molecule Attention Transformer といった 3.3 節で紹介した手法でも，分子のどの部分に注目したかを可視化して，モデルが着目した部位が化学的に重要とされる部位であることを確認している．他にも，解釈のための機構を組み込んだモデルとして，GNNExplainer [367] というモデルも提案されている．

既存の顕著性マップ生成手法では，ネットワークの特徴ベクトルに関する勾配を利用することが多い．こうした手法を GNN に対して適用する試みもなされている [368, 369, 370]．論文 [368] では，ドロップアウトを利用してグラフの各頂点の重要度を算出する BayesGrad と呼ばれる手法を提案しており，毒性や水溶解度に関する化学的知見と対応する顕著性マップを得ることに成功している．また，論文 [370] でも Integrated Gradients [371] と呼ばれる手法を利用して重要度を算出している．

予測用のモデルとは別のモデルを併用することで予測の解釈を与えているものもある．3.3.1 節で紹介した SMILES2vec の論文 [138] では，SMILES 文字列をマスキングするための別のネットワークを用意して，モデルの説明可能性を高めた．このネットワークが生成したマスクを適用した SMILES 文字列に対しても，事前学習してパラメータを固定した SMILE2vec モデルが変わらず良い予測値を与えられるように訓練することで，SMILES 文字列の中で予測に寄与する文字がどれかを判定するというアイディアを利用している．これを用いて，水溶解度データセットに対して溶解度に寄与する部分構造を特定したところ，親水性・疎水性を有していると知られている部分構造にうまく着目できていることが確認された．他には，説明用のモデルを強化学習により訓練する Molecular Explanation Generator (MEG) [372] という手法も提案されている．

説明可能なモデルを構築する際は，そのモデルが妥当な予測根拠を提示できそうな仕組みになっているのか，あるいは分野の知見と一致する予測根拠を実際に提示できるのか，ということについて十分に検討する必要がある．ある程度正しそうな予測根拠を示すモデルが得られれば，化学者の意思決定の際に有効活用できると期待される．

もちろん，こうした解釈手法によって得られる説明が必ず正しいという保証はないことには注意する必要がある．特に，モデルの解釈性の評価は定性的な検証にとどまっており，定量的に解釈性を評価するための適切な指標の開発が望まれる．

7.4　生成モデルの評価

3.5 節や 4.2 節では多数の生成モデルを紹介した．絶えず新しい生成モデルが提案されているが，性能評価では一部の生成モデルとの比較にとどまっており，十分な比較検討がなされていない．また，生成結果を目視で確認したり，有効な構造の生成率・訓練データセットに含まれない構造の生成率・重複構造の生成率などの指標を利用したりすることで生成モデルを評価しているものの，結局のところどの生成モデルが「良い」のかを判断するのは難しい．このため，生成モデルの評価基準をうまく定めたうえで，網羅的な性能比較を実施する必要があるものと考えられる．

有機化合物の生成モデルに対する一つの比較基準として，Molecular Sets (MOSES) [373] や GuacaMol [374] といったベンチマークの利用が挙げられる．これらのベンチマークでは様々な観点から生成モデルを比較できるので，生成モデルの「良さ」を判断するのに役立つだろう．一方で，無機化合物の生成モデルに対するベンチマークは存在しておらず，モデルの公平な評価のためにもベンチマークの整備は重要な課題である．

さらに，生成モデルで検討すべき項目として，生成構造の**合成可能性** (synthetic accessibility) [375] がある．生成モデルを実用しようとした場合，生成されている構造が実際に合成できないような不安定な構造では意味がないため，合成可能性の評価は重要な課題である．

有機化合物の合成可能性を評価する指標としては，**SA スコア** (SA score) [239] がよく利用されている．他にも，RAscore [376]・SCScore [377]・RetroGNNScore [378]・SYBA [379] などの合成可能性の指標が提案されている．無機化合物の合成可能性を評価する指標としては，結晶構造の生成エネルギーや **Energy above hull** などの熱力学的安定性に関する物性値がよく利用されている．Energy above hull は，結晶構造の生成エネルギーと図 6.1 で紹介した凸包とのエネルギー差のことである．実際に，ある合成実験において，合成できた無機化合物の 70 %は Energy above hull が 0.100 eV/atom 以下になったことが報告されている [380]．また最近では，深層学習モデルを利用した結晶構造の合成可能性の予測も行われている [381]．

これらの合成可能性指標は，生成モデルの目標物性値に組み込むことでしばしば利用されているものの，合成可能な構造を狙って生成するようなモデルはまだ少ない．このため，合成可能な構造を生成するモデルを設計するのは，今後取り組んでいくべき重要な課題であるといえる．

付録

本書で利用する数学の用語や演算の定義を簡単にまとめた．必要に応じて参照していただきたい．

ベクトル

実 n 次元ベクトル $\boldsymbol{x} = (x_1, \ldots, x_n)^\top, \boldsymbol{y} = (y_1, \ldots, y_n)^\top \in \mathbb{R}^n$ の (標準) 内積を $\boldsymbol{x} \cdot \boldsymbol{y} = \sum_{i=1}^n x_i y_i$ で定める．

実数 $p \geq 1$ に対し，実 n 次元ベクトル $\boldsymbol{x} = (x_1, \ldots, x_n)$ の L_p ノルムは $\|\boldsymbol{x}\|_p \coloneqq \left(\sum_{i=1}^n x_i^p\right)^{1/p}$ で定められる．

実 n 次元ベクトル $\boldsymbol{x} = (x_1, \ldots, x_n)^\top$ と実 m 次元ベクトル $\boldsymbol{y} = (y_1, \ldots, y_m)^\top$ に対し，$\boldsymbol{x}$ に $\boldsymbol{y}$ を**結合** (concatenate) して得られるベクトルを $\boldsymbol{x} \oplus \boldsymbol{y} \coloneqq (x_1, \ldots, x_n, y_1, \ldots, y_m)^\top$ と表す．一般には，$\boldsymbol{x} \oplus \boldsymbol{y} \neq \boldsymbol{y} \oplus \boldsymbol{x}$ である．

二つの実 n 次元ベクトル $\boldsymbol{x} = (x_1, \ldots, x_n)^\top$ と $\boldsymbol{y} = (y_1, \ldots, y_n)^\top$ の **Hadamard 積** (Hadamard product) を $\boldsymbol{x} \odot \boldsymbol{y} \coloneqq (x_1 y_1, \ldots, x_n y_n)^\top$ と表す．Hadamard 積は，ベクトルの要素ごとに積をとって得られるベクトルである．

関数・写像

スカラー値関数 $f \colon \mathbb{R}^n \to \mathbb{R}$ に対して，$f(\boldsymbol{x})$ の x_0 における**勾配** (gradient) を $\frac{\partial f}{\partial \boldsymbol{x}}(\boldsymbol{x}_0) \coloneqq \left(\frac{\partial f}{\partial x_1}(\boldsymbol{x}_0), \ldots, \frac{\partial f}{\partial x_n}(\boldsymbol{x}_0)\right)^\top$ と表す．

ベクトル値関数 $\boldsymbol{f} \colon \mathbb{R}^n \to \mathbb{R}^m$ に対して，$\boldsymbol{f}(\boldsymbol{x}) = (f_1(\boldsymbol{x}), \ldots, f_m(\boldsymbol{x}))^\top$ の x_0 における **Jacobi 行列** (Jacobian matrix) を $\frac{\partial \boldsymbol{f}}{\partial \boldsymbol{x}}(\boldsymbol{x}_0) \coloneqq \left(\frac{\partial f_1}{\partial \boldsymbol{x}}(\boldsymbol{x}_0), \ldots, \frac{\partial f_m}{\partial \boldsymbol{x}}(\boldsymbol{x}_0)\right)^\top$ と表す．

集合 S から自身へ写す写像 $f \colon S \to S$ が集合 S の恒等写像であるとは，任意の $x \in S$ に対して $f(x) = x$ が成り立つことをいう．

写像 $f \colon A \to B$ に対し，写像 $g \colon B \to A$ で $g \circ f = \mathrm{id}_A$ かつ $f \circ g = \mathrm{id}_B$ が成り立つとき，f は**可逆** (invertible) であるという．また，この g を f^{-1} と表し，f の**逆写像** (inverse) という．

確率変数・確率分布

確率変数の列 $\{x_i\}_{i=1}^N$ が独立であって，いずれも同一の確率分布に従うとき，i.i.d. であるという (i.i.d. は "independent and identically distributed" の略)．特に言及のない限り，データセットに含まれるサンプルの列は i.i.d. であることを仮定する．

n 次元確率変数 $\boldsymbol{x} \sim p(\boldsymbol{x})$ とスカラー値実関数 $f: \mathbb{R}^n \to \mathbb{R}$ に対し，確率分布 $p(\boldsymbol{x})$[1]に関する $f(\boldsymbol{x})$ の**期待値** (expectation) を

$$\mathbb{E}_{p(\boldsymbol{x})}[f(\boldsymbol{x})] = \int f(\boldsymbol{x})p(\boldsymbol{x})\,\mathrm{d}\boldsymbol{x}$$

と表す．

二つの確率分布 $p(\boldsymbol{x}), q(\boldsymbol{x})$ に対して，$p(\boldsymbol{x})$ の $q(\boldsymbol{x})$ に対する **Kullback–Leibler ダイバージェンス** (Kullback–Leibler divergence) を

$$D_{\mathrm{KL}}\left[p(\boldsymbol{x})\|q(\boldsymbol{x})\right] = \mathbb{E}_{p(\boldsymbol{x})}\left[\log\frac{p(\boldsymbol{x})}{q(\boldsymbol{x})}\right] = \int p(\boldsymbol{x})\log\frac{p(\boldsymbol{x})}{q(\boldsymbol{x})}\,\mathrm{d}\boldsymbol{x}$$

と表す．Kullback–Leibler ダイバージェンスは一般には対称的でない，すなわち $D_{\mathrm{KL}}[p(\boldsymbol{x})\|q(\boldsymbol{x})] \neq D_{\mathrm{KL}}[q(\boldsymbol{x})\|p(\boldsymbol{x})]$ だが，分布 $p(\boldsymbol{x}), q(\boldsymbol{x})$ の差異の程度を表す量[2]であると考えられる．

同様に，二つの確率分布 $p(\boldsymbol{x}), q(\boldsymbol{x})$ に対して，$p(\boldsymbol{x})$ と $q(\boldsymbol{x})$ の **Jensen–Shannon ダイバージェンス** (Jensen–Shannon divergence) を

$$D_{\mathrm{JS}}[p(\boldsymbol{x})\|q(\boldsymbol{x})] \coloneqq \frac{1}{2}\left(D_{\mathrm{KL}}[p(\boldsymbol{x})\|m(\boldsymbol{x})] + D_{\mathrm{KL}}[q(\boldsymbol{x})\|m(\boldsymbol{x})]\right)$$
$$m(\boldsymbol{x}) = \frac{p(\boldsymbol{x}) + q(\boldsymbol{x})}{2}$$

と定める．Jensen–Shannon ダイバージェンスは対称的である，すなわ

1　本来，確率分布は確率測度のことを指すが，簡単のために確率 (密度) 関数と同じ記号を利用することが多い．確率 (密度) 関数 $p(\boldsymbol{x})$ をもつ確率分布のことを，記号を濫用して $p(\boldsymbol{x})$ と書いていると理解する．なお，連続量をとる確率変数の従う分布が必ずしも確率密度関数を持つわけではないことも，併せて注意しておく．

2　Kullback–Leibler ダイバージェンスは，分布 $p(\boldsymbol{x})$ をサンプル $\boldsymbol{x}$ の従う真の分布とみたときの対数尤度比 $\log p(\boldsymbol{x})/q(\boldsymbol{x})$，すなわち，「$\boldsymbol{x}$ が分布 q より分布 p から得られたと考えられる程度」の平均とみなせる．これは，p と q が異なっているときに大きくなる．

ち $D_{\mathrm{JS}}[p(\boldsymbol{x})\|q(\boldsymbol{x})] = D_{\mathrm{JS}}[q(\boldsymbol{x})\|p(\boldsymbol{x})]$. いずれのダイバージェンスも常に非負値であり，ダイバージェンスが 0 となるのは二つの分布が一致するときに限る.

グラフ

頂点 (vertex) と呼ばれる要素の集合 V と，**辺** (edge) と呼ばれる要素の集合 E の組 $G = (V, E)$ を**グラフ** (graph) という．グラフ G に対する頂点集合・辺集合を指す場合は，$V(G), E(G)$ と書く.

グラフでは，各辺 $e \in E$ に対して，e の**端点** (end-vertex) と呼ばれる一つか二つの頂点が指定されている．辺 e の端点が一つであるとき，e を**自己ループ** (self-loop) と呼ぶ.

辺 e が二つの端点 v, w を持つとき，これらの順序を区別して辺の「向き」を考えることがある．端点の順序を区別せず辺に「向き」がついていないグラフを**無向グラフ** (undirected graph) といい，順序を区別することで辺の向きを考えたグラフを**有向グラフ** (digraph) といって区別する．無向グラフのことを，単に「グラフ」と呼ぶことにする.

グラフの複数の辺 $e_1, \ldots, e_k$ の端点が全て一致する場合，これらを**多重辺** (multi-edge) と呼ぶ.

グラフ $G = (V, E)$ で，二つの頂点 $u, v \in V$ が G のある辺 $e \in E$ の端点であるとき，頂点 u と v は**隣接** (adjacent) するといい，辺 e は u と v に**接続** (incident) するという．このとき，$e = uv = vu$ と表記する．また，v に接続している辺の数を $\deg(v)$ と書き，v の**次数** (degree) という.

任意の 2 頂点が隣接しているグラフを**完全グラフ** (complete graph) という．頂点数が n の完全グラフを K_n と書く.

頂点とそれに接続する辺を交互に並べた列

$$W = (v_0, e_1, v_1, \ldots, e_n, v_n) \quad (e_i = v_{i-1}v_i)$$

を v_0, v_n-**ウォーク** (walk) といい，n をウォーク W の**長さ** (length) という．このウォーク W で，v_0, v_n をウォークの**端点** (end-vertex) という．ウォークのうち，含まれている辺が重複しないものを**トレイル** (trail)，さらに，含まれている頂点も重複しないものを**パス** (path) という．トレイル・パスの端点が一致している場合，それぞれ**サーキット** (circuit)・**サイクル** (cycle) という．

頂点 v に隣接する全ての頂点からなる集合を $N(v)$ と書き，v の**開近傍** (open neighborhood)，あるいは単に近傍という．また，v の開近傍 $N(v)$ に v 自身を加えた集合 $N[v] := N(v) \cup \{v\}$ を，v の**閉近傍** (closed neighborhood) という．さらに，$k \in \mathbb{Z}_{\geq 0}$ とし，v の k-**ホップ近傍** (k-hop neighborhood) $N^k(v)$ を次で定める．

$$N^k(v) := \begin{cases} \varnothing & (k = 0) \\ \{ u \in V \mid \text{長さ } k \text{ 以下の } u, v\text{-パスが存在する} \} & (k > 0) \end{cases}$$

$k > 0$ のときの $N^k(v)$ は，v から長さ 1 以上 k 以下のパスを通って到達できる全ての頂点からなる集合である．特に，v の 1-ホップ近傍は v の開近傍と一致する．

グラフ $G = (V, E)$ に含まれる頂点の数を $n = |V|$ とすると，G の**隣接行列** (adjacency matrix) $\boldsymbol{A}_G = (a_{u,v})_{u,v \in V}$ は，$n \times n$ 行列で，その u, v 要素が

$$a_{u,v} := \begin{cases} 1 & (\text{頂点 } u \text{ と } v \text{ が隣接する}) \\ 0 & (\text{頂点 } u \text{ と } v \text{ が隣接しない}) \end{cases}$$

で定義される行列である．

グラフ $G = (V, E)$ とグラフ $H = (W, F)$ に対して，H の頂点集合が $W \subseteq V$，辺集合が $F \subseteq E$ であるとき，H は G の**部分グラフ** (subgraph) であるという．また，グラフ $G = (V, E)$ の頂点集合 V の部分集合 W に対して，W に含まれない G の頂点を削除して端点がともに W に含まれる辺のみを残して得られる G の部分グラフ $G[W]$ を G の W による**誘導部分グラフ** (induced subgraph) という．

グラフ $G = (V, E)$ とグラフ $H = (W, F)$ に対して，G と H の**和** (union) をグラフ $G \cup H := (V \cup W, E \cup F)$ で定める．

グラフ G に含まれる任意の 2 点 u, v に対して u, v-パスが存在するとき，G は**連結** (connected) であるという．グラフ $G = (V, E)$ に対し，部

分グラフ $H = (W, F)$ が連結性について極大なとき，すなわち，H にどの $v \in V \setminus W$ を追加しても H が連結でなくなるとき，H を G の**連結成分** (connected component) という．グラフ G の辺 e で，e を取り除いて得られるグラフが連結でないとき，e をグラフ G の**橋** (bridge) という．

グラフ G が連結であり，部分グラフとしてサイクルを含まないとき，G は**木** (tree) であるという．木では，任意の 2 頂点間のパスは一意に決まる．木 G の頂点 r が指定されているとき，r を G の**根** (root) といい，G を**根付き木** (rooted tree) という．

頂点 r を根に持つ根付き木 T が与えられたとする．頂点 v の**深さ** (depth) を r, v-パスの長さで定義する．根付き木 T で頂点 u, v が隣接しており，u の深さが v の深さよりも小さいとき，u は v の**親** (parent)，v は u の**子** (child) であるという．この根付き木で根以外の頂点 $v \in V(T) \setminus \{r\}$ の親を $\mathrm{Pa}(v)$ と書く．また，$v \in V(T)$ の子の集合を $\mathrm{Ch}(v)$ と書く．なお，この根付き木の葉 l については $\mathrm{Ch}(l) = \varnothing$ である．頂点 u, v が共通の親をもつとき，u, v は**兄弟** (sibling) であるという．どの兄弟に対しても (全) 順序を考慮する場合は，根付き木 T を**順序木** (ordered tree) という．頂点 u, v に対し，u が r, v-パス上の頂点であるとき，u を v の**先祖** (ancestor)，v を u の**子孫** (descendant) という．特に，v は自分自身の先祖でもあり，子孫でもあることに注意する．子を持たない頂点を T の**葉** (leaf) という．

グラフ $G = (V, E)$ の部分グラフ $T = (W, F)$ について，T が木であり $V = W$ となるとき，T を**全域木** (spanning tree) という．

辺に重み $w \colon E \to \mathbb{R} \cup \{\infty\}$ のついたグラフ G を考えることがある．グラフ G の全域木のうち，木に含まれる辺の重みの合計が最小・最大のものをそれぞれ**最小全域木** (minimum spanning tree)・**最大全域木** (maximum spanning tree) という．最小・最大全域木は，Kruskal 法や Prim 法などのアルゴリズムを利用することで求まる．

参考文献

[1] S. Heller et al. "InChI-the worldwide chemical structure identifier standard". In: *Journal of Cheminformatics* 5.1 (2013), pp. 1–9.

[2] S. R. Heller et al. "InChI, the IUPAC international chemical identifier". In: *Journal of Cheminformatics* 7.1 (2015), p. 23.

[3] D. Weininger. "SMILES, a chemical language and information system. 1. Introduction to methodology and encoding rules". In: *Journal of chemical information and computer sciences* 28.1 (1988), pp. 31–36.

[4] D. Weininger et al. "SMILES. 2. Algorithm for generation of unique SMILES notation". In: *Journal of chemical information and computer sciences* 29.2 (1989), pp. 97–101.

[5] D. Weininger. "SMILES-A Language for Molecules and Reactions". In: *Handbook of Chemoinformatics: From Data to Knowledge in 4 Volumes* (2003), pp. 80–102.

[6] *Daylight Theory Manual*. (Accessed on 01/20/2021). URL: https://www.daylight.com/dayhtml/doc/theory/.

[7] *OpenSMILES specification*. (Accessed on 03/29/2021). URL: http://opensmiles.org/opensmiles.html.

[8] G. Landrum. *RDKit: Open-source cheminformatics*. (Accessed on 01/20/2021). URL: http://www.rdkit.org.

[9] *CTFile Formats*. (Accessed on 01/22/2021). URL: https://www.daylight.com/meetings/mug05/Kappler/ctfile.pdf.

[10] S. Kim et al. "PubChem in 2021: new data content and improved web interfaces". In: *Nucleic Acids Research* 49.D1 (2021), pp. D1388–D1395.

[11] E. E. Bolton et al. "PubChem3D: A new resource for scientists". In: *Journal of Cheminformatics* 3.9 (2011), pp. 1–15.

[12] D. Mendez et al. "ChEMBL: towards direct deposition of bioassay data". In: *Nucleic acids research* 47.D1 (2019), pp. D930–D940.

[13] T. Sterling et al. "ZINC 15–ligand discovery for everyone". In: *Journal of Chemical Information and Modeling* 55.11 (2015), pp. 2324–2337.

[14] J. J. Irwin et al. "ZINC20—A Free Ultralarge-Scale Chemical Database for Ligand Discovery". In: *Journal of Chemical Information and Modeling* (2020).

[15] T. Fink et al. "Virtual exploration of the chemical universe up to 11 atoms of C, N, O, F: assembly of 26.4 million structures (110.9 million stereoisomers) and analysis for new ring systems, stereochemistry, physicochemical properties, compound classes, and drug discovery". In: *Journal of Chemical Information and Modeling* 47.2 (2007), pp. 342–353.

[16] L. C. Blum et al. "970 million druglike small molecules for virtual screening in the chemical universe database GDB-13". In: *Journal of the American Chemical Society* 131.25 (2009), pp. 8732–8733.

[17] L. Ruddigkeit et al. "Enumeration of 166 billion organic small molecules in the chemical universe database GDB-17". In: *Journal of Chemical Information and Modeling* 52.11 (2012), pp. 2864–2875.

[18] J. S. Smith et al. "ANI-1: an extensible neural network potential with DFT accuracy at force field computational cost". In: *Chemical science* 8.4 (2017), pp. 3192–3203.

[19] R. Ramakrishnan et al. "Quantum chemistry structures and properties of 134 kilo molecules". In: *Scientific Data* 1 (2014).

[20] F. Oviedo et al. "Fast and interpretable classification of small X-ray diffraction datasets using data augmentation and deep neural networks". In: *npj Computational Materials* 5.1 (May 2019), p. 60.
[21] Y. Suzuki et al. "Symmetry prediction and knowledge discovery from X-ray diffraction patterns using an interpretable machine learning approach". In: *Scientific Reports* 10.1 (Dec. 2020), p. 21790.
[22] A. Maksov et al. "Deep learning analysis of defect and phase evolution during electron beam-induced transformations in WS 2". In: *npj Computational Materials* 5.1 (2019), pp. 1–8.
[23] M. Ge et al. "Deep learning analysis on microscopic imaging in materials science". In: *Materials Today Nano* (2020), p. 100087.
[24] T. Damhus et al. "Nomenclature of inorganic chemistry: IUPAC recommendations 2005". In: *Chemistry International* (2005).
[25] S. R. Hall et al. "The crystallographic information file (CIF): a new standard archive file for crystallography". In: *Acta Crystallographica Section A: Foundations of Crystallography* 47.6 (1991), pp. 655–685.
[26] K. Momma et al. "VESTA 3 for three-dimensional visualization of crystal, volumetric and morphology data". In: *Journal of applied crystallography* 44.6 (2011), pp. 1272–1276.
[27] S. P. Ong et al. "Python Materials Genomics (pymatgen): A robust, open-source python library for materials analysis". In: *Computational Materials Science* 68 (2013), pp. 314–319.
[28] L. Ward et al. "Matminer: An open source toolkit for materials data mining". In: *Computational Materials Science* 152.April (2018), pp. 60–69.
[29] M. Hellenbrandt. "The inorganic crystal structure database (ICSD) - Present and future". In: *Crystallography Reviews* 10.1 (2004), pp. 17–22.
[30] S. Gražulis et al. "Crystallography Open Database – an open-access collection of crystal structures". In: *Journal of Applied Crystallography* 42.4 (Aug. 2009), pp. 726–729.
[31] A. Jain et al. "Commentary: The Materials Project: A materials genome approach to accelerating materials innovation". In: *Apl Materials* 1.1 (2013), p. 011002.
[32] S. Curtarolo et al. "AFLOWLIB. ORG: A distributed materials properties repository from high-throughput ab initio calculations". In: *Computational Materials Science* 58 (2012), pp. 227–235.
[33] *Mission - NOMAD Lab.* (Accessed on 01/17/2021). URL: https://nomad-lab.eu/.
[34] P. Villars et al. "The pauling file". In: *Journal of Alloys and Compounds* 367.1-2 (2004), pp. 293–297.
[35] E. Blokhin et al. "The PAULING FILE project and materials platform for data science: From big data toward materials genome". In: *Handbook of Materials Modeling: Methods: Theory and Modeling* (2020), pp. 1837–1861.
[36] J. O'Mara et al. "Materials Data Infrastructure: A Case Study of the Citrination Platform to Examine Data Import, Storage, and Access". In: *JOM* 68.8 (Aug. 2016), pp. 2031–2034.
[37] *NIMS 物質・材料データベース (MatNavi) - DICE :: 国立研究開発法人物質・材料研究機構.* (Accessed on 01/17/2021). URL: https://mits.nims.go.jp/.
[38] *Starrydata2.* (Accessed on 01/17/2021). URL: https://www.starrydata2.org/.
[39] L. Chanussot et al. "The Open Catalyst 2020 (OC20) Dataset and Community Challenges". In: *arXiv preprint arXiv:2010.09990* (2020).

[40] T. Zhou et al. "Big Data Creates New Opportunities for Materials Research: A Review on Methods and Applications of Machine Learning for Materials Design". In: *Engineering* 5.6 (2019), pp. 1017–1026.

[41] L. Himanen et al. "Data-Driven Materials Science: Status, Challenges, and Perspectives". In: *Advanced Science* 6.21 (2019), p. 1900808.

[42] *tilde-lab/awesome-materials-informatics: Curated list of known efforts in materials informatics.* (Accessed on 01/17/2021). URL: https://github.com/tilde-lab/awesome-materials-informatics.

[43] I. Goodfellow et al. *Deep Learning (Adaptive Computation and Machine Learning series).* The MIT Press, 2016.

[44] 岡谷貴之. *深層学習 (機械学習プロフェッショナルシリーズ).* 講談社, 2015.

[45] 瀧雅人. *これならわかる深層学習入門 (機械学習スタートアップシリーズ).* 講談社, 2017.

[46] T. Akiba et al. "Optuna: A Next-generation Hyperparameter Optimization Framework". In: *Proceedings of the 25rd ACM SIGKDD International Conference on Knowledge Discovery and Data Mining*. 2019.

[47] J. Bergstra et al. "Making a science of model search: Hyperparameter optimization in hundreds of dimensions for vision architectures". In: *International conference on machine learning*. PMLR. 2013, pp. 115–123.

[48] D. E. Rumelhart et al. "Learning representations by back-propagating errors". In: *Nature* 323.6088 (1986), pp. 533–536.

[49] Y. Bengio et al. "Learning long-term dependencies with gradient descent is difficult". In: *IEEE transactions on neural networks* 5.2 (1994), pp. 157–166.

[50] S. Hochreiter et al. "Long short-term memory". In: *Neural computation* 9.8 (1997), pp. 1735–1780.

[51] K. Cho et al. "Learning phrase representations using RNN encoder-decoder for statistical machine translation". In: *arXiv preprint arXiv:1406.1078* (2014).

[52] R. Jozefowicz et al. "An empirical exploration of recurrent network architectures". In: *International conference on machine learning*. PMLR. 2015, pp. 2342–2350.

[53] C. R. Harris et al. "Array programming with NumPy". In: *Nature* 585.7825 (Sept. 2020), pp. 357–362.

[54] Y. LeCun et al. "Generalization and network design strategies". In: *Connectionism in perspective* 19 (1989), pp. 143–155.

[55] F. Scarselli et al. "The graph neural network model". In: *IEEE transactions on neural networks* 20.1 (2008), pp. 61–80.

[56] T. Kipf. *Deep learning with graph-structured representations*. 2020.

[57] W. L. Hamilton. "Graph Representation Learning". In: *Synthesis Lectures on Artificial Intelligence and Machine Learning* 14.3 (2020), pp. 1–159.

[58] P. W. Battaglia et al. "Relational inductive biases, deep learning, and graph networks". In: *arXiv preprint arXiv:1806.01261* (2018).

[59] Q. Li et al. "Deeper insights into graph convolutional networks for semi-supervised learning". In: *Proceedings of the AAAI Conference on Artificial Intelligence*. Vol. 32. 1. 2018.

[60] T. N. Kipf et al. "Semi-supervised classification with graph convolutional networks". In: *arXiv preprint arXiv:1609.02907* (2016).

[61] K. Oono et al. "Graph neural networks exponentially lose expressive power for node classification". In: *arXiv preprint arXiv:1905.10947* (2019).

[62] K. Xu et al. "Representation learning on graphs with jumping knowledge networks". In: *International Conference on Machine Learning*. PMLR. 2018, pp. 5453–5462.

[63] O. Vinyals et al. "Order matters: Sequence to sequence for sets". In: *arXiv preprint arXiv:1511.06391* (2015).

[64] Y. A. LeCun et al. "Efficient backprop". In: *Neural networks: Tricks of the trade*. Springer, 2012, pp. 9–48.

[65] X. Glorot et al. "Understanding the difficulty of training deep feedforward neural networks". In: *Proceedings of the thirteenth international conference on artificial intelligence and statistics*. JMLR Workshop and Conference Proceedings. 2010, pp. 249–256.

[66] K. He et al. "Delving deep into rectifiers: Surpassing human-level performance on imagenet classification". In: *Proceedings of the IEEE international conference on computer vision*. 2015, pp. 1026–1034.

[67] M. Abadi et al. "TensorFlow: A system for large-scale machine learning". In: *12th USENIX Symposium on Operating Systems Design and Implementation (OSDI 16)*. 2016, pp. 265–283.

[68] A. Paszke et al. "PyTorch: An Imperative Style, High-Performance Deep Learning Library". In: *Advances in Neural Information Processing Systems 32*. Ed. by H. Wallach et al. Curran Associates, Inc., 2019, pp. 8024–8035.

[69] D. P. Kingma et al. "Adam: A method for stochastic optimization". In: *arXiv preprint arXiv:1412.6980* (2014).

[70] S. Kaufman et al. "Leakage in data mining: Formulation, detection, and avoidance". In: *ACM Transactions on Knowledge Discovery from Data (TKDD)* 6.4 (2012), pp. 1–21.

[71] I. Loshchilov et al. "Decoupled weight decay regularization". In: *arXiv preprint arXiv:1711.05101* (2017).

[72] L. Prechelt. "Early stopping-but when?" In: *Neural Networks: Tricks of the trade*. Springer, 1998, pp. 55–69.

[73] N. Srivastava et al. "Dropout: a simple way to prevent neural networks from overfitting". In: *The journal of machine learning research* 15.1 (2014), pp. 1929–1958.

[74] S. Ioffe et al. "Batch normalization: Accelerating deep network training by reducing internal covariate shift". In: *International conference on machine learning*. PMLR. 2015, pp. 448–456.

[75] J. Kukačka et al. "Regularization for deep learning: A taxonomy". In: *arXiv preprint arXiv:1710.10686* (2017).

[76] R. Moradi et al. "A survey of regularization strategies for deep models". In: *Artificial Intelligence Review* 53.6 (2020), pp. 3947–3986.

[77] X. Li et al. "Understanding the disharmony between dropout and batch normalization by variance shift". In: *Proceedings of the IEEE/CVF Conference on Computer Vision and Pattern Recognition*. 2019, pp. 2682–2690.

[78] S. Bond-Taylor et al. "Deep Generative Modelling: A Comparative Review of VAEs, GANs, Normalizing Flows, Energy-Based and Autoregressive Models". In: *arXiv preprint arXiv:2103.04922* (2021).

[79] G. Harshvardhan et al. "A comprehensive survey and analysis of generative models in machine learning". In: *Computer Science Review* 38 (2020), p. 100285.

[80] I. J. Goodfellow et al. "Generative adversarial networks". In: *arXiv preprint arXiv:1406.2661* (2014).

[81] Y. Wang. "A Mathematical Introduction to Generative Adversarial Nets (GAN)". In: *arXiv preprint arXiv:2009.00169* (2020).

[82] S. Mohamed et al. "Learning in implicit generative models". In: *arXiv preprint arXiv:1610.03483* (2016).

[83] M. Arjovsky et al. "Towards principled methods for training generative adversarial networks". In: *arXiv preprint arXiv:1701.04862* (2017).

[84] L. Metz et al. "Unrolled generative adversarial networks". In: *arXiv preprint arXiv:1611.02163* (2016).

[85] A. Srivastava et al. "Veegan: Reducing mode collapse in gans using implicit variational learning". In: *arXiv preprint arXiv:1705.07761* (2017).

[86] M. Arjovsky et al. "Wasserstein generative adversarial networks". In: *International conference on machine learning*. PMLR. 2017, pp. 214–223.

[87] I. Goodfellow. "Nips 2016 tutorial: Generative adversarial networks". In: *arXiv preprint arXiv:1701.00160* (2016).

[88] J. Gui et al. "A review on generative adversarial networks: Algorithms, theory, and applications". In: *arXiv preprint arXiv:2001.06937* (2020).

[89] Y. Li et al. "The theoretical research of generative adversarial networks: an overview". In: *Neurocomputing* (2021).

[90] D. P. Kingma et al. "Auto-encoding variational bayes". In: *arXiv preprint arXiv:1312.6114* (2013).

[91] S. R. Bowman et al. "Generating sentences from a continuous space". In: *arXiv preprint arXiv:1511.06349* (2015).

[92] Y. Takida et al. "Preventing Posterior Collapse Induced by Oversmoothing in Gaussian VAE". In: *arXiv preprint arXiv:2102.08663* (2021).

[93] J. Xu et al. "Spherical latent spaces for stable variational autoencoders". In: *arXiv preprint arXiv:1808.10805* (2018).

[94] J. He et al. "Lagging inference networks and posterior collapse in variational autoencoders". In: *arXiv preprint arXiv:1901.05534* (2019).

[95] C. Doersch. "Tutorial on variational autoencoders". In: *arXiv preprint arXiv:1606.05908* (2016).

[96] D. P. Kingma et al. "An introduction to variational autoencoders". In: *arXiv preprint arXiv:1906.02691* (2019).

[97] D. Rezende et al. "Variational inference with normalizing flows". In: *International Conference on Machine Learning*. PMLR. 2015, pp. 1530–1538.

[98] G. Papamakarios et al. "Normalizing flows for probabilistic modeling and inference". In: *arXiv preprint arXiv:1912.02762* (2019).

[99] I. Kobyzev et al. "Normalizing flows: An introduction and review of current methods". In: *IEEE Transactions on Pattern Analysis and Machine Intelligence* (2020).

[100] G. E. Hinton et al. "Reducing the dimensionality of data with neural networks". In: *science* 313.5786 (2006), pp. 504–507.

[101] I. Sutskever et al. "Sequence to sequence learning with neural networks". In: *arXiv preprint arXiv:1409.3215* (2014).

[102] D. Bahdanau et al. "Neural machine translation by jointly learning to align and translate". In: *arXiv preprint arXiv:1409.0473* (2014).

[103] A. Vaswani et al. "Attention is all you need". In: *arXiv preprint arXiv:1706.03762* (2017).

[104] J. Gu et al. "Levenshtein transformer". In: *arXiv preprint arXiv:1905.11006* (2019).

[105] P. Dufter et al. "Position Information in Transformers: An Overview". In: *arXiv preprint arXiv:2102.11090* (2021).

[106] K. He et al. "Deep residual learning for image recognition". In: *Proceedings of the IEEE conference on computer vision and pattern recognition*. 2016, pp. 770–778.

[107] J. L. Ba et al. "Layer normalization". In: *arXiv preprint arXiv:1607.06450* (2016).

[108] K. Arulkumaran et al. "Deep reinforcement learning: A brief survey". In: *IEEE Signal Processing Magazine* 34.6 (2017), pp. 26–38.

[109] 森村哲郎. 強化学習 (機械学習プロフェッショナルシリーズ). 講談社, 2019.

[110] X. Li et al. "SMILES Pair Encoding: A Data-Driven Substructure Tokenization Algorithm for Deep Learning". In: *Journal of Chemical Information and Modeling* 61.4 (2021), pp. 1560–1569.

[111] A. Pocha et al. "Comparison of Atom Representations in Graph Neural Networks for Molecular Property Prediction". In: *arXiv preprint arXiv:2012.04444* (2020).

[112] K. Ishiguro et al. "Weisfeiler-Lehman Embedding for Molecular Graph Neural Networks". In: *arXiv preprint arXiv:2006.06909* (2020).

[113] A. Pappu et al. "Making Graph Neural Networks Worth It for Low-Data Molecular Machine Learning". In: *arXiv preprint arXiv:2011.12203* (2020).

[114] C. Shorten et al. "A survey on image data augmentation for deep learning". In: *Journal of Big Data* 6.1 (2019), pp. 1–48.

[115] E. J. Bjerrum. "SMILES enumeration as data augmentation for neural network modeling of molecules". In: *arXiv preprint arXiv:1703.07076* (2017).

[116] S. J. Pan et al. "A survey on transfer learning". In: *IEEE Transactions on knowledge and data engineering* 22.10 (2009), pp. 1345–1359.

[117] C. Tan et al. "A survey on deep transfer learning". In: *International conference on artificial neural networks*. Springer. 2018, pp. 270–279.

[118] F. Zhuang et al. "A comprehensive survey on transfer learning". In: *Proceedings of the IEEE* 109.1 (2020), pp. 43–76.

[119] R. S. Simões et al. "Transfer and multi-task learning in QSAR modeling: advances and challenges". In: *Frontiers in pharmacology* 9 (2018), p. 74.

[120] X. Liu et al. "Self-supervised learning: Generative or contrastive". In: *arXiv preprint arXiv:2006.08218* 1.2 (2020).

[121] A. Jaiswal et al. "A survey on contrastive self-supervised learning". In: *Technologies* 9.1 (2021), p. 2.

[122] M. Crawshaw. "Multi-Task Learning with Deep Neural Networks: A Survey". In: *arXiv preprint arXiv:2009.09796* (2020).

[123] Y. Zhang et al. "A survey on multi-task learning". In: *IEEE Transactions on Knowledge and Data Engineering* (2021).

[124] S. Sosnin et al. "A survey of multi-task learning methods in chemoinformatics". In: *Molecular informatics* 38.4 (2019), p. 1800108.

[125] T. Hospedales et al. "Meta-learning in neural networks: A survey". In: *arXiv preprint arXiv:2004.05439* (2020).

[126] Y. Wang et al. "Generalizing from a few examples: A survey on few-shot learning". In: *ACM Computing Surveys (CSUR)* 53.3 (2020), pp. 1–34.

[127] G. E. Dahl et al. "Multi-task neural networks for QSAR predictions". In: *arXiv preprint arXiv:1406.1231* (2014).

[128] B. Ramsundar et al. "Massively multitask networks for drug discovery". In: *arXiv preprint arXiv:1502.02072* (2015).

[129] A. Mayr et al. "DeepTox: toxicity prediction using deep learning". In: *Frontiers in Environmental Science* 3 (2016), p. 80.

[130] J. Ma et al. "Deep neural nets as a method for quantitative structure–activity relationships". In: *Journal of Chemical Information and Modeling* 55.2 (2015), pp. 263–274.

[131] T. Mikolov et al. "Efficient estimation of word representations in vector space". In: *arXiv preprint arXiv:1301.3781* (2013).

[132] T. Mikolov et al. "Distributed representations of words and phrases and their compositionality". In: *arXiv preprint arXiv:1310.4546* (2013).

[133] S. Jaeger et al. "Mol2vec: unsupervised machine learning approach with chemical intuition". In: *Journal of Chemical Information and Modeling* 58.1 (2018), pp. 27–35.

[134] W. Jeon et al. "FP2VEC: a new molecular featurizer for learning molecular properties". In: *Bioinformatics* 35.23 (2019), pp. 4979–4985.

[135] G. B. Goh et al. "Chemception: a deep neural network with minimal chemistry knowledge matches the performance of expert-developed QSAR/QSPR models". In: *arXiv preprint arXiv:1706.06689* (2017).

[136] G. B. Goh et al. "How much chemistry does a deep neural network need to know to make accurate predictions?" In: *2018 IEEE Winter Conference on Applications of Computer Vision (WACV)*. IEEE. 2018, pp. 1340–1349.

[137] J. Jo et al. "The message passing neural networks for chemical property prediction on SMILES". In: *Methods* 179 (2020), pp. 65–72.

[138] G. B. Goh et al. "Smiles2vec: An interpretable general-purpose deep neural network for predicting chemical properties". In: *arXiv preprint arXiv:1712.02034* (2017).

[139] Z. Wu et al. "MoleculeNet: a benchmark for molecular machine learning". In: *Chemical science* 9.2 (2018), pp. 513–530.

[140] M. Hirohara et al. "Convolutional neural network based on SMILES representation of compounds for detecting chemical motif". In: *BMC bioinformatics* 19.19 (2018), pp. 83–94.

[141] R. Johnson et al. "Effective use of word order for text categorization with convolutional neural networks". In: *arXiv preprint arXiv:1412.1058* (2014).

[142] S. Jastrzębski et al. "Learning to smile (s)". In: *arXiv preprint arXiv:1602.06289* (2016).

[143] A. Paul et al. "Chemixnet: Mixed dnn architectures for predicting chemical properties using multiple molecular representations". In: *arXiv preprint arXiv:1811.08283* (2018).

[144] J. L. Durant et al. "Reoptimization of MDL keys for use in drug discovery". In: *Journal of chemical information and computer sciences* 42.6 (2002), pp. 1273–1280.

[145] E. O. Pyzer-Knapp et al. "Learning from the harvard clean energy project: The use of neural networks to accelerate materials discovery". In: *Advanced Functional Materials* 25.41 (2015), pp. 6495–6502.

[146] X. Li et al. "Inductive transfer learning for molecular activity prediction: Next-Gen QSAR Models with MolPMoFiT". In: *Journal of Cheminformatics* 12 (2020), pp. 1–15.

[147] Z. Xu et al. "Seq2seq fingerprint: An unsupervised deep molecular embedding for drug discovery". In: *Proceedings of the 8th ACM international conference on bioinformatics, computational biology, and health informatics*. 2017, pp. 285–294.

[148] S. Hu et al. "A deep learning-based chemical system for QSAR prediction". In: *IEEE journal of biomedical and health informatics* 24.10 (2020), pp. 3020–3028.

[149] X. Zhang et al. "Seq3seq fingerprint: towards end-to-end semi-supervised deep drug discovery". In: *Proceedings of the 2018 ACM International Conference on Bioinformatics, Computational Biology, and Health Informatics*. 2018, pp. 404–413.

[150] D. Rogers et al. "Extended-connectivity fingerprints". In: *Journal of Chemical Information and Modeling* 50.5 (2010), pp. 742–754.

[151] D. Duvenaud et al. "Convolutional networks on graphs for learning molecular fingerprints". In: *Proceedings of the 28th International Conference on Neural Information Processing Systems-Volume 2*. 2015, pp. 2224–2232.

[152] E. J. Bjerrum et al. "Improving chemical autoencoder latent space and molecular de novo generation diversity with heteroencoders". In: *Biomolecules* 8.4 (2018), p. 131.

[153] R. Winter et al. "Learning continuous and data-driven molecular descriptors by translating equivalent chemical representations". In: *Chemical science* 10.6 (2019), pp. 1692–1701.
[154] S. Honda et al. "SMILES transformer: pre-trained molecular fingerprint for low data drug discovery". In: *arXiv preprint arXiv:1911.04738* (2019).
[155] P. Karpov et al. "Transformer-CNN: Swiss knife for QSAR modeling and interpretation". In: *Journal of Cheminformatics* 12.1 (2020), pp. 1–12.
[156] S. Wang et al. "SMILES-BERT: large scale unsupervised pre-training for molecular property prediction". In: *Proceedings of the 10th ACM international conference on bioinformatics, computational biology and health informatics*. 2019, pp. 429–436.
[157] B. Fabian et al. "Molecular representation learning with language models and domain-relevant auxiliary tasks". In: *arXiv preprint arXiv:2011.13230* (2020).
[158] S. Kearnes et al. "Molecular graph convolutions: moving beyond fingerprints". In: *Journal of computer-aided molecular design* 30.8 (2016), pp. 595–608.
[159] D. K. Hammond et al. "Wavelets on graphs via spectral graph theory". In: *Applied and Computational Harmonic Analysis* 30.2 (2011), pp. 129–150.
[160] J. Gilmer et al. "Neural message passing for quantum chemistry". In: *International Conference on Machine Learning*. PMLR. 2017, pp. 1263–1272.
[161] Y. Li et al. "Gated graph sequence neural networks". In: *arXiv preprint arXiv:1511.05493* (2015).
[162] K. Xu et al. "How powerful are graph neural networks?" In: *arXiv preprint arXiv:1810.00826* (2018).
[163] B. Weisfeiler et al. "The reduction of a graph to canonical form and the algebra which appears therein". In: *NTI, Series* 2.9 (1968), pp. 12–16.
[164] W. Hu et al. "Strategies for pre-training graph neural networks". In: *arXiv preprint arXiv:1905.12265* (2019).
[165] K. Yang et al. "Analyzing learned molecular representations for property prediction". In: *Journal of Chemical Information and Modeling* 59.8 (2019), pp. 3370–3388.
[166] M. Fey et al. "Hierarchical Inter-Message Passing for Learning on Molecular Graphs". In: *ICML Graph Representation Learning and Beyond (GRL+) Workhop*. 2020.
[167] W. Jin et al. "Junction tree variational autoencoder for molecular graph generation". In: *International Conference on Machine Learning*. PMLR. 2018, pp. 2323–2332.
[168] B. Chen et al. "Path-augmented graph transformer network". In: *arXiv preprint arXiv:1905.12712* (2019).
[169] P. Veličković et al. "Graph attention networks". In: *arXiv preprint arXiv:1710.10903* (2017).
[170] A. L. Maas et al. "Rectifier nonlinearities improve neural network acoustic models". In: *Proc. icml*. Vol. 30. 1. Citeseer. 2013, p. 3.
[171] Ł. Maziarka et al. "Molecule attention transformer". In: *arXiv preprint arXiv:2002.08264* (2020).
[172] W. L. Hamilton et al. "Inductive Representation Learning on Large Graphs". In: *NIPS*. 2017.
[173] H. Ma et al. "Multi-View Graph Neural Networks for Molecular Property Prediction". In: *arXiv preprint arXiv:2005.13607* (2020).
[174] K. Stachenfeld et al. "Graph Networks with Spectral Message Passing". In: *arXiv preprint arXiv:2101.00079* (2020).
[175] E. H. Thiede et al. "Autobahn: Automorphism-based Graph Neural Nets". In: *arXiv preprint arXiv:2103.01710* (2021).

[176] D. Hwang et al. "Comprehensive Study on Molecular Supervised Learning with Graph Neural Networks". In: *Journal of Chemical Information and Modeling* 60.12 (2020), pp. 5936–5945.

[177] P. Li et al. "Learn molecular representations from large-scale unlabeled molecules for drug discovery". In: *arXiv preprint arXiv:2012.11175* (2020).

[178] Y. Rong et al. "Self-Supervised Graph Transformer on Large-Scale Molecular Data". In: *Advances in Neural Information Processing Systems* 33 (2020).

[179] Y. Fang et al. "Knowledge-aware Contrastive Molecular Graph Learning". In: *arXiv preprint arXiv:2103.13047* (2021).

[180] Y. Xie et al. "Self-supervised learning of graph neural networks: A unified review". In: *arXiv preprint arXiv:2102.10757* (2021).

[181] H. Altae-Tran et al. "Low data drug discovery with one-shot learning". In: *ACS central science* 3.4 (2017), pp. 283–293.

[182] C. Finn et al. "Model-agnostic meta-learning for fast adaptation of deep networks". In: *International Conference on Machine Learning*. PMLR. 2017, pp. 1126–1135.

[183] I. Wallach et al. "AtomNet: a deep convolutional neural network for bioactivity prediction in structure-based drug discovery". In: *arXiv preprint arXiv:1510.02855* (2015).

[184] M. M. Mysinger et al. "Directory of useful decoys, enhanced (DUD-E): better ligands and decoys for better benchmarking". In: *Journal of medicinal chemistry* 55.14 (2012), pp. 6582–6594.

[185] D. R. Koes et al. "Lessons learned in empirical scoring with smina from the CSAR 2011 benchmarking exercise". In: *Journal of Chemical Information and Modeling* 53.8 (2013), pp. 1893–1904.

[186] D. Kuzminykh et al. "3d molecular representations based on the wave transform for convolutional neural networks". In: *Molecular pharmaceutics* 15.10 (2018), pp. 4378–4385.

[187] M. M. Stepniewska-Dziubinska et al. "Development and evaluation of a deep learning model for protein–ligand binding affinity prediction". In: *Bioinformatics* 34.21 (2018), pp. 3666–3674.

[188] H. Hassan-Harrirou et al. "RosENet: improving binding affinity prediction by leveraging molecular mechanics energies with an ensemble of 3D convolutional neural networks". In: *Journal of Chemical Information and Modeling* 60.6 (2020), pp. 2791–2802.

[189] K. T. Schütt et al. "SchNet–A deep learning architecture for molecules and materials". In: *The Journal of Chemical Physics* 148.24 (2018), p. 241722.

[190] K. T. Schütt et al. "Quantum-chemical insights from deep tensor neural networks". In: *Nature communications* 8.1 (2017), pp. 1–8.

[191] P. B. Jørgensen et al. "Neural Message Passing with Edge Updates for Predicting Properties of Molecules and Materials". In: *32nd Conference on Neural Information Processing Systems*. 2018.

[192] H. Shindo et al. "Gated Graph Recursive Neural Networks for Molecular Property Prediction". In: *arXiv preprint arXiv:1909.00259* (2019).

[193] C. Chen et al. "Graph networks as a universal machine learning framework for molecules and crystals". In: *Chemistry of Materials* 31.9 (2019), pp. 3564–3572.

[194] H. Cho et al. "Three-dimensionally embedded graph convolutional network (3dgcn) for molecule interpretation". In: *arXiv preprint arXiv:1811.09794* (2018).

[195] C. Lu et al. "Molecular property prediction: A multilevel quantum interactions modeling perspective". In: *Proceedings of the AAAI Conference on Artificial Intelligence*. Vol. 33. 01. 2019, pp. 1052–1060.

[196] Z. Shui et al. "Heterogeneous Molecular Graph Neural Networks for Predicting Molecule Properties". In: *arXiv preprint arXiv:2009.12710* (2020).

[197] N. Thomas et al. "Tensor field networks: Rotation-and translation-equivariant neural networks for 3d point clouds". In: *arXiv preprint arXiv:1802.08219* (2018).

[198] B. Anderson et al. "Cormorant: Covariant molecular neural networks". In: *arXiv preprint arXiv:1906.04015* (2019).

[199] J. Klicpera et al. "Directional Message Passing for Molecular Graphs". In: *International Conference on Learning Representations*. 2019.

[200] W. Hu et al. "ForceNet: A Graph Neural Network for Large-Scale Quantum Calculations". In: *arXiv preprint arXiv:2103.01436* (2021).

[201] E. J. Corey et al. "General methods for the construction of complex molecules". In: *Pure Appl. Chem* 14.1 (1967), pp. 19–38.

[202] D. Lowe. *Chemical reactions from US patents (1976-Sep2016)*. (Accessed on 05/25/2021). 2017. URL: https://doi.org/10.6084/m9.figshare.5104873.v1.

[203] P. Schwaller et al. ""Found in Translation": predicting outcomes of complex organic chemistry reactions using neural sequence-to-sequence models". In: *Chemical science* 9.28 (2018), pp. 6091–6098.

[204] P. Schwaller et al. "Molecular transformer: a model for uncertainty-calibrated chemical reaction prediction". In: *ACS central science* 5.9 (2019), pp. 1572–1583.

[205] W. Jin et al. "Predicting organic reaction outcomes with weisfeiler-lehman network". In: *arXiv preprint arXiv:1709.04555* (2017).

[206] C. W. Coley et al. "A graph-convolutional neural network model for the prediction of chemical reactivity". In: *Chemical science* 10.2 (2019), pp. 370–377.

[207] J. Bradshaw et al. "A generative model for electron paths". In: *7th International Conference on Learning Representations, ICLR 2019*. 2019.

[208] K. Do et al. "Graph transformation policy network for chemical reaction prediction". In: *Proceedings of the 25th ACM SIGKDD International Conference on Knowledge Discovery & Data Mining*. 2019, pp. 750–760.

[209] P. Schwaller et al. "Prediction of chemical reaction yields using deep learning". In: *Machine Learning: Science and Technology* 2.1 (2021), p. 015016.

[210] P. Schwaller et al. "Mapping the space of chemical reactions using attention-based neural networks". In: *Nature Machine Intelligence* 3.2 (2021), pp. 144–152.

[211] P. Schwaller et al. "Data augmentation strategies to improve reaction yield predictions and estimate uncertainty". In: *ChemRxiv preprint* (2020).

[212] H. Gao et al. "Using machine learning to predict suitable conditions for organic reactions". In: *ACS central science* 4.11 (2018), pp. 1465–1476.

[213] *Reaxys*. (Accessed on 06/06/2021). URL: https://www.reaxys.com/.

[214] M. H. Segler et al. "Planning chemical syntheses with deep neural networks and symbolic AI". In: *Nature* 555.7698 (2018), pp. 604–610.

[215] B. Liu et al. "Retrosynthetic reaction prediction using neural sequence-to-sequence models". In: *ACS central science* 3.10 (2017), pp. 1103–1113.

[216] K. Lin et al. "Automatic retrosynthetic route planning using template-free models". In: *Chemical Science* 11.12 (2020), pp. 3355–3364.

[217] E. Kim et al. "Valid, Plausible, and Diverse Retrosynthesis Using Tied Two-Way Transformers with Latent Variables". In: *Journal of Chemical Information and Modeling* 61.1 (2021), pp. 123–133.

[218] P. Schwaller et al. "Predicting retrosynthetic pathways using transformer-based models and a hyper-graph exploration strategy". In: *Chemical Science* 11.12 (2020), pp. 3316–3325.

[219] K. Ishiguro et al. "Data Transfer Approaches to Improve Seq-to-Seq Retrosynthesis". In: *arXiv preprint arXiv:2010.00792* (2020).

[220] M. Sacha et al. "Molecule Edit Graph Attention Network: Modeling Chemical Reactions as Sequences of Graph Edits". In: *arXiv preprint arXiv:2006.15426* (2020).

[221] C. Yan et al. "RetroXpert: Decompose retrosynthesis prediction like a chemist". In: *arXiv preprint arXiv:2011.02893* (2020).

[222] V. R. Somnath et al. "Learning Graph Models for Template-Free Retrosynthesis". In: *arXiv preprint arXiv:2006.07038* (2020).

[223] C. Shi et al. "A graph to graphs framework for retrosynthesis prediction". In: *International Conference on Machine Learning*. PMLR. 2020, pp. 8818–8827.

[224] H. Lee et al. "RetCL: A Selection-based Approach for Retrosynthesis via Contrastive Learning". In: *arXiv preprint arXiv:2105.00795* (2021).

[225] A. Kadurin et al. "druGAN: an advanced generative adversarial autoencoder model for de novo generation of new molecules with desired molecular properties in silico". In: *Molecular pharmaceutics* 14.9 (2017), pp. 3098–3104.

[226] N. O'Boyle et al. "DeepSMILES: An Adaptation of SMILES for Use in Machine-Learning of Chemical Structures". In: *ChemRxiv preprint* (2018).

[227] M. Krenn et al. "Self-Referencing Embedded Strings (SELFIES): A 100% robust molecular string representation". In: *Machine Learning: Science and Technology* 1.4 (2020), p. 045024.

[228] E. J. Bjerrum et al. "Molecular generation with recurrent neural networks (RNNs)". In: *arXiv preprint arXiv:1705.04612* (2017).

[229] M. H. Segler et al. "Generating focused molecule libraries for drug discovery with recurrent neural networks". In: *ACS central science* 4.1 (2018), pp. 120–131.

[230] A. Gupta et al. "Generative recurrent networks for de novo drug design". In: *Molecular informatics* 37.1-2 (2018), p. 1700111.

[231] J. Yasonik. "Multiobjective de novo drug design with recurrent neural networks and nondominated sorting". In: *Journal of Cheminformatics* 12.1 (2020), pp. 1–9.

[232] M. Langevin et al. "Scaffold-constrained molecular generation". In: *Journal of Chemical Information and Modeling* 60.12 (2020), pp. 5637–5646.

[233] X. Yang et al. "ChemTS: an efficient python library for de novo molecular generation". In: *Science and technology of advanced materials* 18.1 (2017), pp. 972–976.

[234] M. Olivecrona et al. "Molecular de-novo design through deep reinforcement learning". In: *Journal of Cheminformatics* 9.1 (2017), pp. 1–14.

[235] R. J. Williams. "Simple statistical gradient-following algorithms for connectionist reinforcement learning". In: *Machine learning* 8.3-4 (1992), pp. 229–256.

[236] M. Popova et al. "Deep reinforcement learning for de novo drug design". In: *Science advances* 4.7 (2018), eaap7885.

[237] A. Joulin et al. "Inferring algorithmic patterns with stack-augmented recurrent nets". In: *Proceedings of the 28th International Conference on Neural Information Processing Systems-Volume 1*. 2015, pp. 190–198.

[238] R. Gómez-Bombarelli et al. "Automatic chemical design using a data-driven continuous representation of molecules". In: *ACS central science* 4.2 (2018), pp. 268–276.

[239] P. Ertl et al. "Estimation of synthetic accessibility score of drug-like molecules based on molecular complexity and fragment contributions". In: *Journal of Cheminformatics* 1.1 (2009), pp. 1–11.

[240] G. R. Bickerton et al. "Quantifying the chemical beauty of drugs". In: *Nature chemistry* 4.2 (2012), pp. 90–98.

[241] M. J. Kusner et al. "Grammar variational autoencoder". In: *International Conference on Machine Learning*. PMLR. 2017, pp. 1945–1954.

[242] H. Dai et al. "Syntax-directed variational autoencoder for structured data". In: *arXiv preprint arXiv:1802.08786* (2018).

[243] A. Mollaysa et al. "Conditional generation of molecules from disentangled representations". In: *Machine Learning for Molecules Workshop at NeurIPS 2020*. 2020.

[244] G. L. Guimaraes et al. "Objective-reinforced generative adversarial networks (ORGAN) for sequence generation models". In: *arXiv preprint arXiv:1705.10843* (2017).

[245] B. Sanchez-Lengeling et al. "Optimizing distributions over molecular space. An objective-reinforced generative adversarial network for inverse-design chemistry (ORGANIC)". In: *ChemRxiv* (2017).

[246] L. Yu et al. "Seqgan: Sequence generative adversarial nets with policy gradient". In: *Proceedings of the AAAI conference on artificial intelligence*. Vol. 31. 1. 2017.

[247] R. K. Srivastava et al. "Highway networks". In: *arXiv preprint arXiv:1505.00387* (2015).

[248] E. Putin et al. "Adversarial threshold neural computer for molecular de novo design". In: *Molecular pharmaceutics* 15.10 (2018), pp. 4386–4397.

[249] E. Putin et al. "Reinforced adversarial neural computer for de novo molecular design". In: *Journal of Chemical Information and Modeling* 58.6 (2018), pp. 1194–1204.

[250] O. Prykhodko et al. "A de novo molecular generation method using latent vector based generative adversarial network". In: *Journal of Cheminformatics* 11.1 (2019), pp. 1–13.

[251] D. Polykovskiy et al. "Entangled conditional adversarial autoencoder for de novo drug discovery". In: *Molecular pharmaceutics* 15.10 (2018), pp. 4398–4405.

[252] S. H. Hong et al. "Molecular generative model based on an adversarially regularized autoencoder". In: *Journal of Chemical Information and Modeling* 60.1 (2019), pp. 29–36.

[253] Y. Shi et al. "An Inverse QSAR Method Based on a Two-Layered Model and Integer Programming". In: *International journal of molecular sciences* 22.6 (2021), p. 2847.

[254] Y. Li et al. "Learning deep generative models of graphs". In: *arXiv preprint arXiv:1803.03324* (2018).

[255] M. Popova et al. "MolecularRNN: Generating realistic molecular graphs with optimized properties". In: *arXiv preprint arXiv:1905.13372* (2019).

[256] P. Bongini et al. "Molecular graph generation with Graph Neural Networks". In: *arXiv preprint arXiv:2012.07397* (2020).

[257] R. Mercado et al. "Graph networks for molecular design". In: *Machine Learning: Science and Technology* 2.2 (2021), p. 025023.

[258] Y. Li et al. "Multi-objective de novo drug design with conditional graph generative model". In: *Journal of Cheminformatics* 10.1 (2018), pp. 1–24.

[259] M. Simonovsky et al. "Graphvae: Towards generation of small graphs using variational autoencoders". In: *International Conference on Artificial Neural Networks*. Springer. 2018, pp. 412–422.

[260] M. Simonovsky et al. "Dynamic edge-conditioned filters in convolutional neural networks on graphs". In: *Proceedings of the IEEE conference on computer vision and pattern recognition*. 2017, pp. 3693–3702.

[261] W. Jin et al. "Hierarchical generation of molecular graphs using structural motifs". In: *International Conference on Machine Learning*. PMLR. 2020, pp. 4839–4848.

[262] Q. Liu et al. "Constrained Graph Variational Autoencoders for Molecule Design". In: *The Thirty-second Conference on Neural Information Processing Systems* (2018).

[263] H. Kajino. "Molecular hypergraph grammar with its application to molecular optimization". In: *International Conference on Machine Learning*. PMLR. 2019, pp. 3183–3191.

[264] J. Bradshaw et al. "A Model to Search for Synthesizable Molecules". In: *33rd Conference on Neural Information Processing Systems (NeurIPS 2019)*. Curran Associates, Inc. 2020, pp. 7905–7917.

[265] B. Samanta et al. "NeVAE: A deep generative model for molecular graphs". In: *Journal of machine learning research. 2020 Apr; 21 (114): 1-33* (2020).

[266] J. Mitton et al. "A Graph VAE and Graph Transformer Approach to Generating Molecular Graphs". In: *arXiv preprint arXiv:2104.04345* (2021).

[267] J. You et al. "Graph convolutional policy network for goal-directed molecular graph generation". In: *Proceedings of the 32nd International Conference on Neural Information Processing Systems*. 2018, pp. 6412–6422.

[268] J. Schulman et al. "Proximal policy optimization algorithms". In: *arXiv preprint arXiv:1707.06347* (2017).

[269] N. De Cao et al. "MolGAN: An implicit generative model for small molecular graphs". In: *arXiv preprint arXiv:1805.11973* (2018).

[270] Y. Khemchandani et al. "DeepGraphMolGen, a multi-objective, computational strategy for generating molecules with desirable properties: a graph convolution and reinforcement learning approach". In: *Journal of Cheminformatics* 12.1 (2020), pp. 1–17.

[271] S. Pölsterl et al. "Adversarial Learned Molecular Graph Inference and Generation". In: *arXiv preprint arXiv:1905.10310* (2019).

[272] K. Madhawa et al. "Graphnvp: An invertible flow model for generating molecular graphs". In: *arXiv preprint arXiv:1905.11600* (2019).

[273] L. Dinh et al. "Density estimation using real nvp". In: *arXiv preprint arXiv:1605.08803* (2016).

[274] S. Honda et al. "Graph residual flow for molecular graph generation". In: *arXiv preprint arXiv:1909.13521* (2019).

[275] C. Shi et al. "Graphaf: a flow-based autoregressive model for molecular graph generation". In: *arXiv preprint arXiv:2001.09382* (2020).

[276] Y. Luo et al. "GraphDF: A discrete flow model for molecular graph generation". In: *arXiv preprint arXiv:2102.01189* (2021).

[277] C. Zang et al. "MoFlow: an invertible flow model for generating molecular graphs". In: *Proceedings of the 26th ACM SIGKDD International Conference on Knowledge Discovery & Data Mining*. 2020, pp. 617–626.

[278] P. Lippe et al. "Categorical normalizing flows via continuous transformations". In: *arXiv preprint arXiv:2006.09790* (2020).

[279] Y. LeCun et al. "A tutorial on energy-based learning". In: *Predicting structured data* 1.0 (2006).

[280] Y. Song et al. "How to Train Your Energy-Based Models". In: *arXiv preprint arXiv:2101.03288* (2021).

[281] M. Liu et al. "GraphEBM: Molecular Graph Generation with Energy-Based Models". In: *Energy Based Models Workshop-ICLR 2021*. 2021.
[282] M. Schlichtkrull et al. "Modeling relational data with graph convolutional networks". In: *European semantic web conference*. Springer. 2018, pp. 593–607.
[283] M. Welling et al. "Bayesian learning via stochastic gradient Langevin dynamics". In: *Proceedings of the 28th international conference on machine learning (ICML-11)*. Citeseer. 2011, pp. 681–688.
[284] R. Hataya et al. "Graph Energy-based Model for Molecular Graph Generation". In: *Energy Based Models Workshop-ICLR 2021*. 2021.
[285] N. W. Gebauer et al. "Symmetry-adapted generation of 3d point sets for the targeted discovery of molecules". In: *arXiv preprint arXiv:1906.00957* (2019).
[286] N. M. O'Boyle et al. "Open Babel: An open chemical toolbox". In: *Journal of Cheminformatics* 3.1 (2011), pp. 1–14.
[287] A. M. Deml et al. "Predicting density functional theory total energies and enthalpies of formation of metal-nonmetal compounds by linear regression". In: *Physical Review B* 93.8 (2016), p. 085142.
[288] 佐方冬彩子 et al. "無機材料の組成式を元にした物性予測のための記述子開発". In: *Journal of Computer Aided Chemistry* 19 (2018), pp. 7–18.
[289] L. M. Ghiringhelli et al. "Big data of materials science: critical role of the descriptor". In: *Physical review letters* 114.10 (2015), p. 105503.
[290] L. Ward et al. "A general-purpose machine learning framework for predicting properties of inorganic materials". In: *npj Computational Materials* 2.1 (2016), pp. 1–7.
[291] W. Ye et al. "Deep neural networks for accurate predictions of crystal stability". In: *Nature communications* 9.1 (2018), pp. 1–6.
[292] D. Jha et al. "ElemNet: Deep learning the chemistry of materials from only elemental composition". In: *Scientific reports* 8.1 (2018), pp. 1–13.
[293] S. Kirklin et al. "The Open Quantum Materials Database (OQMD): assessing the accuracy of DFT formation energies". In: *npj Computational Materials* 1.1 (2015), pp. 1–15.
[294] *OQMD*. (Accessed on 02/12/2021). URL: http://oqmd.org/.
[295] A. Wang et al. "Compositionally-restricted attention-based network for materials property prediction". In: (2020).
[296] X. Zheng et al. "Machine learning material properties from the periodic table using convolutional neural networks". In: *Chemical science* 9.44 (2018), pp. 8426–8432.
[297] K. Lejaeghere et al. "Reproducibility in density functional theory calculations of solids". In: *Science* 351.6280 (2016).
[298] X. Zheng et al. "Multi-channel convolutional neural networks for materials properties prediction". In: *Computational Materials Science* 173 (2020), p. 109436.
[299] T. Konno et al. "Deep learning model for finding new superconductors". In: *Physical Review B* 103.1 (2021), p. 014509.
[300] R. E. Goodall et al. "Predicting materials properties without crystal structure: Deep representation learning from stoichiometry". In: *Nature communications* 11.1 (2020), pp. 1–9.
[301] S. A. Malik et al. "Predicting the Outcomes of Material Syntheses with Deep Learning". In: *Chemistry of Materials* 33.2 (2021), pp. 616–624.
[302] A. P. Bartók et al. "On representing chemical environments". In: *Physical Review B* 87.18 (2013), p. 184115.

[303] F. Faber et al. "Crystal structure representations for machine learning models of formation energies". In: *International Journal of Quantum Chemistry* 115.16 (2015), pp. 1094–1101.

[304] T. Xie et al. "Crystal graph convolutional neural networks for an accurate and interpretable prediction of material properties". In: *Physical review letters* 120.14 (2018), p. 145301.

[305] T. Xie et al. "Hierarchical visualization of materials space with graph convolutional neural networks". In: *The Journal of chemical physics* 149.17 (2018), p. 174111.

[306] C. W. Park et al. "Developing an improved crystal graph convolutional neural network framework for accelerated materials discovery". In: *Physical Review Materials* 4.6 (2020), p. 063801.

[307] S.-Y. Louis et al. "Graph convolutional neural networks with global attention for improved materials property prediction". In: *Physical Chemistry Chemical Physics* 22.32 (2020), pp. 18141–18148.

[308] M. Karamad et al. "Orbital graph convolutional neural network for material property prediction". In: *Physical Review Materials* 4.9 (2020), p. 093801.

[309] C. Jiucheng et al. "GeoCGNN: A Geometric-Information-Enhanced Crystal Graph Network for Property Predictions". PREPRINT (Version 1) available at Research Square. 2020.

[310] J. Noh et al. "Uncertainty-Quantified Hybrid Machine Learning/Density Functional Theory High Throughput Screening Method for Crystals". In: *Journal of Chemical Information and Modeling* 60.4 (2020), pp. 1996–2003.

[311] J. Lee et al. "Transfer learning for materials informatics using crystal graph convolutional neural network". In: *Computational Materials Science* 190 (2021), p. 110314.

[312] S. Kajita et al. "A universal 3D voxel descriptor for solid-state material informatics with deep convolutional neural networks". In: *Scientific reports* 7.1 (2017), pp. 1–9.

[313] Y. Zhao et al. "Predicting Elastic Properties of Materials from Electronic Charge Density Using 3D Deep Convolutional Neural Networks". In: *The Journal of Physical Chemistry C* 124.31 (2020), pp. 17262–17273.

[314] Y. Dan et al. "Generative adversarial networks (GAN) based efficient sampling of chemical composition space for inverse design of inorganic materials". In: *npj Computational Materials* 6.1 (2020), pp. 1–7.

[315] D. P. Kingma et al. "Semi-supervised learning with deep generative models". In: *arXiv preprint arXiv:1406.5298* (2014).

[316] Y. Pathak et al. "Deep learning enabled inorganic material generator". In: *Physical Chemistry Chemical Physics* 22.46 (2020), pp. 26935–26943.

[317] Y. Sawada et al. "Study of deep generative models for inorganic chemical compositions". In: *arXiv preprint arXiv:1910.11499* (2019).

[318] J. Noh et al. "Inverse design of solid-state materials via a continuous representation". In: *Matter* 1.5 (2019), pp. 1370–1384.

[319] B. Kim et al. "Inverse design of porous materials using artificial neural networks". In: *Science advances* 6.1 (2020), eaax9324.

[320] T. Long et al. "CCDCGAN: Inverse design of crystal structures". In: *Bulletin of the American Physical Society* (2021).

[321] J. Hoffmann et al. "Data-driven approach to encoding and decoding 3-D crystal structures". In: *arXiv preprint arXiv:1909.00949* (2019).

[322] C. J. Court et al. "3-D Inorganic Crystal Structure Generation and Property Prediction via Representation Learning". In: *Journal of Chemical Information and Modeling* 60.10 (2020), pp. 4518–4535.

[323] O. Ronneberger et al. "U-net: Convolutional networks for biomedical image segmentation". In: *International Conference on Medical image computing and computer-assisted intervention*. Springer. 2015, pp. 234–241.

[324] S. Kim et al. "Generative adversarial networks for crystal structure prediction". In: *ACS central science* 6.8 (2020), pp. 1412–1420.

[325] A. Nouira et al. "Crystalgan: learning to discover crystallographic structures with generative adversarial networks". In: *arXiv preprint arXiv:1810.11203* (2018).

[326] Z. Ren et al. "Inverse design of crystals using generalized invertible crystallographic representation". In: *arXiv preprint arXiv:2005.07609* (2020).

[327] D. J. Newman et al. "Natural products as sources of new drugs from 1981 to 2014". In: *Journal of natural products* 79.3 (2016), pp. 629–661.

[328] S. Zheng et al. "QBMG: quasi-biogenic molecule generator with deep recurrent neural network". In: *Journal of Cheminformatics* 11.1 (2019), pp. 1–12.

[329] P. Ertl et al. "Natural product-likeness score and its application for prioritization of compound libraries". In: *Journal of Chemical Information and Modeling* 48.1 (2008), pp. 68–74.

[330] Y. Hu et al. "Computational exploration of molecular scaffolds in medicinal chemistry: Miniperspective". In: *Journal of medicinal chemistry* 59.9 (2016), pp. 4062–4076.

[331] S. R. Krishnan et al. "Accelerating de novo drug design against novel proteins using deep learning". In: *Journal of Chemical Information and Modeling* 61.2 (2021), pp. 621–630.

[332] S. F. Altschul et al. "Basic local alignment search tool". In: *Journal of molecular biology* 215.3 (1990), pp. 403–410.

[333] O. Trott et al. "AutoDock Vina: improving the speed and accuracy of docking with a new scoring function, efficient optimization, and multithreading". In: *Journal of computational chemistry* 31.2 (2010), pp. 455–461.

[334] B. Shin et al. "Self-attention based molecule representation for predicting drug-target interaction". In: *Machine Learning for Healthcare Conference*. PMLR. 2019, pp. 230–248.

[335] D. S. Wishart et al. "DrugBank: a comprehensive resource for in silico drug discovery and exploration". In: *Nucleic acids research* 34.suppl_1 (2006), pp. D668–D672.

[336] B. R. Beck et al. "Predicting commercially available antiviral drugs that may act on the novel coronavirus (SARS-CoV-2) through a drug-target interaction deep learning model". In: *Computational and structural biotechnology journal* 18 (2020), pp. 784–790.

[337] S. Kwon et al. "End-to-end representation learning for chemical-chemical interaction prediction". In: *IEEE/ACM transactions on computational biology and bioinformatics* 16.5 (2018), pp. 1436–1447.

[338] M. Kuhn et al. "STITCH: interaction networks of chemicals and proteins". In: *Nucleic acids research* 36.suppl_1 (2007), pp. D684–D688.

[339] Y. Xu et al. "Deep learning based regression and multiclass models for acute oral toxicity prediction with automatic chemical feature extraction". In: *Journal of Chemical Information and Modeling* 57.11 (2017), pp. 2672–2685.

[340] W. Jin et al. "Learning Multimodal Graph-to-Graph Translation for Molecule Optimization". In: *International Conference on Learning Representations*. 2018.

[341] Ł. Maziarka et al. "Mol-CycleGAN: a generative model for molecular optimization". In: *Journal of Cheminformatics* 12.1 (2020), pp. 1–18.

[342] C. Ji et al. "Graph polish: A novel graph generation paradigm for molecular optimization". In: *arXiv preprint arXiv:2008.06246* (2020).
[343] Y. Xie et al. "MARS: Markov Molecular Sampling for Multi-objective Drug Discovery". In: *arXiv preprint arXiv:2103.10432* (2021).
[344] F. Damani et al. "Black Box Recursive Translations for Molecular Optimization". In: *arXiv preprint arXiv:1912.10156* (2019).
[345] J. Munshi et al. "Transfer Learned Designer Polymers For Organic Solar Cells". In: *Journal of Chemical Information and Modeling* 61.1 (2021), pp. 134–142.
[346] S. A. Lopez et al. "The Harvard organic photovoltaic dataset". In: *Scientific data* 3.1 (2016), pp. 1–7.
[347] K. Hanaoka. "Deep Neural Networks for Multicomponent Molecular Systems". In: *ACS omega* 5.33 (2020), pp. 21042–21053.
[348] L. Pauling. "The principles determining the structure of complex ionic crystals". In: *Journal of the american chemical society* 51.4 (1929), pp. 1010–1026.
[349] D. W. Davies et al. "Computational screening of all stoichiometric inorganic materials". In: *Chem* 1.4 (2016), pp. 617–627.
[350] Z. Ahmad et al. "Machine learning enabled computational screening of inorganic solid electrolytes for suppression of dendrite formation in lithium metal anodes". In: *ACS central science* 4.8 (2018), pp. 996–1006.
[351] Z. Ahmad et al. "Stability of electrodeposition at solid-solid interfaces and implications for metal anodes". In: *Physical review letters* 119.5 (2017), p. 056003.
[352] V. Venturi et al. "Machine learning enabled discovery of application dependent design principles for two-dimensional materials". In: *Machine Learning: Science and Technology* 1.3 (2020), p. 035015.
[353] S. Haastrup et al. "The Computational 2D Materials Database: high-throughput modeling and discovery of atomically thin crystals". In: *2D Materials* 5.4 (2018), p. 042002.
[354] A. C. Rajan et al. "Machine-learning-assisted accurate band gap predictions of functionalized MXene". In: *Chemistry of Materials* 30.12 (2018), pp. 4031–4038.
[355] G. Hautier et al. "Data mined ionic substitutions for the discovery of new compounds". In: *Inorganic chemistry* 50.2 (2011), pp. 656–663.
[356] *Pourbaix Diagram - Materials Project Documentation*. (Accessed on 03/08/2021). URL: https://docs.materialsproject.org/user-guide/pourbaix-tool/.
[357] L. Zhu et al. "Deep and confident prediction for time series at uber". In: *2017 IEEE International Conference on Data Mining Workshops (ICDMW)*. IEEE. 2017, pp. 103–110.
[358] E. Hüllermeier et al. "Aleatoric and epistemic uncertainty in machine learning: An introduction to concepts and methods". In: *Machine Learning* 110.3 (2021), pp. 457–506.
[359] J. Jaworska et al. "QSAR applicability domain estimation by projection of the training set in descriptor space: a review". In: *Alternatives to laboratory animals* 33.5 (2005), pp. 445–459.
[360] F. Sahigara et al. "Comparison of different approaches to define the applicability domain of QSAR models". In: *Molecules* 17.5 (2012), pp. 4791–4810.
[361] G. Scalia et al. "Evaluating scalable uncertainty estimation methods for deep learning-based molecular property prediction". In: *Journal of Chemical Information and Modeling* 60.6 (2020), pp. 2697–2717.
[362] S. Yang et al. "A comprehensive study on the prediction reliability of graph neural networks for virtual screening". In: *arXiv preprint arXiv:2003.07611* (2020).

[363] D. Hwnag et al. "A benchmark study on reliable molecular supervised learning via Bayesian learning". In: *arXiv preprint arXiv:2006.07021* (2020).

[364] L. Hirschfeld et al. "Uncertainty quantification using neural networks for molecular property prediction". In: *Journal of Chemical Information and Modeling* 60.8 (2020), pp. 3770–3780.

[365] K. Tran et al. "Methods for comparing uncertainty quantifications for material property predictions". In: *Machine Learning: Science and Technology* 1.2 (2020), p. 025006.

[366] S. Zheng et al. "Identifying structure–property relationships through SMILES syntax analysis with self-attention mechanism". In: *Journal of Chemical Information and Modeling* 59.2 (2019), pp. 914–923.

[367] R. Ying et al. "Gnnexplainer: Generating explanations for graph neural networks". In: *Advances in neural information processing systems* 32 (2019), p. 9240.

[368] H. Akita et al. "Bayesgrad: Explaining predictions of graph convolutional networks". In: *International Conference on Neural Information Processing*. Springer. 2018, pp. 81–92.

[369] F. Baldassarre et al. "Explainability Techniques for Graph Convolutional Networks". In: *International Conference on Machine Learning (ICML) Workshops, 2019 Workshop on Learning and Reasoning with Graph-Structured Representations*. 2019.

[370] J. Jiménez-Luna et al. "Coloring molecules with explainable artificial intelligence for preclinical relevance assessment". In: *Journal of Chemical Information and Modeling* 61.3 (2021), pp. 1083–1094.

[371] M. Sundararajan et al. "Axiomatic attribution for deep networks". In: *International Conference on Machine Learning*. PMLR. 2017, pp. 3319–3328.

[372] D. Numeroso et al. "MEG: Generating Molecular Counterfactual Explanations for Deep Graph Networks". In: *arXiv preprint arXiv:2104.08060* (2021).

[373] D. Polykovskiy et al. "Molecular sets (MOSES): a benchmarking platform for molecular generation models". In: *Frontiers in pharmacology* 11 (2020).

[374] N. Brown et al. "GuacaMol: benchmarking models for de novo molecular design". In: *Journal of Chemical Information and Modeling* 59.3 (2019), pp. 1096–1108.

[375] W. Gao et al. "The synthesizability of molecules proposed by generative models". In: *Journal of Chemical Information and Modeling* 60.12 (2020), pp. 5714–5723.

[376] A. Thakkar et al. "Retrosynthetic accessibility score (RAscore)–rapid machine learned synthesizability classification from AI driven retrosynthetic planning". In: *Chemical Science* 12.9 (2021), pp. 3339–3349.

[377] C. W. Coley et al. "SCScore: synthetic complexity learned from a reaction corpus". In: *Journal of Chemical Information and Modeling* 58.2 (2018), pp. 252–261.

[378] C.-H. Liu et al. "RetroGNN: Approximating Retrosynthesis by Graph Neural Networks for De Novo Drug Design". In: *arXiv preprint arXiv:2011.13042* (2020).

[379] M. Voršilák et al. "SYBA: Bayesian estimation of synthetic accessibility of organic compounds". In: *Journal of Cheminformatics* 12 (2020), pp. 1–13.

[380] M. Aykol et al. "Thermodynamic limit for synthesis of metastable inorganic materials". In: *Science advances* 4.4 (2018), eaaq0148.

[381] J. Jang et al. "Structure-Based Synthesizability Prediction of Crystals Using Partially Supervised Learning". In: *Journal of the American Chemical Society* 142.44 (2020), pp. 18836–18843.

索引

さ

た

な

は

ま

や

ら

わ

著者紹介

船津 公人（ふなつ きみと）

1978年　九州大学理学部化学科卒
1983年　九州大学大学院理学研究科化学専攻博士課程修了(理学博士)
1984年　豊橋技術科学大学物質工学系助手，1992年　同知識情報工学系助教授
2004年　東京大学大学院工学系研究科化学システム工学専攻教授
2011年　ストラスブール大学招聘教授
2017年10月　奈良先端科学技術大学院大学データ駆動型サイエンス創造センター研究ディレクター　教授を兼務
2021年3月　東京大学定年退職
2021年4月　奈良先端科学技術大学院大学データ駆動型サイエンス創造センター研究ディレクター　特任教授
2021年6月　東京大学名誉教授

学位は有機反応機構研究で取得．専門分野はケモインフォマティクス．1984年からケモインフォマティクスの分野に身を投じている．ケモインフォマティクス利用による分子・薬物設計，材料設計（プロセス条件も含む），構造解析，合成経路設計，化学プラントなどを対象とした監視と制御のためのソフトセンサー開発に取り組む．

著書に『コンピュータ・ケミストリーシリーズ1 CHEMICS―コンピュータによる構造解析―』（共著，共立出版），『コンピュータ・ケミストリーシリーズ2 AIPHOS―コンピュータによる有機合成経路探索―』（共著，共立出版），『ソフトセンサー入門　基礎から実用的研究例まで』（共著，コロナ社），『ケモインフォマティクス　予測と設計のための化学情報学』（共訳，丸善・Wiley），『実践 マテリアルズインフォマティクス―Pythonによる材料設計のための機械学習―』（共著，近代科学社）など．

日本科学技術情報センター丹羽賞・学術賞(1988年)，日本コンピュータ化学会学会賞(2003年)，2019年8月アメリカ化学会より，当該分野のノーベル賞とされるHerman Skolnik賞を受賞．2021年3月 日本化学会学術賞「データ駆動型化学の開拓」を受賞．

井上 貴央（いのうえ たかひろ）

2017年　京都大学工学部情報学科卒業
2019年　東京大学大学院工学系研究科化学システム工学専攻修士課程修了
現在は同専攻の博士課程に在学中

学部時代は離散数理を専門とする研究室に所属し，化学グラフの数え上げアルゴリズムに関する研究に従事．修士課程では分野をケモインフォマティクスに移し，構造生成器の研究に従事．博士課程から，化学分野を対象とした深層学習，とくに少量の化学データに対する深層学習の研究に従事．

西川 大貴（にしかわ だいき）

2019年　早稲田大学先進理工学部応用化学科卒業
2021年　東京大学大学院工学系研究科化学システム工学専攻修士課程修了

学部時代は，ベンチャー企業でのWebアプリケーション開発に関するインターンを通じて，プログラミングのスキルを習得．修士課程では，習得したスキルを生かして，マテリアルズインフォマティクスに関する研究に従事．特に化学分野を対象とした深層学習に精通．現在は，サイボウズ株式会社にて，Webアプリケーション開発に携わる．